DER TIERGEOGRAPHISCHE BEITRAG ZUR ÖKOLOGISCHEN LANDSCHAFTSFORSCHUNG

(Malakozoologische Beispiele zur Naturräumlichen Gliederung)

BIOGEOGRAPHICA

VOLUME XIII

DR. W. JUNK B.V., PUBLISHERS, THE HAGUE-BOSTON-LONDON 1978

DER TIERGEOGRAPHISCHE BEITRAG ZUR ÖKOLOGISCHEN LANDSCHAFTSFORSCHUNG

(Malakozoologische Beispiele zur Naturräumlichen Gliederung)

by

JÜRGEN H. JUNGBLUTH*

DR. W. JUNK B.V., PUBLISHERS, THE HAGUE-BOSTON-LONDON 1978

*Meinem verehrten Lehrer Herrn Professor Dr. Dr.h.c. WULF EMMO ANKEL, Giessen, zum 80. Geburtstag gewidmet.

ISBN 90 6193 214 9

Geographische Untersuchungen sind letzten Sinnes und Zieles auf das geographische Objekt in seiner Totalität gerichtet, auf die Integration verschiedener Kategorien — wie morphologische, klimatische, hydrologische und biologische, wirtschaftliche und gesellschaftliche Erscheinungen — zu sehr komplizierten räumlichen Komplexen.

G. LEHMANN (1967)

INHALTSVERZEICHNIS

I. EINLEITUNG

Die ökologische Landschaftsforschung ist bestrebt, die Landschaft in ihrer Totalität (Alexander von HUMBOLDT: „Charakter einer Erdgegend", siehe SCHMITHÜSEN 1976) zu erfassen. Neben der Elementaranalyse bedient sie sich hierbei der Komplexanalyse (NEEF 1965). Für sich oder insgesamt werden die einzelnen Partialkomplexe analysiert und letztlich der Synthese zugeführt, die zur Erkenntnis der „Individualität eines Gebietes" (TH. KRAUS & E. MEYNEN im Vorwort zum „Handbuch der Naturräumlichen Gliederung", Hrsg. E. MEYNEN & J. SCHMITHÜSEN 1953-1962) führen soll. Auf dem Weg zu diesem Ziel hat die Geographie, insbesondere stimuliert durch das Projekt der „Geographischen Landesaufnahme: Naturräumliche Gliederung im Maßstab 1:200.000" (SCHMIT-HÜSEN 1943, 1947, 1948, 1949, 1953, 1967; BÜRGENER 1949, 1967 u.a.), einen wesentlichen Schritt voran getan. Nachdem hier ein gewisser Abschluß erreicht war, wurde durch NEEF (1956, 1963, 1964, 1968) und CZAJKA (1965) mit ihren Mitarbeitern im großmaßstäblichen Bereich ein neuer Akzent gesetzt, der seinen Niederschlag in der „Naturräumlichen Ordnung", d.h. der Arbeit auf kleinster Fläche in der topologischen Dimension, fand.

An dieser Stelle rückt das Problem der gleichwertigen Erfassung aller Partialkomplexe mit den jeweils angemessenen Methoden in den Blickpunkt. Ziel muß eine Berücksichtigung der Einzelkomponenten sein, die deren jeweilige Bedeutung im Rahmen der Gesamtbetrachtung ausreichend berücksichtigt. Hierdurch soll letztlich eine Antwort auf die Frage nach der Regelhaftigkeit ihres mosaikartigen Zusammentretens bzw. Überlappens zum komplexen Gebilde der Landschaft mit ihren Teilbezirken möglich werden. Die Geofaktoren der anorganischen Kategorie hatten sowohl im Rahmen der naturräumlichen Gliederung (MEYNEN & SCHMITHÜSEN 1953-1962) als auch bei der Erfassung der naturbedingten Landschaften der DDR (SCHULTZE et al. 1955) entsprechend ihrer jeweiligen Wertigkeit für das Landschaftsbild umfassende Berücksichtigung erfahren. Für die Geofaktoren der vitalen Kategorie trifft dies jedoch nur, und hier in abgeschwächter Form, für die Vegetation, also die botanische Komponente zu. Der zoologische Anteil blieb weitgehend, um nicht zu sagen ganz, unberücksichtigt. Wegen der vielfältigen Schwierigkeiten, die bereits allein die Erfassung des zoologischen Partialkomplexes − selbst dem Zoologen im Hinblick auf alle Tiergruppen − bereitet, ist es verständlich, daß zunächst immer die Vegetation als biotische Komponente erfaßt wurde. Das ist um so verständlicher, wenn man berücksichtigt, daß die Pflanzenökologie und -soziologie mit ihren Zeigerarten bzw. Gesellschaften über ein sehr viel leichter faßliches und in der Landschaft augenfälligeres Objekt ver-

1

fügen. Für die Zoologie trifft dies nicht in gleicher Weise zu, sie hat in verstärktem Maße dem dynamischen Aspekt – der Mobilität ihrer Objekte – Rechnung zu tragen. Für die Beurteilung von Raum- bzw. Standortqualitäten hat sie insbesondere und zuerst den Informationswert der Tierverbreitung (MÜLLER 1976) zu ermitteln. Der Informationsgehalt von Organismen ist u.a. über ihre Reaktion am Standort auf exogene und endogene Faktoren, d.h. über die Kenntnis ihrer „ökologischen Valenz" (HESSE 1924), in seiner Wertigkeit für die ökologische Landschaftsforschung und weiter auch für Planungsprozesse zu gewinnen. Mit diesem Informationsgehalt werden so die strukturelle Komponente des Standortes und die energetische Komponente des Ökosystems erfaßt. Weiter ist die Frage zu klären, warum die Art B an diesem Ort vorkommt oder warum sie hier fehlt, darüber hinaus, ob das Vorkommen bzw. Fehlen eine temporäre – eventuell saisonale – Erscheinung ist oder nicht.

Bei der Bewertung der Fauna sind **chorologische** (Arealstruktur, -funktion, -genese und -dynamik), **ökologische** (aut- und synökologische) und **populationsgenetische** Befunde zu erheben, zu analysieren und der Synthese für eine Raumbeurteilung zuzuführen. Erst hierdurch wird es möglich, die Bedeutung der zoologischen Information für die ökologische Landschaftsforschung zu erkennen. Da die Erfassung und die Beurteilung von Organismen als ökologische Rauminformation komplexe Gebiete sind, bedarf es hierzu entsprechender Bearbeitungssysteme, wie sie heute nur mit Hilfe der EDV zu erstellen sind. Chorologische Erfassungssysteme führen hier zu Fundortkatastern, die im Verbund mit ökologischen und populationsökologischen Daten unter Berücksichtigung des Zeitfaktors die Bedeutung dieser zoologischen Information an einem und für einen Ort erkennen lassen können. Sie zeigen die Verbreitung von Tierarten und Tiergemeinschaften in ihrer Verwirklichung als äußerst komplizierte Arealsysteme in Raum und Zeit, als Bestandteile von Ökosystemen, deren Dynamik die endogenen und exogenen Einflüsse wiederspiegelt. Über die Dokumentation dieser Dynamik lassen sich Rückschlüsse auf die einflußnehmenden Faktoren ziehen, je nach Fragestellung und Methodik als Einzelfaktor oder als multifaktorielles Wirkungsgefüge in der Beeinflussung des Einzelorganismus oder der gesamten tierischen Lebensgemeinschaft. Dies vermag jedoch nur ein flächendeckendes Informationsnetz zu leisten, das die Gesamtheit der genannten Daten speichert, auswertet und unter jeweils spezifischer Fragestellung ausgeben kann.

Den Anforderungen, die an einen solchen Fundortkataster gestellt werden, wird die Kartierung auf der Basis des UTM-Grids, wie sie in der Bundesrepublik für die „Erfassung der Europäischen Wirbellosen" (EEW) Verwendung findet, weitgehend gerecht. Die Grundeinheit bildet das 10-km-Quadrat, das auf der Karte mit einem bzw. mehreren Symbolen die gewünschte Information, bezogen auf bestimmte Zeiteinheiten, markiert, die für diesen Raum gespeichert wurden. Im konkreten Fall wird der Nachweis oder das Fehlen eines Organismus angezeigt, über dessen ökologische Valenz Raum- bzw. Standortqualitäten erkannt werden können.

Die Problematik, ein solches Informationssystem zu erstellen und fortzuschreiben wird deutlich, wenn man die zur Zeit vorliegenden Daten sichtet: die erforderlichen ökologischen und populationsgenetischen Untersuchungen und Ergebnisse liegen nur für einzelne Tiergruppen vor, für andere fehlen sie noch völlig (FRANZ 1950, 1975). Auch die chorologischen Fakten, nämlich die Kartierung von Artarealen und besonders von Tiergesellschaften (SCHMÖLZER 1953) sind nicht sehr viel umfangreicher und lassen zu wünschen übrig. So bleibt festzustellen, daß die Zoocoenosen bei der Behandlung der Biocoenosen bislang noch wenig berücksichtigt wurden. Für die Erfassung der Tierwelt und ihrer Verknüpfung mit dem Geokomplex in der topologischen Dimension stellte HAASE (1967) das gleiche fest. In jüngster Zeit scheint sich hier jedoch ein Wechsel anzubahnen, so ist beispielsweise die Arbeit NAGEL (1975) zu nennen, deren Ziel über eine biozönotische Standortanalyse hinaus eine landschaftsbezogene Aussage ist.

Die hier vorgelegte Abhandlung soll die Verknüpfung von Zoologie und Geographie im Geokomplex (Geographisches Continuum) aufzeigen und auf Ansatzmöglichkeiten hinweisen. Um die gemeinsame Basis für die Erfassung des Totalcharakters der Landschaft — einschließlich der zoologischen Komponente — zu umreißen, ist zunächst ein Vergleich von Konzept und Verknüpfung der Materie sowie der beiden Begriffsapparate erforderlich. Auf die besonderen Schwierigkeiten zoologischer Freilandarbeit und das Problem des fachlichen Ansatzes ist ebenfalls einzugehen, um das Verständnis zu wecken. Als systematische Gruppe werden für diesen Beitrag die Weichtiere (Mollusken) gewählt, da für diese im Untersuchungsgebiet Hessen ausreichendes Datenmaterial gesammelt werden konnte. Als Grundlage für die Darstellung der Verbreitungsangaben findet das UTM-Grid Verwendung, da es bereits im EDV-unterstützten Projekt der „Erfassung der Europäischen Wirbellosen" mit Erfolg genutzt wird (MÜLLER l.c.). So ist das Einspeisen der Daten in die EDV-Anlagen leicht möglich und in der Auswertung können einzelne Organismen bzw. Organismengruppen der hier bearbeiteten Mollusken unter bestimmten Gesichtspunkten den zu bearbeitenden Räumen und naturräumlichen Einheiten verschiedenster Ordnungsstufen zugeordnet werden. Der Informationsgehalt wird für einige Räume der naturräumlichen Gliederung in Hessen aufgeschlüsselt. Dieses Verfahren wertet insbesondere den tiergeographischen Teil des Datenmateriales im Hinblick auf die ökologische Landschaftsforschung anhand der naturräumlichen Gliederung in Hessen aus. Demgegenüber heben die ökologischen Befunde im Augenblick beispielhaft — bis umfangreicheres Material zur Verfügung steht — auf die Einbringung des zoologischen Partialkomplexes in der topologischen Dimension ab. Beide Wege ergänzen einander, da einer allein die zoologische Komponente nicht genügend zu erfassen in der Lage ist.

Für Diskussionen und Erörterungen sowie hilfreiche Hinweise bin ich den Herren Professor Dr. Paul MÜLLER (Saarbrücken), Professor Dr. Joachim ILLIES (Schlitz), Professor Dr. Hans-Jürgen KLINK (Aachen), Professor Dr. Fritz SCHWERDTFEGER (Göttingen) und Professor Dr. Wolfgang TISCHLER (Kiel) sehr zu Dank verbunden.

II. DIE NATURRÄUMLICHE GLIEDERUNG

Als Methode der ökologischen Landschaftsforschung (TROLL 1950; Geoökologie s. KLINK 1972 u.a.) war die naturräumliche Gliederung (Tabelle 1) zunächst darauf ausgerichtet: „... Die Individualität eines Gebietes zu erkennen, es in seiner erdräumlichen Ganzheit zu erfassen, d.h. Wesen und Grenzen abzustecken ..." (so Th. KRAUS & E. MEYNEN im Vorwort zum „Handbuch der Naturräumlichen Gliederung", Hrsg. E. MEYNEN & J. SCHMITHÜSEN 1953-1962) und verfolgte damit eines der primären Anliegen geographischer Forschung. Die Gliederung und inhaltliche Erfassung von Räumen unter den verschiedensten Aspekten gehört seit eh und je zu den Aufgaben der Geographie. Nach TROLL (1950) ist hierbei eine synthetische Arbeitsweise erforderlich: „... so bedeutet geographische Synthese, daß das Schwergewicht von der Betrachtung der Einzelerscheinungen in der Erdhülle auf ihren Zusammenklang in der räumlichen Einheit, in der Landschaft verlegt wird ...". Dieser Forderung wird die ökologische Landschaftsforschung von ihrer Zielsetzung her gerecht, wie es KLINK (1972) formuliert hat: „... Geoökologische [landschaftsökologische] Forschung hat sich die qualitative und möglichst auch quantitative Aufdeckung der Wechselwirkung zwischen den verschiedenen Komponenten des Geokomplexes zum Ziel gesetzt; sie ist Umweltforschung im naturwissenschaftlichen Sinne ...".

Bei der Konzipierung der naturräumlichen Gliederung – als deren Vorläufer die Gliederung Deutschlands in „natürliche Landschaften" unter forstwissenschaftlichem Aspekt (KORNRUMPF & BRÜCKNER 1943) angesehen werden kann – definierte SCHMITHÜSEN (1953) die naturräumliche Einheit wie folgt: „... Unter einer ‚naturräumlichen Einheit' bzw. einem ‚Naturraum' im geographischen Sinne verstehen wir einen nach dem Gesamtcharakter seiner Landesnatur abgegrenzten Erdraum ...". SCHMITHÜSEN (1943, 1947, 1948, 1949, 1953 und zusammenfassend 1967) legte auch die wesentlichsten Beiträge zur Terminologie und Theorie dieser Gliederung vor. Als kleinste geographische – und weiter nicht mehr sinnvoll unterteilbare – Einheit führte er im hierarchischen System der naturräumlichen Gliederung (Tabelle 1) die Größenordnung der Fliese ein. Diese Grundeinheit ist definiert: „... Fliesen sind naturräumliche Grundeinheiten der Landschaft, topographische Bereiche, die auf Grund der Gesamtwirkung ihrer physiogeographischen Ausstattung in ihrer Standortqualität annähernd homogen sind ..." Typische Fliesen werden als Leitfliesen bezeichnet; mit ihren Varianten treten sie im Sinne einer naturgeographischen Gefügelehre (MÜLLER-MINY 1958, 1962) im hierarchischen System der naturräumlichen Gliederung zu Naturräumen höherer Ordnungsstufen (Tabelle 1) unter den Gesichtspunkten der geo-

Tabelle 1: Die Dimensionen der naturräumlichen (Gliederung) Ordnung.

(in Anlehnung an RICHTER 1967; erweitert)

Dimension	die räumlichen Einheiten und ihre übergeordneten Zusammenfassungen			
topo- logisch (= die natur- räumliche Grund- einheit; induk- tiv)	**P h y s i o t o p** (NEEF, TROLL, SCHMITHÜSEN) Fliese (SCHMITHÜSEN, BÜRGENER u.a.); Landschaftszelle (PAFFEN); Landschaftselement (TROLL); Kleinraum (GRANÖ); Fazies (ISACENKO); geographischer Komplex; topographischer Bodentyp; unit area (amerikanisch); site (englisch); Standort (vegetationskundlich); Wuchsort (forstwissenschaftlich); Edaphotop; cover (englisch); Phytotop, Zootop; Ökotop (TROLL, SCHMITHÜSEN u.a.); Geotop (NEEF, SHMIDT u. LAUCKNER); nach KLINK, DIERSCHKE: die vertikale Betrachtung.			physiographische Betrachtung ⬇ ökologische Betrachtung
choro- logisch (deduktiv)	**M i k r o c h o r e** (NEEF) Fliesengefüge (SCHMITHÜSEN); Ökotopgefüge (NEEF); allgemein: naturräumliche Untereinheiten; Physio-Chore (SÖLCH); nach KLINK, DIERSCHKE: die horizontale Betrachtung.			(Stufen der naturräumlichen Gliederung) 7. ORDNUNGSSTUFE (MÜLLER-MINY); Land-schaftszellenkomplex (PAFFEN); Uročišče (ISACENKO)
			Kleinlandschaft (PAFFEN) Mikrochore (NEEF) Mikroregion, -rayon (KONDRACKI)	6. ORDNUNGSSTUFE Ökotopgefüge (HAASE); Mikrochore (HAASE und RICHTER); Mikrochoren-gruppe (HAASE und RICH-TER)
			Mestnost (ISACENKO)	5. ORDNUNGSSTUFE Mesochore der unteren Stufe (HAASE; HAASE und RICHTER)
	M e s o c h o r e (NEEF) naturräumliche Haupteinheit (SCHMITHÜSEN); Einzellandschaft (PAFFEN); Mesochore der oberen Stufe (HAASE; HAASE und RICHTER); Mesoregion, -rayon (KONDRACKI); physisch-geographischer Rayon der Landschaft (ISACENKO)			4. ORDNUNGSSTUFE
regional (ökologisch- tellurisch)	**M a k r o c h o r e** (NEEF) Großregion (MÜLLER-MINY)			3. ORDNUNGSSTUFE Großlandschaft (PAFFEN); Naturräumliche Großein-heit (SCHMITHÜSEN); Makroregion, -rayon (KONDRACKI); Okrug (ISA-CENKO)
		Megachore (NEEF)	Naturräumliche Region (SCHMITHÜSEN)	2. ORDNUNGSSTUFE Großlandschaftsgruppe (PAFFEN); Unterprovinz (KONDRACKI, ISACENKO)
				1. ORDNUNGSSTUFE Landschaftsunterregion (PAFFEN); Provinz (KONDRACKI, ISACENKO)
				Landschaftsregion (PAF-FEN); Subzone (KONDRAK-KI); Subzone i.e.S. (ISACENKO)
				Landschaftsbereich (PAFFEN); Territorium (KONDRACKI); Zone i.e. S. (ISACENKO)
global (zonal - konti- nental)	**G e o s p h ä r e** geosphärische Region; Georegion (NEEF); geographische Zone (SCHMITHÜSEN); Biogeozönose (SUKATSCHEV); generic regions (amerikanisch)			Landschaftszone (PAF-FEN)
				Landschaftsgürtel (PAF-FEN)

5

graphischen Nachbarschaft und der Anliegerschaft zusammen. Dieses Zusammentreten ist durch eine Regelhaftigkeit (MÜLLER-MINY l.c.) charakterisiert, in die sich landschaftliche Einmaligkeiten als „Singularitäten" (MÜLLER-MINY 1958: „... vereinzelte Noppen in einem sonst regelmäßigen Gewebe ...") einfügen. MÜLLER-MINY (l.c.) hat zur Problematik der Grenzlinienführung dieser Räume ausgeführt, daß die Gefügemethode für die Abgrenzung sehr viel besser geeignet sei als die Grenzgürtelmethode (GRANÖ 1952; s.a. MAULL 1950 bei SCHULTZE 1955). Weitere Beiträge zur Abgrenzung und allgemein zur naturräumlichen Gliederung wurden z.B. von BÜRGENER (1949, 1953, 1967), HUTTENLOCHER (1949), LAUTENSACH (1938, 1952), OTREMBA (1948) und PAFFEN (1948, 1953) vorgelegt.

Im Rahmen der Arbeiten zur naturräumlichen Gliederung (SCHMITHÜSEN 1953: „... Dieses Buch [bezogen auf das ‚Handbuch der Naturräumlichen Gliederung'] will weder eine Landeskunde noch eine Landschaftskunde sein. Unser klar begrenztes Anliegen ist es, Deutschland nach den Unterschieden seiner Landesnatur in Gebiete zu gliedern, die für viele Zwecke als Bezugseinheiten dienen können. Der Text [bezogen auf die Erläuterungen zur Karte] soll diese Gebiete nach ihrer natürlichen Beschaffenheit kennzeichnen und beschreiben und damit zugleich Grundlagen und Gesichtspunkte für ihre Abgrenzung aufzeigen ...") war zunächst das Projekt der „Geographischen Landesaufnahme im Maßstab 1:200.000 – Naturräumliche Gliederung Deutschlands" vorgesehen. Die Einzelblattbearbeitungen sollten dann letztlich eine Gesamtdarstellung liefern. Um jedoch mehr Mitarbeiter für dieses Projekt zu interessieren, wurde parallel eine kleinmaßstäbliche Übersichtskarte der naturräumlichen Gliederung für die Bundesrepublik (Maßstab 1:500.000) vorgelegt. Diese nahm dann in ihrer verbesserten Ausgabe (Maßstab 1:1.000.000; 1960) bereits wesentliche Ergebnisse vorweg, die durch die Einzelblattbearbeitungen später nachvollzogen wurden. Eine Darstellung, über welche Teilergebnisse der heutige Bearbeitungsstand der Gliederung erreicht wurde, findet sich bei BÜRGENER (1967), KLINK (1967) und UHLIG (1967). UHLIG (1967, 1970) und FINKE (1972) führen Beispiele praktischer Anwendung der Gliederung auf.

Ähnliche Bearbeitungen zur Ausgliederung von Naturräumen, teilweise mit etwas veränderter Zielsetzung, wurden auch in anderen Ländern durchgeführt (z.B. in Polen: KONDRACKI 1966, 1967). So ist hier auch die Gliederung der DDR in „naturbedingte Landschaften" (SCHULTZE et al. 1955) zu nennen. SCHULTZE (1955) sieht den Unterschied zwischen beiden Naturraumgliederungen (BRD-DDR) in der Bewertung der Vegetation (Tabelle 2). SCHMITHÜSEN (1949) mißt ihr eine Indikatorfunktion „... von besonderer Bedeutung ..." zu, schränkt ihre Wertigkeit aber ein: „... Die räumliche Differenzierung und Anordnung der Standortsqualitäten (abiotische Gesamtkomplexe in ihrer Bedeutung als Standort des Lebendigen) wird als naturräumliche Gliederung bezeichnet ...". Hierin sieht SCHULTZE (1955) die Einschränkung der Abgrenzung der naturräumlichen Einheiten auf die Charakterisierung durch die Geofaktoren der anorganischen Kategorie, während die naturbedingten Landschaften der DDR durch die

Tabelle 2:   Methoden und Verfahrensweisen in der naturräumlichen Gliederung und Ordnung.

(in Anlehnung an BÜRGENER 1949; HAASE 1967; KLINK 1967; NEEF 1963; SCHMITHÜSEN 1947)

	Forschungs- gegenstand	Forschungs- methode	Materielle Methode	hauptsächliche Determinations- verfahren	Bilanzierungs- möglichkeit	Tendenz in- nerhalb der Dimension	Dar- stel- lungs- maßstab
topologisch (induktiv)	einzelner GEOFAKTOR (Einzelbeziehung) / Partialkomplex (anorganisch oder organisch) / GEOGRAPHISCHER KOMPLEX (Gesamtkomplex)	isolierende ELEMENTAR- ANALYSE / KOMPLEXANA- LYSE (analytisch)	1. Einzelmerkmale 2. homogene, stoffliche Synthese a) partial b) total	a) Kausalbeziehung b) ökologisch innerhalb des geographischen Komplexes	a) -.- b) ökologisch: – Teilbilanz – Gesamtbilanz	Typenbildung Typensicherung Typenverfeinerung Typenqualifizierung Typenquantifizierung	1:5.000 bis 1:25.000
chorologisch (deduktiv)	Einheiten der cho- rologischen Dimen- sion (Kleinverband etc.)	chorologische Synthese (synthetisch)	heterogene, stoffliche S y s t e m e: a) spezifisch b) polymorph c) generalisiert	a) ökologisch und genetisch b) genetisch innerhalb des chorologischen Gefüges	a) nach Größenordnungen b) statistische Gebiets- bilanz (Überschlagsbilanz)	GENE- RALI- SIE- RUNG ZONALE TYPEN- SONDE- RUNG fortschreitend	1:200.000 1:500.000
geosphärisch regional (deduktiv)	Einheiten der geosphärischen Dimension (Regionalverband, Subkontinent etc.)	zonale und azonale Gliederung (synthetisch)	stark generalisiert allgemeine Geofaktoren	a) nach den Dominanten b) geophysikalisch	a) -.- b) Formulierung von Bilanztypen c) Gesamtbilanz (GEO- SPHÄRE)		1:1.000.000

7

Geofaktoren der anorganischen und der vitalen Kategorien, unter den letzten insbesondere die natürliche Vegetation, gekennzeichnet werden (Tabelle 2).

Mit der Vorlage der Ergebnisse der naturräumlichen Gliederung, und der zu den naturbedingten Landschaften, ist auf der chorologischen Ebene ein vorläufiger Abschluß erreicht (Tabellen 1, 3). Hierzu schreibt RICHTER (1967): „... Auf dem Wege der Naturräumlichen Gliederung ist in der DDR wie überhaupt in Mitteleuropa ein gewisser Abschluß erreicht worden. Er wird in den Konvergenzen zwischen den verschiedenen jüngeren Gliederungen dieses Gebietes deutlich. ... Die geringfügigen Divergenzen in der Auffassung des Inhalts mancher Naturräume und in manchen Fällen der Grenzziehung sind durch diese Arbeitsweise kaum mehr aufzuheben. Gleiches gilt für den Stand der Naturräumlichen Gliederung in der Bundesrepublik (UHLIG 1966 [nach dem Erscheinen des Leipziger Symposiums-Bandes ist die Jahresangabe in 1967 zu korrigieren]). Die bisher veröffentlichten Karten der Geographischen Landesaufnahme 1:200.000 [BÜRGENER 1967] haben zwar durch die Ausscheidung noch kleinerer Naturräume die naturräumliche Gliederung des Handbuches weitgehend verfeinert, aber fast durchweg das im Handbuch fixierte Ergebnis bestätigt ...“. – Das bedeutet, daß die deduktive Methode der naturräumlichen Gliederung, die ihre Einheiten durch die fortlaufende Untergliederung der größeren Räume gewinnt, hier methodisch ihr Ziel, aber auch die Grenze ihrer Möglichkeit erreicht hat. Deshalb ist sie an dieser Stelle durch eine wirklich induktive Methode auf der Ebene der kleinsten naturräumlichen Einheiten, der Grundeinheiten, zu ergänzen bzw. fortzuführen. NEEF (1963) hat dieses als die topologische Arbeitsweise in der Landschaftsforschung bezeichnet (Tabelle 1, 3).

RICHTER (1967) hebt hervor, daß sich beide Arbeitsweisen – die der naturräumlichen Gliederung und die der naturräumlichen Ordnung (topologische Arbeitsweise) – ergänzen. Die Unterschiede liegen in der Richtung: „... während die Naturräumliche Gliederung ihre Einheiten im Prinzip durch Teilung und fortgesetzte Untergliederung größerer Räume gewinnt, werden durch die Naturräumliche Ordnung größere Naturräume durch Integration, teils auch durch formale Zusammenfassung kleinerer Räume gebildet ...“ und weiter „... Der bestimmende Unterschied zwischen beiden Wegen, die zur Erkenntnis der räumlichen Struktur der Geosphäre führen, liegt darin, daß die Naturräumliche Gliederung ihre Teilräume bis zu einer gewissen unteren Grenze in jedem Integrationsniveau gewinnen kann. Grundeinheiten sind relativ. Dagegen bedarf die Naturräumliche Ordnung einer absoluten naturräumlichen Grundeinheit, auf die sich höhere Ordnungsstufen stets rückbeziehen können ...“ und abschließend „... Für die Naturräumliche Ordnung kommt nur eine solche Grundeinheit in Frage, die sich praktisch als unteilbar erweist ...“. Die Integration dieser Grundeinheit (-en) folgt den vier Ordnungsprinzipien (RICHTER 1967):
1. dem Lageprinzip
2. dem Prinzip der (landschafts-) ökologischen Verwandtschaft
3. dem Prinzip der gemeinsamen Landschaftsgenese

4. dem Prinzip des gemeinsamen Gefügestils (s.a. PAFFEN 1953, SCHMITHÜ-
SEN 1953, MÜLLER-MINY 1958, NEEF 1963 oder HAASE 1964)

RICHTER betont, daß keines dieser Prinzipien für eine bestimmte Ordnungsstufe
(Tabellen 1, 3) allein als absolutes Kriterium Anwendung finden kann, sondern
„... Für die absolute Ableitung der Ordnungsstufe eines beliebigen Naturraumes
bliebe demnach nur ein Prinzip übrig, das Prinzip der fortschreitenden ökologischen Heterogenität, wie man es nach NEEF (1963) nennen müßte, oder der
unterschiedlich weitgespannten Homogenität nach PAFFEN (1953) ...".

Mit der Erfassung der Grundeinheiten der topologischen Dimension haben sich
insbesondere NEEF (1956, 1960, 1962, 1963, 1964, 1965, 1967 und 1968) und
Mitarbeiter (HAASE 1961, 1964, 1967; HUBRICH 1965, SCHMIDT 1969) sowie
CZAJKA (1965) und Mitarbeiter (DIERSCHKE 1969, KLINK 1964, 1966a,
1967, 1969, 1972, 1975) beschäftigt und eine hierfür adaequate Terminologie
und Methodik entwickelt (Abb. 1, Tabellen 1, 2, 3). NEEF (1963) hat die topi-
schen Einheiten so definiert: „... Topische Einheiten sind geographisch unteilbare
homogene Einheiten, in denen die geographische Substanz in ihrer gesetzmäßigen
Verflechtung in Erscheinung tritt ...". Nach dem prägenden Geofaktor werden
diese Einheiten als Morpho-, Pedo-, Klima-, Hydro- oder Phytotop bezeichnet (s.
hierzu HAASE 1967). Ihre Abgrenzung erfolgt nach den labilen oder stabilen Merk-
malen bzw. nach der „ökologischen Varianz" (NEEF 1963) insgesamt. Die Sonde-
rung der Tope führt zur Ausgliederung von Typen* und wird als Typensonderung
(auf der Basis des Homogenitätskriteriums) bezeichnet (NEEF 1964). Die Sicherung
der Typen durch qualitative Merkmale führt zur Typenqualifizierung und über die
stoffliche Bilanzierung wird schließlich die Typenquantifizierung erreicht. Die Daten der einzelnen Topé (Partialkomplexe) werden mit Hilfe der isolierenden Elementaranalyse und der Komplexanalyse (Tabelle 3, Abb. 1) gewonnen und auf
chorologischer bzw. höherer Stufe für die Synthese bereitgestellt. In der topologischen Dimension geht hierzu die Typisierung, die Typensicherung und der Typen-
vergleich voraus. Die Synthese der Partialkomplex-Tope stellt der Physiotop für
den Bereich der Abiota dar. NEEF (1968) hat den Physiotop als den Zentralbegriff der „Komplexen Physischen Geographie" bezeichnet und später (s. NEEF,
SCHMIDT & LAUCKNER 1961) wie folgt definiert: „... Der Physiotop ist die
Abbildung der landschaftsökologischen Grundeinheit mit Hilfe der auf Grund der
bisherigen Entwicklung gleiche Ausbildung zeigenden, relativ stabilen und in na-
turgesetzlicher Wechselwirkung verbundenen abiotischen Elemente und Komponenten. Er weist daher bestimmbare Formen des Stoffhaushaltes auf, die seine
ökologische Bedeutung (ökologisches Potential) bestimmen. Als homogene Grundeinheit kann er als Typus wie als Arealeinheit dargestellt werden ..." Seine biotische Entsprechung ist die Summe der Geofaktoren der vitalen Kategorie, die als

---

* Neben den Typen sind topische oder top-ökologische Varianten zu unterscheiden (HAASE
1961, 1967) die als „ökologische Catena" oder kokardenförmig angeordnet sein können
(Abb. 2).

Tabelle 3: Zur Betrachtungsweise in der Topologie.
(in Anlehnung an SCHULTZE 1955)

	analytisch	*synthetisch*

abiotisch	GEOFAKTOREN der anorganischen Kategorie
	
	Betrachtung und Gliederung nach der Wirkung dominanter GEOFAKTOREN
	
	Benennung der räumlichen Einheiten nach diesen dominanten GEOFAKTOREN: - Morphotop
	  - Klimatop
	  - Edaphotop
	  - Hydrotop
	
	→ Physiotop Gesamtkomplex der abiotischen Ausstattung (TROLL, FRALING, SCHMITHÜSEN, NEEF) (site/ BOURNE; Fazies/ ISACENKO, topographischer Bodentyp)
		Ökotop (ganzheitliche Betrachtungsweise)
		
		(TROLL, SCHMITHÜSEN, CZAJKA)
		ecotope/ TANSLEY
		Naturkomplex/ MARKUS
		Naturlandschaftszelle/ SCHULTZE
		topökologische Einheit der russischen Geographen
		
		**K u l t u r -
		landschafts-
		z e l l e**
		
		(reale Wirklichkeit; Landschaftsraum, erfaßt den TOTALCHARAKTER)
		
		SCHULTZE
		SCHMITHÜSEN

biotisch	GEOFAKTOREN der vitalen Kategorie
	
	Biotisches Potential:
	  - Phytotop
	  - Zootop
	
	→ Standort vegetationskundlich
	→ Wuchsort forstwissenschaftlich (cover; Edaphotop)	

anthro- pogen		

10

Pflanzen- und Tierwelt die Bedeckung (TROLL 1950) oder „cover" darstellen. In ganzheitlicher Betrachtung stellt so der Ökotop die Integration aller Partialtope dar (Abb. 1, Tabelle 2).

Die so an Meßpunkten gewonnenen Einzelinformationen werden auf die Fläche übertragen (unter Verallgemeinerung und Informationsverlust) und führen in der Synthese innerhalb der Hierarchie der Naturräume letztlich zu einem Modell des Geokomplexes (RICHTER 1968, HERZ 1968).

Aus dem Gebiet der Bundesrepublik liegen aus dieser Dimension Untersuchungen von CZAJKA (1965), KLINK (1964, 1966, 1969) und DIERSCHKE (1969) vor, auch von LESER (1972) und FINKE (1972). Für das näher zu behandelnde Hessen ist die hydrologische Arbeit von HERRMANN (1965) zu erwähnen. — Abschließend ist anzumerken, daß für Hessen die naturräumliche Gliederung flächendeckend vorliegt (BÜRGENER 1963, 1969; FISCHER 1972; HÖVERMANN 1963; KLAUSING 1967; KLINK 1966a; MANIG 1950; MEISEL 1959; MENSCHING & WAGNER 1963; MÜLLER-MINY & BÜRGENER 1971; PEMÖLLER 1959; RÖLL 1969; SANDNER 1960; SCHMITHÜSEN 1952, SCHWENZER 1967, 1968; SICK 1962; UHLIG 1964 sowie WAGNER 1951; eine zusammenfassende Publikation erfolgte durch KLAUSING 1974).

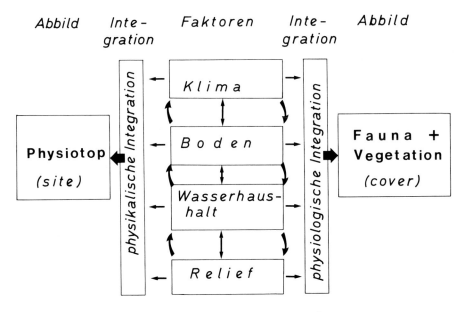

Abb. 1. Die Verknüpfung der Partialkomplexe innerhalb des Ökotopes (in Anlehnung an NEEF 1968).

Der Anteil der Biowissenschaften, besonders der Zoologie, an der ökologischen Landschaftsforschung

HAASE (1967) ist in seiner Analyse auch auf die Erfassung der Biota eingegangen. Obwohl die Erforschung von Fauna und Flora seit Alexander von HUMBOLDT eng mit der Landschaftsforschung verbunden ist, hat doch zumeist nur die Flora Berücksichtigung gefunden. Dies ist bedenklich, zumal sowohl die Analyse der Vegetation als auch die der Fauna, besonders des Edaphons, wichtige Einblicke in das Wirkungsgefüge des Geokomplexes vermitteln sollten (so auch HAASE 1967).

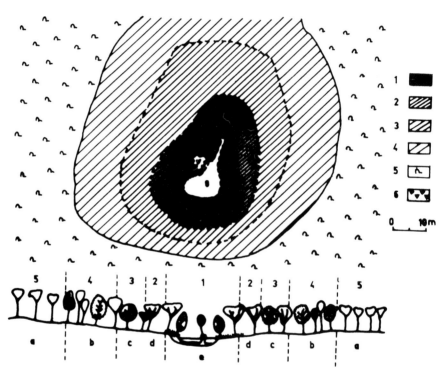

Abb. 2. Kokardenförmige Vegetationszonierung als Ausdruck sich zentral-peripher wandelnder Bodenstauwasser-Verhältnisse. (Beispiel für einen Ökotop mit seinen Varianten im Sinne einer Ökologischen Catena; nach KLINK 1964.)

Vegetation:
1 = Erlenbruch
2 = Eschenwald
3 = Eschen-Stieleichengürtel
4 = frischer Buchenwald
5 = grasreicher Buchenmischwald
6 = Phalaris arundinacea-Bestand auf Mullgley

Böden:
a = Lehmrendsina
b = Braunlehm/Gley
c–d = Mullgley
e = Gley mit Gyttja-Auflage

12

Für die ökologische Landschaftsforschung sind Angaben der Vegetationskunde in zweifacher Hinsicht von Bedeutung: einmal ermöglicht die Kenntnis ökologischer Zeigereigenschaften (KNAPP 1948 und später; ELLENBERG 1950/54; TÜXEN 1955 u.a.) einzelner Pflanzen bereits eine qualitative Beurteilung des Standortes, an dem die Art auftritt, und zweitens sind synökologische Aussagen durch die Erfassung der Vegetationsformationen ein gutes Hilfsmittel für die Grenzziehung in der topologischen Dimension. Im einzelnen werden die Floristik, die aktuelle Vegetation und die potentielle natürliche Vegetation (als Rekonstruktion aus naturnahen Restbeständen und den Ersatzgesellschaften) erfaßt. Die Kartierung der potentiellen natürlichen Vegetation leistet bereits wertvolle Vorarbeit für die Ausgliederung naturräumlicher Grundeinheiten. SCHULZ (1972) weist in diesem Zusammenhang auf den Wert der Bodengeographie für die Naturraumbeurteilung hin.

HAASE (1967) betont, daß „... Die Erfassung der Tierwelt und ihrer Verknüpfung mit dem Geokomplex in der topologischen Dimension noch in den Anfängen steckt ..." und weiter „... Untersuchungen müssen sich auf die ortssteten Kleinlebewesen beschränken, um enge Korrelationen zwischen Umwelt und Organismus bzw. Zoozönose zu finden. Dieses weite Feld verspricht noch eine reiche Ernte auch für die landschaftsökologische Analyse ...". KLINK (1966) hatte ähnliches festgestellt: „... Tiergemeinschaften sind vorläufig noch wenig in landschaftsökologische Untersuchungen einbezogen worden. Als Beispiel für die Betrachtung der Tierwelt unter landschaftsökologischen Gesichtspunkten kann die Abhandlung von MERTENS (1961) angesehen werden ...". Hier wird deutlich, daß für eine Beurteilung der kausalen Zusammenhänge innerhalb des Geokomplexes, funktionell: Ökosystem (TANSLEY; FRIEDERICHS: Holozön; SUKATSCHEW: Biogeozönose), eine adaequate Berücksichtigung des zoologischen Teilkomplexes noch aussteht. Dies ist insbesondere auf den hohen Grad an Komplexität dieser Materie sowie deren Verknüpfung im Ökosystem (TISCHLER 1951, in Anlehnung an FRIEDERICHS 1930: biozönotischer Konnex, SCHWERDTFEGER 1975: Beziehungsnetz) zurückzuführen. Es wird weiter aus der Tatsache erhellt, daß die Synökologie der Pflanzen und Tiere hier deutlich getrennte Wege, teilweise durch einen erheblichen Nachholbedarf der terrestrischen Tierökologie charakterisiert, durchlaufen haben und oft nur wenig aufeinander bezogene Untersuchungsgegenstände waren. Eine Ausnahme bilden hier die Limnologie und die Meersökologie, also die Ökologie der Süßwasser- und Meerestiere und -pflanzen, wo eine solch strikte Trennung zwischen Pflanzen- und Tierwelt nicht stattgefunden hat.

Allgemeine Betrachtungen über die Tierwelt der unterschiedlichen Landschaften liegen in der Literatur beispielsweise von RAMMER (1936) vor, der unter dem Titel „Das Tier in der Landschaft. – Die deutsche Tierwelt in ihren Lebensräumen" die Tierwelt für einzelne Landschaften beschreibt. Unter dem Gesichtspunkt der landschaftsprägenden Tätigkeit hat sich MERTENS (1961) mit der Fauna in einem weitgespannten Bogen beschäftigt. Er weist darauf hin, daß die Tierwelt nicht die gleiche Rolle wie die Pflanzenwelt zu spielen im Stande ist.

Trotzdem erscheint es ihm in einigen Fällen gerechtfertigt zu sein, von einer „Landschafts-Fauna" zu sprechen. Hierunter versteht er Tierarten, „... welche im landschaftlichen Bilde in irgendeiner Weise hervortreten, ganz gleich, ob sie selber oder nur die Äußerungen ihrer Lebenstätigkeit an der Physiognomie der Landschaft mitwirken oder nicht ...". Aus dieser Sicht bleibt der Meeresboden und auch der Boden der Binnengewässer unberücksichtigt; obwohl hier eher umgekehrte Verhältnisse vorliegen, d.h. die Fauna den Biotop eher – ja ausschließlich – als die Flora charakterisiert. Weiter führt MERTENS, der seinen Beitrag als **zoologische Unterlagen zur Landschaftskunde** betrachtet, aus, daß für die Prägung des landschaftlichen Eindruckes sowohl lebende Tiere als auch Massenansammlungen toter Tiere (Massengräber in der Erdgeschichte) von Bedeutung sind. Tierisches Auftreten ist jedoch stets als dynamisches, manchmal aber nur als ephemeres Landschaftsmerkmal anzusehen, wobei sich diese ursprünglich dynamische Rolle aber auch in eine statische verwandeln kann (gesteins- und bodenbildende Tiere). Die Rolle ist von der Art und Weise abhängig, in der Tiere in der Physiognomie der Landschaft prägend wirken. Dabei kann es sich sowohl um ihre unmittelbare Präsenz handeln, aber auch um die Spuren, die über diesen Zeitraum hinaus andauern und prägend wirksam bleiben, wenn die Individuen schon längst weitergezogen sind. Zudem ist die direkte von der indirekten Einwirkung zu unterscheiden. Zur ersten Gruppe zählen tierische Bauten (sozialer Trieb) und Fährten (Wechsel; lokomotorischer Trieb), zur zweiten Gruppe die Fraßtätigkeit (nutritorischer Trieb), soweit sie etwa die Pflanzendecke erheblich schädigt oder in anderer Weise beeinflußt. Bei dieser Betrachtung müssen die weniger konkret faßbaren animalischen Äußerungen, die sehr wohl eine Landschaft mitbestimmen können, unberücksichtigt bleiben, z.B. olphaktorische und phonetische. Weiter ist ein Teil der landschaftlich prägenden Wirkungen tages- oder jahreszeitlicher Periodizität unterworfen. MERTENS (l.c.) führt hierzu eine Fülle von Beispielen an: so sind sogenannte „Termiten-Savannen" durch die Bauten dieser Insekten gekennzeichnet, oder die Ablagerungen der Exkremente der Guano-Vögel prägen einmal das Bild der Küste oder ganzer Inseln und schaffen gleichzeitig für höhlenbewohnende Arten, die ihre Höhlen jetzt in den Guano hineinbauen können, neue Lebensräume. Als weitere Beispiele können die Arbeiten von MÖRZER BRUIJNS (1950), MÖRZER BRUIJNS, van REGTEREN ALTENA & BUTOT (1959) und KOEPCKE (1961) genannt werden.

In mehr oder weniger direktem Bezug zur naturräumlichen Gliederung stehen einige wenige, zoologische Beiträge, auf die kurz eingegangen werden soll. Dabei ist anzumerken, daß diese von Fachzoologen vorgelegt wurden; Beiträge von Geographen stehen hier noch aus. Tiergeographische Arbeiten stammen ebenfalls in der Regel aus der Feder von Fachzoologen, die dabei echte interdisziplinäre Arbeit leisten, aber auch hier ist die Zahl der auf diesem Sektor arbeitenden Wissenschaftler sehr klein. – Bei der nachfolgenden Betrachtung bleiben Untersuchungen, deren Gebiet räumlich mit einer naturräumlichen Einheit zusammenfällt, und die lediglich als Raumbegrenzung Erwähnung finden, unberücksichtigt, wie z.B. der Spessart (bei MALKMUS 1974) oder das Giessener Becken (bei JUNGBLUTH 1973).

14

1. ANT (1971) faßt die Bestrebungen zur Schaffung einer neuzeitlichen Faunistik der Coleopteren Westfalens zusammen und schlägt für die Arbeiten an dieser „Coleoptera Westfalica" die Verwendung der naturräumlichen Gliederung vor. Er begründet dies so: „... Es scheint zweckmäßig, das Untersuchungsgebiet nach anderen als politischen Gesichtspunkten zu gliedern. Hier bot sich die naturräumliche Gliederung, die am ehesten den verschiedenen, die Verbreitung der Tiere bedingenden Faktoren Rechnung trägt ... an ...".

ANT verweist insbesondere auf die komplexen Wechselbeziehungen zwischen den Pflanzen- und Tiergesellschaften und führt die wichtigsten Pflanzengesellschaften für Westfalen auf. So soll eine Zuordnung der Tiergesellschaften (hier: Coleoptera) erleichtert werden. Die Intention der Coleoptera Westfalica geht also über die Ermittlung des Arteninventares einzelner naturräumlicher Einheiten hinaus. Erklärtes Ziel ist dabei die Erfassung ökologischer Parameter, die letztlich eine Klärung auch der zoogeographischen Probleme ermöglichen. Für diese weitgespannte Untersuchung steckt die Coleoptera Westfalica den Rahmen ab und gibt die erforderlichen Anleitungen. Die Beschreibung der naturräumlichen Einheiten Westfalens folgt dem Handbuch (E. MEYNEN & J. SCHMITHÜSEN 1953-1962).

2. Mit ähnlicher Zielsetzung liegen zwei Publikationen zu einer „Faunistik der Hessischen Koleopteren" (DRECHSEL 1973, 1973a) vor. DRECHSEL betont dabei das Fehlen einer Gesamtdarstellung der hessischen Käferfauna. In seinem ersten Beitrag wird die geplante Arbeitsmethode abgehandelt. Einzelne Bearbeiter sollen alle verfügbaren Daten aus Museums- und Privatsammlungen, jeweils für eine bestimmte systematische Gruppe, in einer Kartei sammeln und für jede Art eine Verbreitungskarte (auf der Basis des UTM-Gitters) anlegen. Außer den reinen Fundangaben sollen insbesondere Beobachtungen zur Rassenbildung, Ethologie, Ökologie und Geographie gesammelt werden. Die Ergebnisse sollen weiter für die „Erfassung der Europäischen Wirbellosen" (Saarbrücken) bereitgestellt werden. – Um eine rasche Publikation der einzelnen Beiträge zu ermöglichen, soll zunächst noch keine Verbreitungskarte mit abgedruckt werden. DRECHSEL (l.c.): „... Für die Publikation einer Faunistik ist diese Art der kartographischen Darstellung jedoch zu aufwendig. Es erschien zweckmäßig, zusätzlich die Karte aus dem Handbuch der naturräumlichen Gliederung Deutschlands zu benutzen ...". Dies soll unter Verwendung des dekadischen Systems der Gliederung geschehen: nach einer kurzen Charakteristik der abzuhandelnden Gruppe sollen die Beiträge den einzelnen Arten jeweils die naturräumlichen Einheiten, in denen sie registriert wurden, in numerischer Reihenfolge nachstellen. Mit der Bearbeitung der Heteroceridae hat DRECHSEL (1973a) den ersten systematischen Beitrag zu diesem Projekt vorgelegt. Als Ergebnis werden dann die Coleopterenarten aus Hessen in ihrer Verbreitung nach naturräumlichen Einheiten erfaßt sein.

3. Dem Vorhaben von ANT (1971) am ehesten vergleichbar ist die Abhandlung über die Molluskenfauna des Vogelsberges (JUNGBLUTH 1975). Die Mollusken werden in den Einheiten Vorderer, Unterer und Hoher Vogelsberg faunistisch erfaßt und teilweise auch coenologisch untersucht, beispielsweise die *Bythinella dunkeri compressa*-Coenose der Quellregionen im zentralen Vogelsberg, die *Mar-*

garitifera margaritifera-Coenose der Forellenregion der kalkarmen Bäche des basaltischen Ost-Vogelsberges oder die *Clausilia pumila-Azeca menkeana*-Coenose im Erlenbruchwald des Storndorfer Forstes. Die gewonnenen Ergebnisse sind sowohl der topologischen als auch der chorologischen Dimension zuzuordnen.

Nach diesen Beispielen bleibt festzustellen, daß zoologische Ergebnisse im eigentlichen Sinne bisher nicht in das System der naturräumlichen Gliederung eingegangen sind (s.a. HAASE 1967). Die genannten Arbeiten verdeutlichen dies, da hier – zum derzeitigen Bearbeitungsstand – die naturräumliche Gliederung nur die Abgrenzung der untersuchten Lokalität zur Verfügung stellt. Die Integration in die naturräumliche Betrachtung steht somit noch aus.

III. ÜBER DEN MÖGLICHEN BEITRAG DER ZOOLOGIE IM RAHMEN DER ÖKOLOGISCHEN LANDSCHAFTSFORSCHUNG

Der Ansatz zur Erfassung der zoologischen Substanz (des zoologischen Partial-komplexes) im Rahmen der ökologischen Landschaftsforschung ist, bedingt durch die Formenvielfalt sowie deren komplexe Verknüpfung mit dem übrigen belebten und unbelebten Komplex (TISCHLER: biozönotischer Konnex; SCHWERDT-FEGER: Beziehungsnetz), vor Ort zwangsläufig ein multipler. Dazu muß er not-wendigerweise auf verschiedenen Ebenen einsetzen. Der hohe Komplexitätsgrad der zoologischen Substanz erfordert adäquate Untersuchungsmethoden, subtile systematische Kenntnisse und eine angepaßte Untersuchungsstrategie. Dieser Bei-trag kann im System der Zoologie nicht von einer Teildisziplin allein geleistet werden. Aus der Allgemeinen Zoologie sind die Biogeographie und die Ökologie (im umfassenden Sinne), ergänzt durch die systematische Teildisziplin (hier: die Malakozoologie), zu beteiligen. Gegenüber der Botanik ist jedoch stets die erheb-lich größere Artenzahl sowie das Phaenomen der Vagilität des Untersuchungs-objektes und dessen ökologische Plastizität („ökologische Valenz" HESSE 1924; „ökologische Potenz" PEUS 1954) zu berücksichtigen.

Ehe nun eine Entscheidung darüber getroffen wird, ob tiergeographische oder tierökologische Daten für die Untersuchung herangezogen werden sollen, ist über die Art und Weise des Vorgehens zu befinden. Hier bieten sich generell zwei Möglichkeiten: entweder wird der Einzelorganismus (autökologisch auf der idio-graphischen Stufe s. Abb. 3) oder aber die Lebensgemeinschaft (Biocoenose) am Standort betrachtet. In diesem Zusammenhang sind Organismengröße, Vagilität und Artarealgröße von Bedeutung. Der Einzelorganismus läßt über seine auto-zoische Dimension − mit der er die ökische Dimension der für ihn adaequaten ökologischen Nische nutzt − Standortqualitäten erkennen (Abb. 4, Tabelle 4). Für die Biocoenose trifft ähnliches zu, wobei durch inter- und intraspezifische Beziehungen jedoch ein höherer Komplexitätsgrad (synökologisch auf der zöno-graphischen Stufe s. Abb. 3) vorliegt. Beide Informationen zusammen münden dann in eine Betrachtung und Beurteilung des Ökosystems (holographische Stufe s. Abb. 3) ein. Wenn an dieser Stelle die Bezugsgröße gewählt worden ist, liegt bereits eine Entscheidung über die naturräumliche Dimension, in der die Unter-suchungen durchgeführt werden sollen, vor. HAASE (1967) betont, daß in der topologischen Dimension insbesondere die ortssteten Kleinlebewesen zu berück-sichtigen sind, während MERTENS (1961) mit Beispielen die landschaftsgestal-tende Wirkung der Megafauna in der chorologischen Dimension belegt hat.

Letztlich ist dann der Schwerpunkt für die zu erhebenden Daten auf tiergeo-graphischem oder tierökologischem Gebiet zu setzen. Über das Fehlen bzw. Vor-

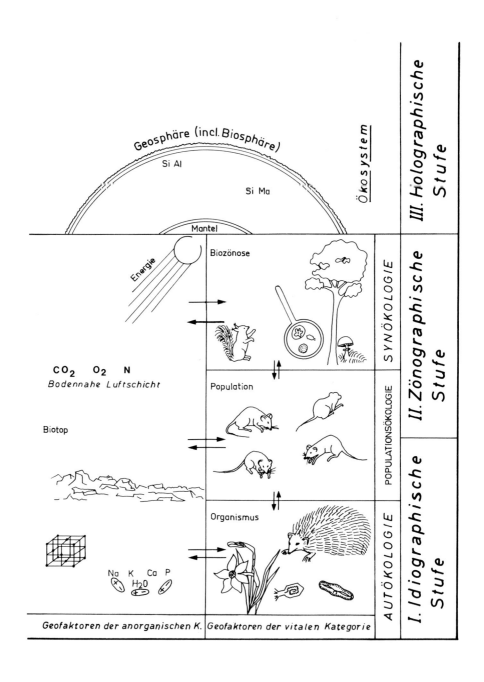

Abb. 3. Die drei Stufen der Ökologie. (in Anlehnung an THIENEMANN 1956 und STUG-REN 1972.)

Tabelle 4: Das Problem der "ökologischen Nische".

Ökologische N I S C H E (ELTON 1927; GÜNTHER 1950)	→	Ökologische U M W E L T	→	UMGEBUNG	→	AUSSENWELT
MINIMALUMWELT (FRIEDERICHS WEBER) die AUTOZOISCHE DIMENSION (HESSE: ökologische Valenz; PEUS: ökologische Potenz) ermöglicht der Art das Beziehen der "ÖKOLOGISCHEN NISCHE" (GÜNTHER), d.h. die EINNISCHUNG in den Rahmen dieser Nische (Erteilung einer "ÖKOLOGISCHEN LIZENZ" /GÜNTHER/, wir bezeichnen ihn als die "ÖKISCHE DIMENSION" bestehend aus verschiedenen Teilen des MONOSYSTEMS. Die ÖKOLOGISCHE NISCHE liegt in der POSITIVZONE der ökologischen Faktoren		ausschließlich die GESAMTHEIT der FAKTOREN, auf die eine ART (über ihre Individuen) für ihre Existenz angewiesen ist, sowie unmittelbar für ihr Gedeihen MERKWELT + WIRKWELT (J.v.UEXKÜLL) incl. der PSYCHOLOGISCHEN UMWELT (FRIEDERICHS: PHYSIOLOGISCHE UMWELT) PEUS: UMWELT ist grundsätzlich von einem bestimmten Raum abhängig		alle, die über die UMWELT hinausgreifenden Gegenstände und Erscheinungen, die von einer Art mit ihren Sinnesorganen unmittelbar wahrgenommen werden (PEUS)		alle anderen Gegebenheiten, die der Wahrnehmungsmöglichkeit einer Art entzogen sind (kosmische UMWELT)

(Quellen: BACMEISTER 1942; CASPERS 1950; ELTON 1927; FRIEDERICHS 1943; GÜNTHER 1949, 1950; PEUS 1954; SAUER 1970, 1973; STRENZKE 1951; J.v.UEXKÜLL 1921; WEBER 1941)

handensein und Fluktuieren von Arten erfaßt die Tiergeographie lokal oder insgesamt den Komplex der Artarealsysteme. Diese vermitteln über die Kenntnis ihrer Struktur, Funktion und Dynamik – wobei das Phaenomen der Tierwanderungen von erheblicher Bedeutung sein kann – die Befunde, die für eine landschaftsökologische Betrachtung relevant sind. Demgegenüber hat die Tierökologie „... die gesamten Beziehungen des Tieres sowohl zu seiner anorganischen als zu seiner organischen Umgebung zu untersuchen, vor allem die freundlichen und feindlichen Beziehungen zu denjenigen Tieren und Pflanzen, mit denen es in directe oder indirecte Berührung kommt; oder mit einem Worte, alle diejenigen verwickelten Wechselbeziehungen, welche DARWIN als die Bedingungen des Kampfes um's Dasein bezeichnet ..." (HAECKEL 1870). Damit sind sowohl die Ansprüche der Art an ihren Lebensraum (Biotop) als auch ihre Einbindung in diesen (Abb. 3, Tabellen 4, 5, 6) zu erfassen. Letztere wird als „Beziehungsgefüge" (WOLTERECK 1932), „überindividuelles Gefüge" (FRIEDERICHS 1957), „biozönotischer Konnex" (TISCHLER 1951) oder auch „Beziehungsnetz" (SCHWERDTFEGER 1975) bezeichnet. Die Kenntnis der ökologischen Daten der Arten führt zur Erfassung von „Lebensformen (-typen)" (REMANE 1943, TISCHLER 1949), die von KOEPCKE (1961) als „autökologische Komplexe" bezeichnet wurden. KOEPCKE hat vorgeschlagen, die Lebensformen als Indikatoren für wesentliche autökologische Parameter zu werten, die so eine Beurteilung ihrer Biocoenosen ermöglichen. Ähnliche Bedeutung für die Charakterisierung von Biocoenosen wird den Leitformen, die für eine Lebensgemeinschaft typisch sind, zugemessen. Hieran knüpfen sich Versuche zur Synthese pflanzen- und tierökologischer Ergebnisse, die die biotische Komponente (Partialkomplexe) der ökologischen Landschaftsforschung sind (PALMGREN 1928; RABELER 1937, 1947, 1952; KÜHNELT 1943a; TISCHLER 1950; HEYDEMANN 1956; oder speziell auf die hier zu behandelnden Mollusken bezogen: HÄSSLEIN 1948, 1956, 1960, 1966; ANT 1968, 1969; SCHMID 1966).

Die bisherigen Ausführungen zur Erfassung der zoologischen Substanz haben die enge Verknüpfung von Tiergeographie und Tierökologie aufgezeigt, die sich schon früher in der Literatur manifestiert hat (DAHL 1921, HESSE 1924). Damit ist eine distinkte Erfassung tierökologischer oder tiergeographischer Daten nicht in jedem Fall möglich oder von der Fragestellung her sinnvoll. Aus diesem Grund hat ÖKLAND (1956) dieses Continuum (zoologischer Ökologie und Geographie) als Ökographie bezeichnet, ein Begriff, der in abgewandelter Form als Ökogeographie bei KOEPCKE (1961) wieder auftaucht, sich aber nicht eingebürgert hat.

Abschließend bleibt festzustellen, daß bei der Datenerhebung in der Tierökologie und -geographie durch den Grad landschaftsprägenden Einflusses und durch die Methodik die Tierwelt der Binnengewässer (= Limnologie) und die des Landes getrennt zu erfassen und zu betrachten sind. Im Bereich der terrestrischen Ökologie ist es nach unserem heutigen Kenntnisstand im Hinblick auf die Fauna nur ausnahmsweise oder in Spezialfällen möglich, die Zuordnung einer Zoocoenose (eines Zootopes) zur entsprechenden Phytocoenose (Phytotop) oder zu einer bestimmten Raumeinheit (Top) vorzunehmen (vgl. SCHWERDTFEGER 1975: 144).

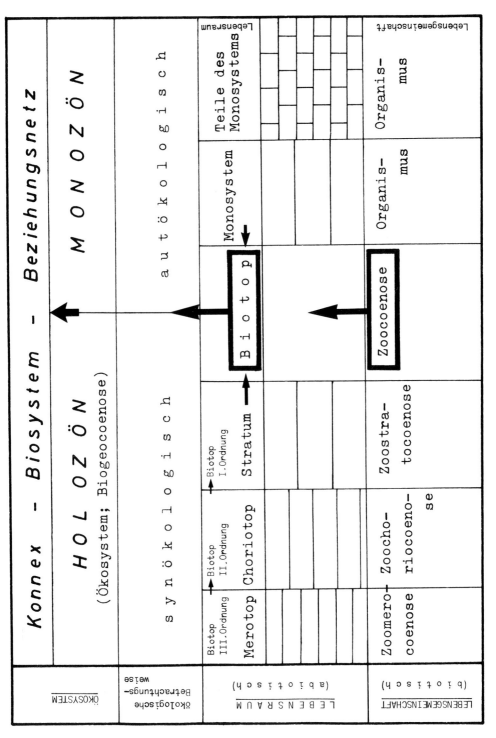

Abb. 4. Die Gliederung der terrestrischen Ökosysteme bis in die Biotope niederer Ordnung (ohne Populationsökologie).

21

Abb. 5. Die Zonierung der Fließgewässer.
(unter Verwendung der Schemata von SCHINDLER 1953 und KEIZ bei LIEBMANN 1962)

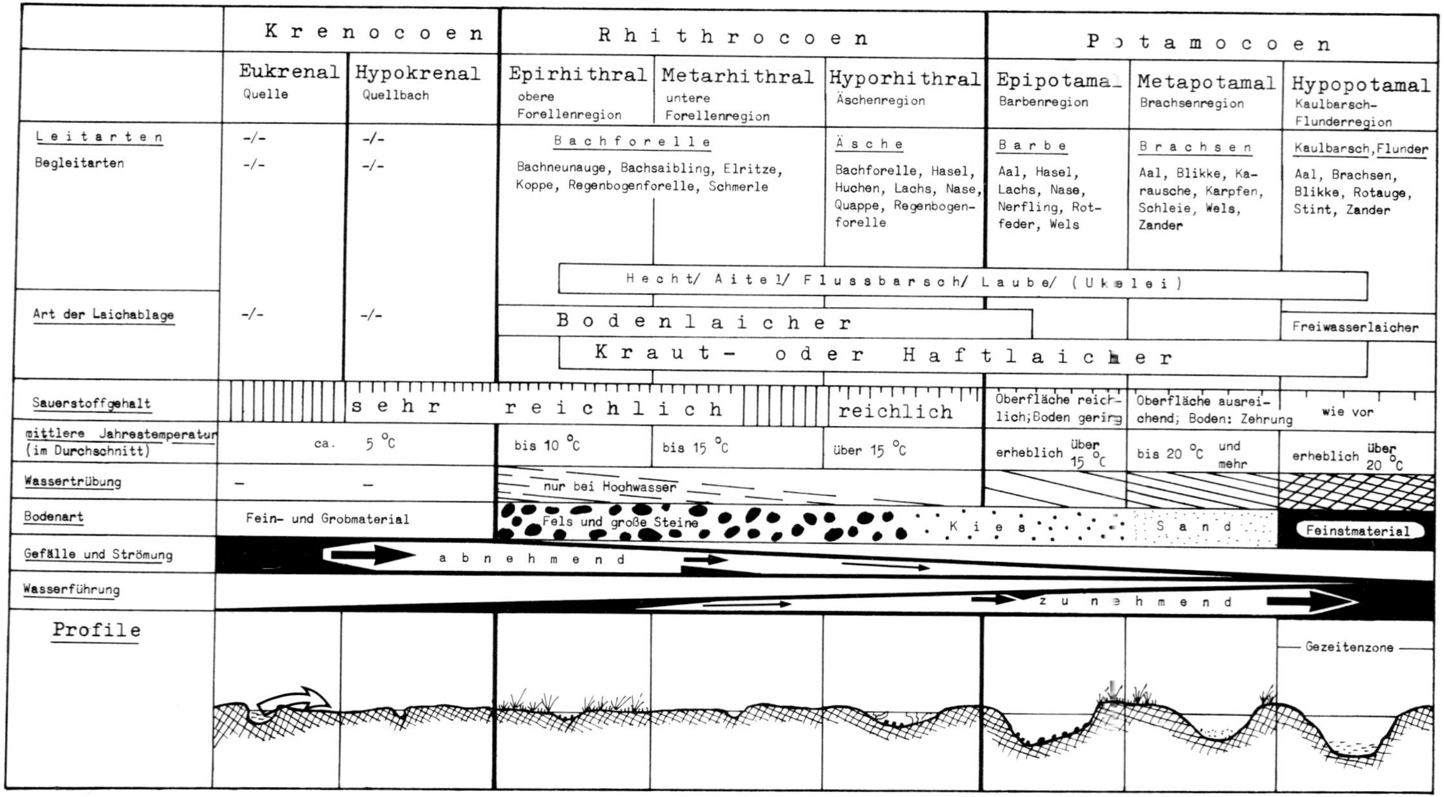

	Krenocoen		Rhithrocoen			Potamocoen		
	Eukrenal Quelle	Hypokrenal Quellbach	Epirhithral obere Forellenregion	Metarhithral untere Forellenregion	Hyporhithral Äschenregion	Epipotamal Barbenregion	Metapotamal Brachsenregion	Hypopotamal Kaulbarsch-Flunderregion
Leitarten	-/-	-/-	Bachforelle	Bachforelle	Äsche	Barbe	Brachsen	Kaulbarsch, Flunder
Begleitarten	-/-	-/-	Bachneunauge, Bachsaibling, Elritze, Koppe, Regenbogenforelle, Schmerle		Bachforelle, Hasel, Huchen, Lachs, Nase, Quappe, Regenbogenforelle	Aal, Hasel, Lachs, Nase, Nerfling, Rotfeder, Wels	Aal, Blikke, Karausche, Karpfen, Schleie, Wels, Zander	Aal, Brachsen, Blikke, Rotauge, Stint, Zander
Art der Laichablage	-/-		Hecht/ Aitel/ Flussbarsch/ Laube/ (Ukelei)					Freiwasserlaicher
			Bodenlaicher					
			Kraut- oder Haftlaicher					
Sauerstoffgehalt		sehr	reichlich			Oberfläche reichlich; Boden gering	Oberfläche ausreichend; Boden: Zehrung	wie vor
mittlere Jahrestemperatur (im Durchschnitt)		ca. 5 °C	bis 10 °C	bis 15 °C	über 15 °C	über 15 °C	bis 20 °C und mehr	über 20 °C
Wassertrübung		–	nur bei Hochwasser			erheblich		erheblich
Bodenart	Fein- und Grobmaterial		Fels und große Steine	Kies			Sand	Feinstmaterial
Gefälle und Strömung	abnehmend →						zunehmend →	
Wasserführung							zunehmend	
Profile								Gezeitenzone

22

Gleiches gilt für die besondere Problematik der Kartierung von Zoocoenosen. Im Gegensatz hierzu liegen in der Limnologie sowohl Kartierungen von einzelnen Arten mit ihren Arealen (ILLIES 1967) als auch von Coenosen vor, die hier oft als Zonationscoenosen (Abb. 5) verwirklicht sind (Tabelle 5; Beispiel hierzu: Tabelle 6).

Erörterungen zum konkreten Beitrag der Zoologie

Der zoologische Partialkomplex ist auf verschiedenen Stufen und innerhalb der unterschiedlichen Dimensionen jeweils in spezifischer Weise zu erschließen, um seine Substanz der ökologischen Landschaftsforschung zugänglich zu machen. Auf der Basis des binären − nämlich tiergeographischen und -ökologischen − Ansatzes wird es letztlich erst möglich sein, den Totalcharakter zu erfassen. Innerhalb der topologischen Dimension wird die zoologische Komponente primär ökologisch und entsprechend der Stufigkeit der tierischen Umwelt idiographisch, zönographisch und holographisch analysiert (Abb. 3). In den höheren Dimensionen ist, und hier zeigen sich Analogien der Betrachtungs- und Arbeitsweise zur geographischen, ein anderes Prinzip zugrunde zu legen. NEEF (1963) hat diese Unterschiede zwischen topologischer und chorologischer Arbeitsweise dargelegt. In der Zoologie findet dies in der Differenzierung zwischen tiergeographischer und -ökologischer Analyse in etwa eine Entsprechung. Wie bei der chorologischen Formulierung die Fakten der topologischen Dimension, wenn auch in generalisierter und selektiv genutzter Weise, Verwendung finden, so sind in der tiergeographischen Aussage ökologische Ergebnisse enthalten. Damit trägt die Tiergeographie in erster Linie zur Betrachtung in den Dimensionen oberhalb der topologischen bei. Der Stufigkeit der ökologischen Umwelt (Tabellen 4, 5, 6; Abb. 3, 4, 5) und dem hierarchischen System der Naturräume (Tabelle 1) sowie der Ökosysteme (Tabellen 5, 6; Abb. 4, 5; s.a. ELLENBERG 1973) entsprechend, sind jeweils adaequate Arbeitsweisen zuzuordnen. Das widerspricht nicht der Tatsache, daß holographische Betrachtung von der Größenordnung des Raumes unabhängig geschieht, da sich das Ökosystem aus Lebensgemeinschaft und Lebensraum (Abb. 4, 5; Tabellen 5, 6) zusammensetzt, wobei letzterer in Relation zur Größe der Individuen steht und seine Fläche nur hierdurch festgelegt wird.

Ergänzend ist anzumerken, daß der Unterschied zwischen ökologischer und biogeographischer Arbeitsweise bereits von HESSE (1924) aufgezeigt wurde: „... Nicht jeder Wohnplatz einer Lebensgemeinschaft ist zugleich ein Biotop in biogeographischem Sinne ..." und weiter „... Die Biogeographie kann nicht so weit spalten wie es die Ökologie bei der Betrachtung der Lebensgemeinschaft tut. Die Lebensstätte als biogeographische Einheit stellt einen Zug im Antlitz der Erde dar, sie umfaßt ein Gebiet von bestimmtem physiognomischem Wert, wie es als charakteristische Einzelheit für die Beschreibung eines Stückes der Erdoberfläche, einer Landschaft etwa, aus mehr oder minder verschiedener Umgebung heraustritt ...".
So bleibt letztlich noch das Problem der Integration der so gewonnenen Daten

Tabelle 5: Gliederung der limnischen Ökosysteme bis in die Biotope niederer Ordnung.

Die Endungen stehen für: -al = Biotop
-on = Biocoenose
-coen = Gesamtökosystem

(nach JUNGBLUTH 1975, erweitert)

Großbiotop-Gliederung

Großbiotop	EU - LIMNOCOEN				RHEO - STYGOCOEN						RHEO - LIMNOCOEN			
(Biocoenose)	Eulimnocoen				Stygocoen						Rheocoen (Rheo-Biom)			
	Eulimnon	Eulimnal			Stygon				Stygal		Rneon (Rheo-Biom)			Rheal
-coen	(Eulimnocoen)		Stygolimnocoen		(Stygocoen) / Troglostygocoen		Krenostygocoen		Kreno(stygo)coen / Krenocoen		Rhithrocoen		Potamocoen	

Biotope niederer Ordnung

Biotop-Ebene	Eulimnon	Eulimnal	Stygolimnon	Stygolimnal	Troglostygon	Troglostygal	Krenostygon	Krenostygal	Krenon	Krunal	Rhithron	Rhithral	Potamon	Potamal
Biotop	Eulimnon	Eulimnal	Stygolimnon	Stygolimnal	Troglo-stygon	Troglo-stygal	Kreno-stygon	Kreno-stygal	Krenon	Krunal	Rhithron	Rhithral	Potamon	Potamal
Biotop 1.Ordnung	Eulimno-lithoron	Eulimno-lithoral	Stygolimno-lithoron	Stygolimno-lithoral	Troglo-stygo-benthon	Troglo-stygo-benthal	—	—	Krenobenthon	Krenobenthal	Rhithro-benthon	Rhithro-benthal	Potamoben-thon	Potamoben-thal
Biotop 1.Ordnung	Eulimno-profundon	Eulimno-profundal	Stygolimno-profundon	Stygolimno-profundal	—	—	—	—	—	—	—	—	—	—
Biotop II.Ord.	Eulimno-benthon	Eulimno-benthal	Stygolimno-noterthon	Stygolimno-benthal	—	—	Petro-stygon	Petro-stygal	z.B. Lithon	z.B. Lithal	z.B. Lithon	z.B. Lithal	z.B. Lithon	z.B. Lithal
Biotop III.Ord.	—	—	—	—	—	—	—	—	—	Kontakt-schicht	—	Kontakt-schicht	—	Kontakt-schicht

über den zoologischen Partialkomplex in die ökologische Landschaftsforschung. Dies ist zweifellos Aufgabe der Geographie, in der sich hierzu neue Wege andeuten, die zur Entwicklung des neuen Teilgebietes der Landschaftsbiologie geführt haben. Die Probleme, die sich der Landschaftsbiologie stellen, hat RUŽIČKA (1965, 1967) umrissen, und ihnen war das Internationale Symposium

Tabelle 6: Der Gesamtlebensbereich der Quellschnecke Bythinella dunkeri.
(nach JUNGBLUTH 1972, verändert)

Gesamt-oeco-system	Größenordnung (Wertigkeit)	Coenose	Ökotop	Coenose der Limnologie	Ökotop der Limnologie	Bemerkungen
Rheo-Stygocoen	Großbiotop	Zoom	Zooregion	S t y g o c o e n		hierunter ist die Gesamtheit der limnischen Subterranbiotope zu verstehen
				Stygon	Stygal	
	Biotop	Zoocoenose	Zootop	Troglostygon	Troglostygal	hierzu sind die Angaben von C.R.BOETTGER (1935,1939) zu zählen. Hinweise für eine Einordnung in Biotope niederer Ordnung fehlen bis jetzt in der Literatur
	Biotop I.Ordnung	Zoostrato-coenose	Stratotop	Troglostygo-benthon	Troglostygo-benthal	
Rheo-Limnocoen	Großbiotop	Zoom	Zooregion	R h e o c o e n		die Fließgewässer als Teil des limnischen Bereiches gegenüber dem terrestrischen; auch als "RHEO-LIMNOCOEN" zu bezeichnen
				Rheon (Rheo-Biom)	Rheal	
	Biotop	Zoocoenose	Zootop	K r e n o c o e n		zugrunde liegt hier der Stamm der Wassercoenosen, der von SERNOW u.a. den terrestrischen Coenosen gegenübergestellt wird (weitere Bezeichnungen auf der Grundlage verschiedener Kriterien: z.B. nach VOIGT "alpina-Region")
				Krenon	Krenal	
	Biotop I.Ordnung	Zoostrato-coenose	Stratotop	Kreno s t y g o c o e n		in diesen Bereich sind die Funde von BOETERS (1968), Spaltengewässer im Wutachtal bei Waldshut (B. dunkeri) und der Nachweis von STOCK (1961) in einem Schachtbrunnen bei Melleschet (B. dunkeri) einzuordnen; ebenso C.R. BOETTGER (1939); BERNASCONI (1962)
	Biotop II.Ordnung	Zoochorio-coenose	Zoochorion	Krenostygon	Krenostygal	
	Biotop I.Ordnung	Zoostrato-coenose	Stratotop	Krenoben-thon	Krenoben-thal	eine der vier Biocoenosenklassen der Rheo-Biocoenose (der Lebensgemeinschaften des Gewässergrundes fide SERNOW)
	Biotop II.Ordnung	Zoochorio-coenose	Zoochorion	Lithorheon Phyton Akаоn Psammon Psammopelon Pelon	Lithal Phytal Akal Psammal Psammopelal Pelal	die Einordnung der Vertreter der Gattung Bythinella in eine der genannten Zoochoriocoenosen ist nicht möglich, da bei keiner Art der Gattung eine strenge HABITATBINDUNG beobachtet wurde. Die Bythinellen sind in allen von WACHS (1968) für das Fließwasser aufgestellten Choriotopen anzutreffen
	Biotop III.Ordnung	Zoomero-coenose	Merotop (Struktur-teil)	-/-	Kontakt-schicht Totwasser-bereich	
	Biotop	Zoocoenose	Zootop	R h i t h r o c o e n		siehe Krenocoen
				Rhithron	Rhithral	
	Biotop I.Ordnung	Zoostrato-coenose	Stratotop	Rhithroben-thon	Rhithroben-thal	siehe Krenobenthon etc.
	Biotop II.Ordnung	Zoochorio-coenose	Zoochorion	Lithorheon etc.	Lithal etc.	siehe Lithorheon des Krenons
	Biotop III.Ordnung	Zoomero-coenose	Merotop	-/-	Kontakt-schicht etc.	siehe Kontaktschicht des Krenons
Euco-Limnocoen	Großbiotop	Zoom	Zooregion	E u l i m n o c o e n		die stehenden Gewässer insgesamt, als Teil des RHEO-LIMNOCOENS
	Biotop	Zoocoenose	Zootop	Eulimnon	Eulimnal	aus dem Fundortkatalog (s. JUNGBLUTH 1972) ist das Auftreten im Litoral (Prespasee) und Profundal (Lunzer Untersee) ersichtlich. Zusammen mit den Nachweisen im Bereich des Stygocoens sehen wir dies als Ausnahme an; ersehen daraus jedoch die Breite der ökologischen Valenz und darüber hinaus einen wesentlichen Beleg für die von uns angenommene Verbreitungsgeschichte der Gattung (s. ebenfalls JUNGBLUTH 1972)
	Biotop I.Ordnung	Zoostrato-coenose	Stratotop	Eulimnopro-fundon	Eulimnopro-fundal	hier sind die Funde von HADL (1967) und HADŽIŠČE (1958) einzuordnen
	Biotop II.Ordnung	Zoochorio-coenose	Zoochorion	Eulimnoben-thon	Eulimnoben-thal	für die Eingliederung in die Biotope niederer Ordnung fehlen, wie für das Troglostygobenthal, Detailangaben in der Literatur

in Bratislava (1967) gewidmet. In den Publikationen werden besonders im Beitrag von SCHMITHÜSEN (1970) die Forschungsobjekte der einzelnen Teildisziplinen abgegrenzt und dadurch ihr Anteil und ihre Zielsetzung verdeutlicht. Nach RUŽIČKA (1967) ist die Landschaftsbiologie eine komplexe Wissenschaft, die die Landschaft als „lebende" Organisation auffaßt: „... Deshalb befaßt sie sich als Wissenschaft mit den „Lebensäußerungen" der Landschaft und den Prozessen, die in der Landschaft und insbesondere in deren biologischer Komponente ablaufen, mit folgenden Punkten:

1. mit der Analyse der Komplexe der biologischen Erscheinungen in dialektischer Einheit mit den Bedingungen der Umwelt, auch in Beziehung zur Tätigkeit des Menschen;

2. mit der Synthese der Erkenntnisse der einzelnen Wissenschaftsdisziplinen, welche die biotischen und abiotischen Komponenten der Landschaft untersuchen, zum Zwecke der Erkenntnis der quantitativ neuen, auf einem höheren Niveau stehenden biologischen Gesetzmäßigkeiten in der Landschaft, den wechselseitigen Beziehungen, der Dynamik und den Abhängigkeiten von Tätigkeiten des Menschen;

3. mit der Anwendung wissenschaftlicher Resultate bei der Erforschung der Devastation der Landschaft durch natürliche Faktoren und durch die menschliche Tätigkeit, mit der Erforschung der Produktion und Produktivität der Landschaft und mit der aktiven Gestaltänderung der Landschaft auf der Basis biotechnischer Projekte. ..."

Aus dieser Tätigkeitsbeschreibung nach RUŽIČKA (l.c.) wird in besonders hohem Maße der Praxisbezug der Landschaftsbiologie und ihre Aufgabe der Synthese deutlich. In den bereits vorliegenden Beiträgen der Landschaftsbiologie spielt die zoologische Komponente noch nicht die ihr zustehende Rolle. Ob und inwieweit die Landschaftsbiologie zur Berücksichtigung des Teilgebietes der Zoologie in der Lage ist, bleibt vorerst abzuwarten.

Von der Ausgangskonzeption her scheint die Landschaftsbiologie jedoch in der Lage zu sein, die Biowissenschaften mehr in die landschaftsökologische Betrachtung einzubeziehen als dies bisher der Fall war.

IV. DIE MOLLUSKEN VON HESSEN: MALAKOZOOLOGISCHE BEITRÄGE ZUR NATURRÄUMLICHEN GLIEDERUNG AUF DER BASIS DES UTM-GRIDS

A. Material und Methode

1. Datenerfassung im Rahmen der Biogeographie

Als Ausgangsmaterial wurden zunächst alle in Hessen nachgewiesenen Arten erfaßt. Hierzu konnten die zugänglichen Museums- und Privatsammlungen an Ort und Stelle eingesehen und das Material geprüft werden. Die Angaben wurden in einer Kartei erfaßt.

a. Sammlungen der Museen, naturkundlichen Vereine, Gesellschaften und Institute:

Hessisches Landesmuseum und Institut für Naturschutz in Darmstadt
Senckenberg-Museum in Frankfurt am Main
I. Zoologisches Institut der Justus Liebig-Universität in Giessen mit der Außenstation „Künanz-Haus" im Vogelsberg
Wetterauische Gesellschaft für die gesamte Naturkunde zu Hanau
Naturkundemuseum im Ottoneum in Kassel
Heimatmuseum in Rotenburg an der Fulda
Naturhistorisches Museum in Wiesbaden

b. Karteien und Sammlungen privater Sammler einschließlich ihrer brieflichen Mitteilungen:

H. ANT (Hamm in Westfalen), H. BUSCHINGER (Darmstadt), H. BARTHELMES (Altmorschen), K.-J. GÖTTING (Giessen), U. HECKER (Mainz), J. HEMMEN (Wiesbaden), D. VON DER HORST (Ludwigshafen), H. KARAFIAT (Darmstadt), R. KINZELBACH (Mainz), O. KRAUS (früher Frankfurt, jetzt Hamburg), G. LEHMANN (Eschwege), W. LEHMANN (Korbach), W.H. NEUTEBOOM (Heemskerk/Niederlande), H. PIEPER (früher Fulda, jetzt Kiel), D. RÖCKEL (Darmstadt), H. SPRANKEL (Grünberg), W. STEPHAN (Bensheim) und P. SUBAI (früher Kassel, jetzt Hannover), s.a. Abbildung 9 und 13.
Diese Sammlungsdaten wurden weiter durch die Auswertung der Literatur (Abb. 6) und umfangreiche eigene Aufsammlungen im Zeitraum 1965-1975, besonders im Vogelsberg, im Giessener Becken und im Gebiet des südlichen Odenwaldes, ergänzt. Insgesamt konnten für Hessen 204 Molluskenarten einschließlich

27

verschiedener Neunachweise registriert werden. Für die Sammlung und Ordnung der 18.504 Funddaten (Tabelle 7) bot sich das System, wie es zur „Erfassung der Europäischen Wirbellosen" (EEW) verwendet wird, in etwas abgeänderter Form an (HEATH 1971, 1971a; HEATH & LECLERCQ 1970; MÜLLER 1972 und 1974; MÜLLER & SCHREIBER 1972; LECLERCQ 1973; ANT 1973). Statt der üblichen Karteikarten im DIN A 5-Format (Fundortsammelkarte Saarbrücken 1972) wurden Register-Blätter (DIN A 4) verwendet, die beidseitig für die Eintragung der Fundorte vorgedruckt waren (Abb. 7). Um die zu erwartende Datenfülle übersichtlich ordnen und schnell ergänzen zu können, wurde die UTM-Gitternetz-Karte von Hessen (JUNGBLUTH, XII.72, VI.76) in 14 Teilgebiete unterteilt. Jeder Artenkarte wurden so sieben Register-Blätter zugeordnet (Abb. 8), die nach den Teilgebieten mit ihren naturräumlichen Einheiten durchlaufend numeriert wurden. Diese Unterlagen wurden systematisch nach Arten und Gattungen in Leitzordnern abgelegt. Für die vorliegenden Untersuchungen hat sich dieses System bewährt, da das Register so schnell ergänzt werden kann und mit Hilfe der Karten gleichzeitig einen Überblick über den neuesten Bearbeitungsstand für die jeweilige Art gibt. Hierfür werden die Daten in der Karte durch unterschiedliche Symbole in Gruppen zusammengefaßt dargestellt:

● Daten aus Sammlungen nach 1960

▲ Daten aus Sammlungen vor 1960

★ Daten aus der Literatur

Im Register wurden die Angaben, wie aus Abbildung 10 ersichtlich ist, aufgeschlüsselt. Ein besonderes Problem stellte dabei die Lokalisierung der Angaben dar, die oft Flurbezeichnungen enthielten. Nachdem die UTM-Gitternetzkarten im Maßstab 1:50.000 und im Maßstab 1:250.000 (Militärkarten) zur Verfügung standen, konnten fast alle Angaben mit ihren Quadratkennzahlen erfaßt werden, nur wenige, teilweise auch unvollständige Fundortbezeichnungen blieben unnachvollziehbar und konnten so nicht berücksichtigt werden. Aus der Abbildung 9 ist ersehbar, daß in Hessen auch heute noch eine ganze Reihe sammelnder Malakozoologen tätig ist, die sich in etwa über das ganze Gebiet verteilen, wobei im Gebiet Frankfurt-Mainz-Wiesbaden-Darmstadt-Heidelberg eine Konzentrierung zu beobachten ist.

Drei Übersichten (Abb. 10-12) schlüsseln das ausgewertete Datenmaterial auf der Grundlage der 10-km-Quadrate nach systematischen Gruppen getrennt auf, so daß einmal Herkunft und Alter der Angaben ersichtlich sind und auch die Anzahl der je Quadrat nachgewiesenen Arten und Funde. In den letzten Jahren wurden der Kühkopf (HEMMEN 1973), der Vogelsberg und das Giessener Becken (JUNGBLUTH 1973, 1975) bearbeitet und die Ergebnisse publiziert, weitere Gebiete werden zur Zeit noch untersucht (Abb. 13).

2. Zur Verwendung der UTM-Gitternetz-Karten

Bislang war es üblich, Verbreitungskarten für einzelne Arten als Punktkarten dar-zustellen. Für die betreffende Art wurde in der Karte jeder Fund durch einen Punkt markiert, gleich ob an diesem Standort ein oder viele Exemplare gesammelt wurden. Die kartographische Problematik dieser Art der Darstellung liegt auf der Hand: bei der Verwendung kleinmaßstäblicher Karten kommt es zu Punktan-häufungen, durch die Punkte zusammenfallen und nicht mehr als Einzelpunkte markiert werden können. Ein Beispiel hierfür bildet die Arbeit von KLEMM (1974), der für die Landgehäuseschnecken Österreichs insgesamt 200.000 Nach-weise sammelte, von denen, bedingt durch Doppelnennung der Fundorte sowie den Zusammenfall von Punkten in den Verbreitungskarten, letztlich nur 50.000 Fundmarkierungen zur Darstellung kamen. Außerdem ist die Lokalisierung solcher Punkte besonders bei kleinmaßstäblichen Karten problematisch und oft nicht mit Sicherheit nachzuvollziehen, wenn keine Koordinaten genannt werden.

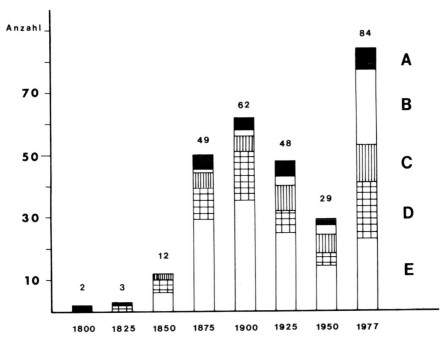

Abb. 6. Aufschlüsselung der ausgewerteten 289 Literaturstellen nach ihren fachlichen Schwerpunkten:

A = Monographien
B = biologische, ökologische
  und geographische Arbeiten
C = systematische und morphologische Arbeiten

D = Lokalfaunen
E = faunistische Mitteilungen

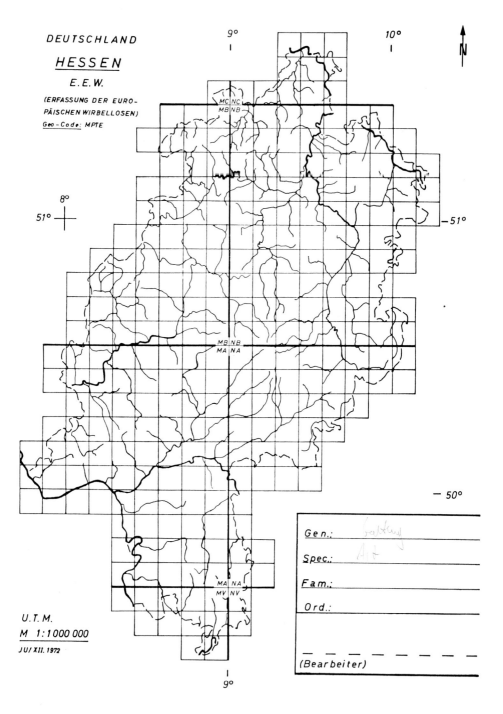

Abb. 7. UTM-Gitternetz-Karte für Hessen und Registerblatt (JUNGBLUTH VI./1976).

| | Ordo : | | | Sp.No.: |

(Gen./ Sp./ Autor)	Familia:

No.:

Mitarbeiter (Quelle/ Zusätze):

Planq.	Geo-Code	Loc.	leg.	Bemerkungen:					Da-tum	Anzahl (Ex.)
				Samm-lung	in litt.	le-bend	Schale, Gehäuse	Lite-ratur		

Tabelle 7: Aufschlüsselung der ausgewerteten Fundortangaben.

Systematische Gruppe :	Sammlungsmaterial und Freilandaufsammlungen		Angaben aus der Literatur		Fundortangaben insgesamt		Zahl der besammelten 10-km-Quadrate	
	Anzahl	%	Anzahl	%	Anzahl	%	Anzahl	%
Prosobranchia	488	5,6	591	6,2	1.079	5,8	333	4,7
Basommatophora	1.108	12,6	1.378	14,3	2.486	13,5	1.020	14,5
Stylommatophora	6.134	68,6	6.558	68,2	12.692	68,6	4.882	69,2
Bivalvia	1.160	13,2	1.087	11,3	2.247	12,1	812	11,6
Gesamtbilanz	8.890	48,0	9.614	52,0	18.504		7.047	

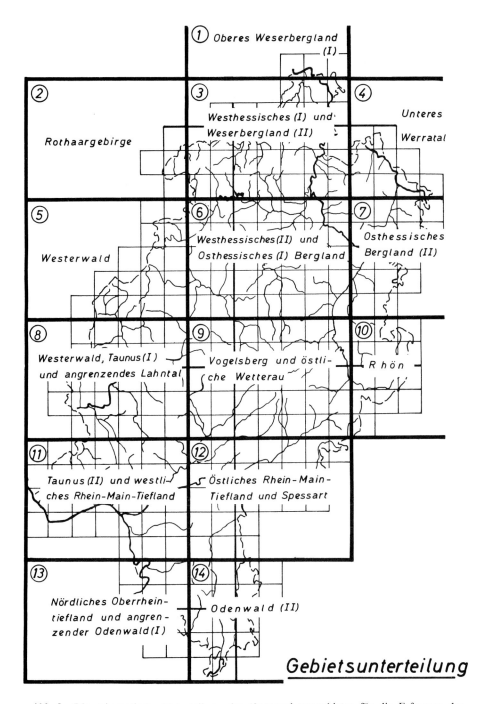

① Oberes Weserbergland
(I)

② Rothaargebirge

③ Westhessisches (I) und
Weserbergland (II)

④ Unteres
Werratal

⑤ Westerwald

⑥ Westhessisches (II) und
Osthessisches (I) Bergland

⑦ Osthessisches
Bergland (II)

⑧ Westerwald, Taunus (I)
und angrenzendes Lahntal

⑨ Vogelsberg und östli-
che Wetterau

⑩ Rhön

⑪ Taunus (II) und westli-
ches Rhein-Main-Tiefland

⑫ Östliches Rhein-Main-
Tiefland und Spessart

⑬ Nördliches Oberrhein-
tiefland und angren-
zender Odenwald (I)

⑭ Odenwald (II)

Gebietsunterteilung

Abb. 8. Die schematische Unterteilung des Untersuchungsgebietes für die Erfassung der Daten im Register.

33

Durch die Verwendung des UTM-Grids können die beiden genannten Mängel zum größten Teil behoben werden:

a. Markierung der Fundorte auf der Gitternetz-Karte

das UTM-Grid bietet hierfür zwei Möglichkeiten: einmal kann die Markierung im Quadrat so gesetzt werden, daß dieses sofort als besetzt erkannt wird, nämlich in

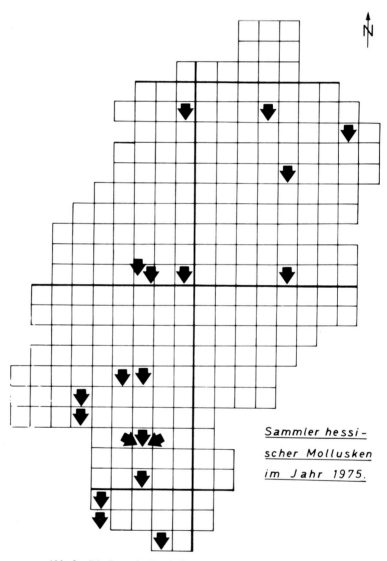

Abb. 9. Die Sammler hessischer Mollusken im Jahr 1975.

die Mitte; zum anderen kann das Symbol innerhalb des Quadrates gezielt gesetzt werden, wodurch hier mehrere Funde nebeneinander ausgewiesen werden können; der genaue Punkt wird jeweils durch Koordinatenangaben festgelegt.

b. Wahl der Gittergröße

je nach der Größe des zu untersuchenden Gebietes kann hierfür eine angemessene Gitternetzgröße gewählt werden, die in der Regel das 10-km-Quadrat weiter unterteilt. Für kleinmaßstäbliche Kartierungen stehen das 50-km-bzw. 100-km-Quadrat zur Verfügung.

c. Qualitative und quantitative Darstellungsmöglichkeiten

innerhalb der Quadrate können die gesammelten Fundortdaten nach unterschiedlichen Gesichtspunkten zusammengefaßt dargestellt werden, so etwa für unterschiedliche Zeiträume, nach der Herkunft der Daten (Sammlungsmaterial, Literaturangaben, Freilanddaten) oder je Art in Mengengruppen der gespeicherten Fundortangaben.

Weiter kann das UTM-Gitter durch zusätzliche Informationen unterlegt werden, ehe die Fundangaben für eine spezielle Art eingetragen werden, so ist etwa die Darstellung der Waldgebiete durch Schraffuren oder die der Höhenschichten durch Punktierung möglich, um nur zwei Beispiele zu nennen.

Schließlich können Zeigerarten, deren ökologische Valenz bekannt ist, in den Quadraten durch entsprechende Signaturen gleiche biotische und abiotische Ausstattungen und damit Standortqualitäten ausweisen.

d. Probleme der maßstabgetreuen Wiedergabe

durch das vorgegebene Gitternetz stellt sich dieses Problem bei der drucktechnischen Wiedergabe der Karte nicht mehr.

e. EDV-Bearbeitung

das UTM-Gitter erleichtert die EDV-Bearbeitung, da durch Koordinaten fixierte, flächenmäßige Zusammenfassungen erfolgen, die die Erstellung eines Computerprogrammes erleichtern. Als Folge können große Datenmengen rasch verarbeitet bzw. ergänzend eingespeichert werden, hierdurch kann stets der neueste Stand des Informationssystems unter dem jeweils gewünschten Blickwinkel abgefragt werden. Der Vergleich mit früheren Anfragen macht die dynamischen Prozesse deutlich, die sich im verstrichenen Zeitraum abgespielt haben.

Schließlich ist zu betonen, daß das System ja auch die Kenntnislücken ausweist, die dann gezielt für den jeweiligen Zweck und Raum geschlossen werden können. Die Darstellung der Arealsysteme als markierte Flächeneinheiten — je nach Fragestellung mit kleinen oder großen Quadraten ausgedrückt — bringt zudem ein flächiges und damit anschauliches Verbreitungsbild.

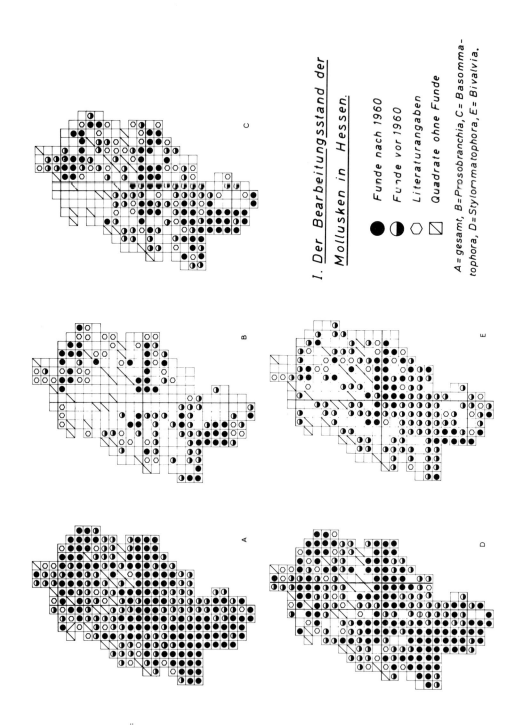

Abb. 10. Übersicht des ausgewerteten Datenmateriales I. Stand: 01.01.1977.

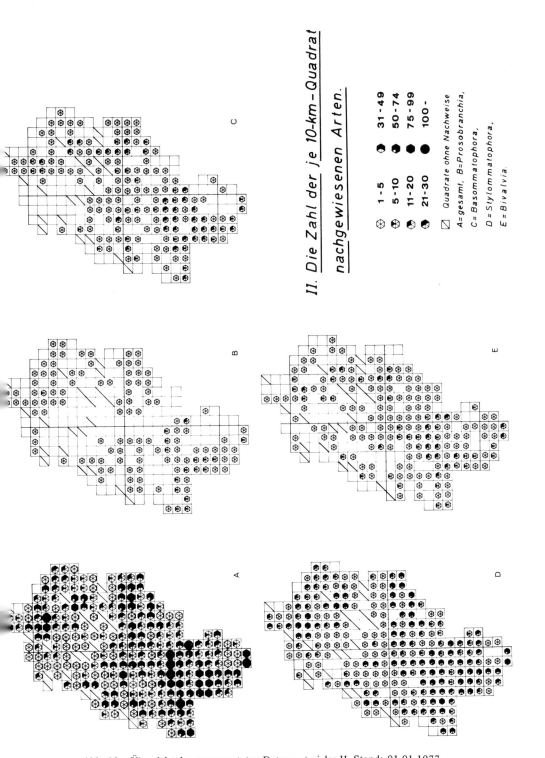

Abb. 11. Übersicht des ausgewerteten Datenmateriales II. Stand: 01.01.1977.

37

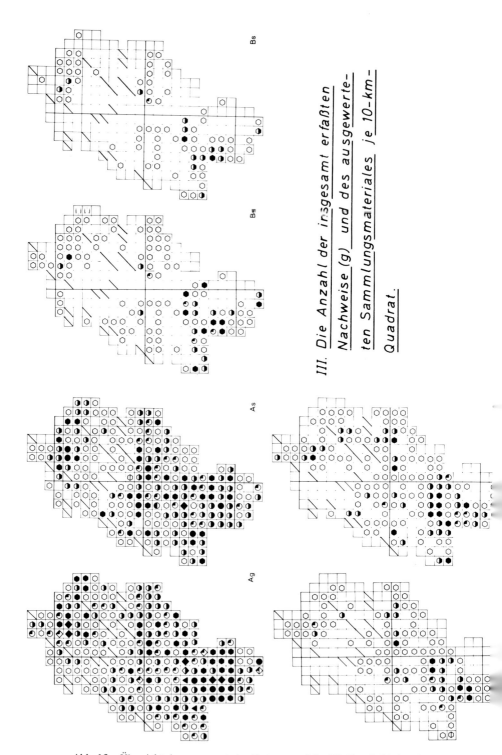

III. Die Anzahl der insgesamt erfaßten Nachweise (g) und des ausgewerteten Sammlungsmateriales je 10-km-Quadrat.

Abb. 12. Übersicht des ausgewerteten Datenmateriales III. Stand: 01.01.1977.

38

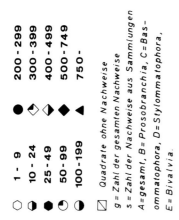

Legende:

○ 1 - 9
◑ 10 - 24
⬣ 25 - 49
◐ 50 - 99
◑ 100 - 199

● 200 - 299
◈ 300 - 399
◈ 400 - 499
◆ 500 - 749
▲ 750 -

⬚ Quadrate ohne Nachweise

g = Zahl der gesamten Nachweise
s = Zahl der Nachweise aus Sammlungen

A=gesamt, B= Prosobranchia, C=Bas-
ommatophora, D=Stylommatophora,
E=Bivalvia.

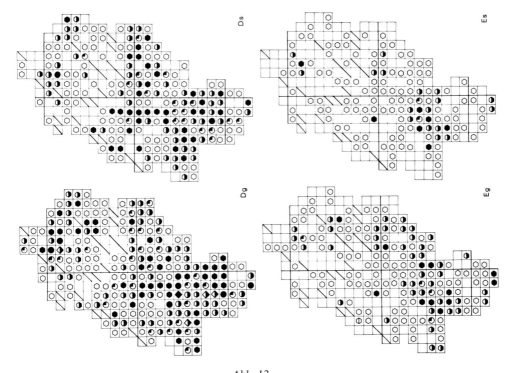

Abb. 12.

39

Wegen der großen Fläche, die für Hessen zu bearbeiten war, wurde das 10-km-Quadrat gewählt, wobei sich bestätigte, daß für eine kleinräumige Betrachtung bzw. eine Standortanalyse ein feineres Raster zu wählen ist, wie beispielsweise das 2,5-km-Quadrat bei der Kartierung der Mollusken im Vogelsberg. Für die Feinanalyse, die Wuchsorte zu charakterisieren hat, ist wahrscheinlich das 1-km-Quadrat angebracht oder noch weiter zu unterteilen; eigene Untersuchungen wurden in der Größenordnung dieser Flächeneinheiten bereits probeweise durchgeführt (z.B. im Odenwald).

Für den Aspekt der naturräumlichen Gliederung kann abschließend festgestellt werden, daß das 10-km-Quadrat für eine Betrachtung der naturräumlichen Haupteinheiten (4. Ordnungsstufe) und die Einheiten der 5. (eventuell auch noch der 6.) Ordnungsstufe die Flächeneinheit der Wahl ist. Für die kleineren naturräumlichen Einheiten ist dieser Raster dann zu grob und muß weiter untergliedert werden.

Schließlich ist zu erwähnen, daß der Nachteil der quadratmäßigen Zusammenfassung der Einzelnachweise (Abb. 14) von den genannten Vorteilen bei weitem übertroffen wird, zumal ja auch innerhalb der Quadrate ein genauer Nachweis der Fundorte abgefragt werden kann.

3. Erhebung von Daten zur Molluskenökologie

Über die ökologischen Ansprüche der einzelnen Molluskenarten herrscht noch weitgehend Unklarheit, da die Zahl der rein autökologischen Untersuchungen an einheimischen Mollusken bis jetzt noch gering ist. Ein Gleiches trifft für die Detail-Kenntnisse des Areales vieler Arten zu, weil die verbreitungslimitierenden Faktoren noch nicht bekannt sind. So ist es weiter erklärlich, daß die Zahl der tiersoziologischen Untersuchungen an Land- und Süßwassermollusken nicht sehr groß ist. Die wichtigsten Arbeiten stammen von HÄSSLEIN (1948, 1956, 1960, 1966), ANT (1968, 1969), HAGEN (1952), KÖRNIG (1966), MÖRZER BRUIJNS (1950) und SCHMID (1966, 1968).

a. Autökologische Untersuchungen

diese Untersuchungen sind dem jeweiligen Objekt anzupassen, so daß die Methodik hier nicht allgemein abgehandelt werden kann. Ziel ist die Ermittlung der abiotischen Einflußfaktoren, die für die Art relevant sind. In der Regel sind solche Untersuchungen langfristig durchzuführen, d.h. über mehrere Vegetationsperioden hin. Die Freilandmessungen sind durch Laborbefunde zu ergänzen; im Idealfall führen sie zur Aufklärung der Faktoren, die die Verbreitung der Art bedingen. Weiter unten werden wir dies am Beispiel der Quellschnecke *Bythinella dunkeri* und an der Flußperlmuschel *Margaritifera margaritifera* im Detail ausführen. Bedingt durch die spezifischen Verhältnisse im limnischen Ökosystem ist hier eine Klärung dieser Fragen eher möglich.

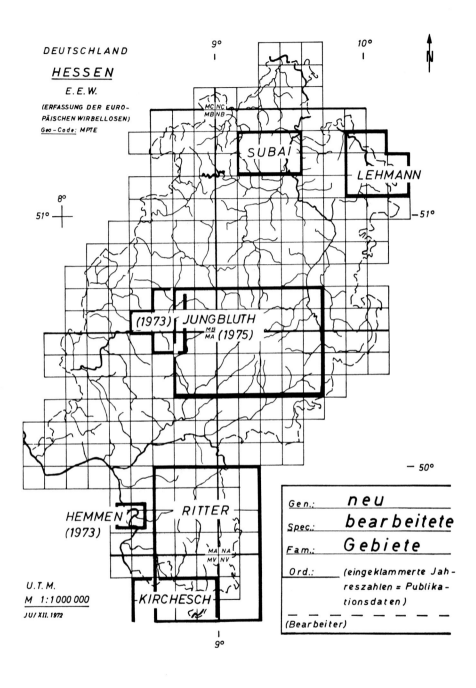

Abb. 13. Malakozoologisch neu bearbeitete Gebiete in Hessen (Stand 1976).

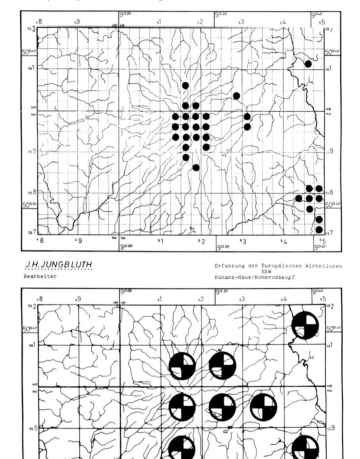

Abb. 14. Beispiel für eine Übertragung der Fundnachweise von der Punktkarte auf UTM-Gitternetz-Karten mit unterschiedlichen Quadratgrößen am Beispiel der Quellschnecke *Bythinella dunkeri compressa* im Vogelsberg. (Mitte: 2,5-km-Quadrate; Unten: 10-km-Quadrate.)

b. Synökologische Untersuchungen

hier sind zwei Methoden voneinander zu unterscheiden; einmal die Quadratmethode nach ÖKLAND (1929, 1930) und zum anderen die mehr an die Pflanzensoziologie angelehnte Methode von HÄSSLEIN (1960, 1966) und MÖRZER BRUIJNS (1950).

Bei unseren eigenen Aufsammlungen haben wir die Methode von ÖKLAND modifiziert. Als für die Bildung der Molluskengesellschaft bedeutungsvolle Faktoren sind Wasser, Höhenzonierung, geologischer Untergrund und die Vegetation zu berücksichtigen. Bei den aquatischen Coenosen sind Wassermenge und Wasserbewegung wichtig, bei den terrestrischen starke oder schwache Feuchtigkeit. Die Höhenzonierung ist in ihrer Einflußnahme über Klima, Boden und Vegetation als Selektionsfaktor auf die Zusammensetzung der jeweiligen Coenose wirksam. Ein weiteres wesentliches Kriterium der Gesellschaftsbildung ist der geologische Untergrund mit seinen physikalischen und chemischen Eigenschaften. Letztlich trägt auch die Vegetation durch ihren Schichtenaufbau zur Ausmusterung der Molluskengesellschaften bei.

Die **Quadratmethode** nach ÖKLAND (1929) geht von der Absammlung von Flächen der Größe 25 x 25 cm aus. Diese Flächen werden im Biotop nach dessen Beschaffenheit verteilt (3 bis 15 Quadrate, s.a. ANT 1968). Zunächst werden die Mollusken oberflächlich abgesammelt und dann die oberen 10 cm der Bodenschicht ausgesiebt. Für unsere Untersuchungen wurde diese Methode wie folgt modifiziert:

Voruntersuchungen: in den ausgewählten Biotopen wurden zunächst 10 Flächen aufgenommen, um für die Hauptuntersuchung einen ersten Eindruck zu erhalten (Fläche: 1 x 1 m)

Hauptuntersuchung: die eigentlichen Aufsammlungen erstreckten sich in der Regel über eine Vegetationsperiode, da sie stets mit der Ermittlung der abiotischen Parameter gekoppelt wurden (Boden-pH, Kalkgehalt, Feuchtigkeit und Temperatur des Bodens; Lufttemperatur und -feuchtigkeit sowie Belichtungsintensität).

Bei den wöchentlichen Aufsammlungen wurde zunächst die Krautschicht abgesucht, dann die Fall-Laubschicht abgetragen und die obere Bodenschicht bis 5 cm Tiefe ausgesiebt. Zur Erfassung der tiefer im Boden lebenden Arten wurde eine Fläche von 25 x 25 cm innerhalb des abgesteckten Quadratmeters bis in eine Tiefe von ca. 15 cm ausgestochen und im Labor in einen Berlese-Apparat eingebracht. Nach Möglichkeit erfolgte die Probenentnahme jeweils zur gleichen Tageszeit, die Anzahl betrug nach Abschluß ca. 100 Flächen zu 1 qm.

Über den gesamten Untersuchungszeitraum wurden mit Aethylenglykol beschickte Barberfallen im Biotop exponiert, die alle vier Wochen geleert wurden. Als wichtige biotische Komponente war schließlich die Vegetation nach Aufbau und Bedeckungsgrad zu berücksichtigen.

Die so ermittelten Daten der Frequenz- und Abundanzverhältnisse zeigen Aufbau, Struktur und Sukzession der Molluskencoenose.

Nach mehrjährigen Untersuchungen kann festgestellt werden, daß die Voruntersuchungen mit der Aufnahme von 10 Probeflächen bereits einen guten Überblick über die Coenosen ergeben.

MÖRZER BRUIJNS (1950) und HÄSSLEIN (1960, 1966) haben sich bei ihren Untersuchungen an Molluskengesellschaften mehr an die Methode der **Pflanzensoziologie** angelehnt und die bislang bedeutendsten Arbeiten zur Soziologie der mitteleuropäischen Weichtiere vorgelegt. Methodisch sehr ähnlich ist später ANT (1968, 1969) vorgegangen. HÄSSLEIN untersuchte in der Regel Flächen von 6 x 6 m, die nach Morphologie, Wasserhaushalt und Pflanzenbedeckung eine vollzählige Molluskenbesetzung erwarten ließen. Daß diese Voraussetzungen in anthropogen stark überformten Kulturlandschaften oft nicht gegeben sind, bedarf keiner weiteren Erläuterung. Während der Aufsammlungen werden die großen Arten durch das Ablesen der von ihnen regelmäßig eingenommenen Standplätze gewonnen, für die kleinen Formen müssen Boden und Pflanzenmaterial gezielt an Stätten spezifischer Molluskenanreicherungen (*Thymian*-Polster, Streu, Bitterschaumkrautstöcke, Quellmoose etc.) entnommen und ausgesiebt werden. Feuchte Proben sind vorher zu trocknen. Aquatische Kleinmollusken werden mit Sieben und Seihern gesammelt, Schlamm und Wasserpflanzen werden an Ort und Stelle ausgeschlemmt.

Für eine vollständige Ermittlung der Arten einer Coenose ist die Zeitfangmethode kein Mittel der Wahl. Kontinuierliche Untersuchungen über lange Zeiträume und auch zu unterschiedlichen Tageszeiten führten hier zum Ziel. Nur so können Arten, die im Biotop nur während der kühleren und feuchteren Frühjahrs- bzw. Herbstzeit auftreten, den Sommer aber tiefer im Boden überdauern, erfaßt werden. Gleiches gilt z.B. für einjährig erwachsene *Deroceras*-Arten, die am ehesten in den taufeuchten Morgen- und Abendstunden der frühherbstlichen Monate anzutreffen sind (HÄSSLEIN 1966). Die Kenntnis der Ansprüche und Verhaltensweisen einzelner Arten sind somit unerläßliche Voraussetzung für die umfassende Analyse einer Coenose.

Bei seinen Untersuchungen ordnet HÄSSLEIN die Coenosen vier Biotopen zu: 1. Wasser, 2. Rasen, 3. Fels, 4. Wald, die er als Standortsklassen mit spezifischer Molluskengarnitur betrachtet. Innerhalb der Coenose werden dann vier Artenblöcke nach ökologischen Amplituden unterschieden (Assoziation, Verband, Ordnung, Klasse). Zur weiteren Charakterisierung werden geographische und ökologische Differentialarten benannt. HÄSSLEIN weist besonders darauf hin, daß nicht die einzelne Art letztlich das Entscheidende ist, sondern der Zusammenschluß aller Arten zu einem Ganzen. Damit gibt er der Gesellschaftscharakterisierung durch Artenkombinationen den Vorzug. Für die terrestrischen Mollusken hat dies zweifellos seine Berechtigung, bei der Klassifizierung der Süßwassermolluskencoenosen ist jedoch die Leitformenmethode anzuwenden. In den Fließgewässern können einzelne Molluskenarten in so großen Individuenzahlen auftreten, daß ganze Bachabschnitte oder auch die Quellregion durch eine Art charakterisiert werden und andere Arten, wenn überhaupt, zahlenmäßig so gering vertreten sind, daß sie nur als Begleitarten einzuordnen sind. So tritt beispielsweise die Quellschnecke *Bythinella* mit bis zu 50.000 Individuen pro Quadratmeter auf, während die begleitende *Pisidium*-Art nur vereinzelt nachzuweisen ist.

Die Übertragung der pflanzensoziologischen Arbeitsweise auf die Untersuchung der Weichtiergesellschaften durch HÄSSLEIN (1960, 1966) und ANT (1968, 1969) hat hier zu neuen Erkenntnissen geführt und die synökologische Betrachtung der terrestrischen und aquatischen Mollusken wesentlich gefördert. Wir können heute feststellen, daß unsere ersten Kenntnisse über den Aufbau solcher Weichtiergesellschaften hierauf basieren und aufbauen. Wenn FRANZ (1975) feststellt, daß die Übertragung dieser Arbeitsweise durch HÄSSLEIN verfrüht sei, so trifft dies gerade für die Arbeitsweise und die Ergebnisse von HÄSSLEIN (1966) nicht mehr zu. FRANZ (l.c.) legt für seine Beurteilung HÄSSLEIN (1960) zugrunde, die späteren Arbeiten des Autors sind ihm offensichtlich nicht mehr bekannt geworden.

Abschließend bleibt noch eine Anmerkung zur flächenmäßigen Übereinstimmung von Pflanzengesellschaften und Molluskengesellschaften zu machen, so weit dies nach unserem heutigen Kenntnisstand möglich ist. Die Ergebnisse von MÖRZER BRUIJNS (1950) aus der Umgebung von Gorssel (Niederlande), HÄSSLEIN (1960, 1966) aus dem Gebiet der Pegnitz und aus dem Bayerischen Wald, von ANT (1968, 1969) aus Pflanzenformationen in Nordwestdeutschland sowie die eigenen aus Vogelsberg und Odenwald haben gezeigt, daß sich die Standorte einzelner Pflanzen- und Molluskengesellschaften vollkommen decken können. Oft erstrecken sich die Weichtiergesellschaften weiter und umfassen so mehrere Phytoassoziationen.

4. Systematische Übersicht der in Hessen nachgewiesenen Molluskenarten (mit der Aufschlüsselung ihrer Fundortdaten)

Es bedeuten:

Q = die Anzahl der in den Artenkarten markierten 10-km-Quadrate

F = die Anzahl der Fundortangaben aus Sammlungen

L = die Anzahl der Fundortangaben aus der Literatur

g = die Anzahl der gesamten Nachweise je Art

	F	L	g	Q
Classis : Gastropoda				
Subclassis : Prosobranchia				
Ordo : Archaeogastropoda				
Familia : Neritidae				
1. *Theodoxus fluviatilis* (L.)	48	58	106	30
Subclassis : Prosobranchia				
Ordo Mesogastropoda				
Familia : Cyclophoridae				
2. *Cochlostoma (C.) septemspirale*	–	1	1	1
(RAZOUMOWSKY 1789)				
Familia : Viviparidae				
3. *Viviparus contectus* (MILLET 1813)	47	47	94	25
4. *Viviparus viviparus* (L.)	46	73	119	28
Familia : Valvatidae				
5. *Valvata (V.) cristata* O.F. MÜLLER 1774	27	39	66	29
6. *Valvata (A.) pulchella* STUDER 1820	18	21	39	13
7. *Valvata (C.) piscinalis piscinalis*	34	67	101	39
(O.F. MÜLLER 1774)				
Familia : Pomatiasidae				
8. *Pomatias elegans* (O.F. MÜLLER 1774)	22	44	66	19
Familia : Hydrobiidae				
9. *Bythiospeum clessini clessini* (WEINLAND 1883)	–	1	1	1
10. *Bythiosopeum clessini moenanum* (FLACH 1886)	–	3	3	2
11. *Bythiospeum clessini spirata* (GEYER 1904)	–	1	1	1
12. *Bythiospeum clessini elongatum* (FLACH 1886)	–	2	2	1
13. *Bythiospeum clessini nolli* (BOLLING 1938)	1	1	2	1
14. *Bythiospeum clessini septentrionale*	–	1	1	1
(SCHÜTT 1960)				
15. *Bythiospeum flachi* (WESTERLUND 1886)	–	1	1	1
16. *Bythiospeum pürkhaueri gibbulum* (FLACH 1886)	–	2	2	1
17. *Bythinella dunkeri dunkeri* (FRAUENFELD, 1856)	10	10	20	6
18. *Bythinella dunkeri compressa* (FRAUENFELD, 1856)	88	21	109	15
19. *Potamopyrgys jenkinsi* (E.A. SMITH 1889)	2	14	16	11
20. *Lithoglyphus naticoides* (C. PFEIFFER 1828)	18	45	63	16
Familia : Bithyniidae				
21. *Bithynia tentaculata* (L.)	94	90	184	57
22. *Bithynia leachii* (SHEPPARD 1823)	13	12	25	8

46

	F	L	g	Q
Familia : Aciculidae				
23. *Acicula (A.) lineata* (DRAPARNAUD 1801)	3	2	5	3
24. *Acicula (P.) polita* (HARTMANN 1840)	11	35	46	22
Subclassis : Euthyneura				
Ordo : Basommatophora				
Familia : Ellobiidae				
25. *Carychium minimum* O.F. MÜLLER 1774	48	74	122	57
26. *Carychium tridentatum* (RISSO 1826)	23	–	23	17
Familia : Physidae				
27. *Aplexa hypnorum* (L.)	38	60	98	34
28. *Physa fontinalis* (L.)	17	43	60	25
29. *Physa acuta* DRAPARNAUD 1805	13	11	24	11
Familia : Lymnaeidae				
30. *Galba (G.) truncatula* (O.F. MÜLLER 1774)	83	85	168	70
31. *Galba (St.) palustris* (O.F. MÜLLER 1774)	50	79	129	46
32. *Galba (O.) glabra* (O.F. MÜLLER 1774)	7	25	32	14
33. *Radix (R.) auricularia* (L.)	43	95	138	59
34. *Radix (R.) peregra* (O.F. MÜLLER 1774)	110	168	278	112
35. *Lymnaea stagnalis* (L.)	83	94	177	60
Familia : Planorbidae				
36. *Planorbis planorbis* (L.)	64	50	114	37
37. *Planorbis carinatus* (O.F. MÜLLER 1774)	24	38	62	24
38. *Anisus (A.) leucostomus* (MILLET 1813)	39	31	70	32
39. *Anisus (A.) spirorbis* (L.)	14	20	34	15
40. *Anisus (D.) vortex* (L.)	52	43	95	32
41. *Anisus (D.) vorticulus* (TROSCHEL 1834)	1	1	2	2
42. *Bathyomphalus contortus* (L.)	46	49	95	47
43. *Gyraulus albus* (O.F. MÜLLER 1774)	53	66	119	57
44. *Gyraulus laevis* (ALDER 1838)	6	10	16	8
45. *Gyraulus acronicus* (FÉRUSSAC 1807)	9	5	14	5
46. *Armiger crista* (L.)	23	22	45	23
47. *Hippeutis complanatus* (L.)	26	34	60	31
48. *Segmentina nitida* (O.F. MÜLLER 1774)	30	50	80	34
49. *Planorbarius corneus* (L.)	65	73	138	39
Familia : Ancylidae				
50. *Ancylus fluviatilis* O.F. MÜLLER 1774	73	109	182	86
Familia : Acroloxidae				
51. *Acroloxus lacustris* (L.)	36	43	79	33
Subclassis : Euthyneura				
Ordo : Stylommatophora				

	F	L	g	Q

Familia : Cochlicopidae

	F	L	g	Q
52. *Azeca menkeana* (C. PFEIFFER 1821)	16	37	53	24
53. *Cochlicopa lubrica* (O.F. MÜLLER 1774)	156	138	294	100
54. *Cochlicopa lubricella* (PORRO 1837)	10	–	10	8
55. *Cochlicopa nitens* (v. GALLENSTEIN 1852)	–	1	1	1
56. *Cochlicopa repentina* HUDEC 1960	5	–	5	5

Familia : Pyramidulidae

	F	L	g	Q
57. Pyramidula rupestris (DRAPARNAUD 1801)	–	1	1	1

Familia : Vertinginidae

	F	L	g	Q
58. *Columella edentula* (DRAPARNAUD 1805)	36	48	84	40
59. *Truncatellina cylindrica* (FÉRUSSAC 1807)	39	61	100	40
60. *Vertigo (V.) angustior* JEFFREYS 1830	15	33	48	20
61. *Vertigo (V.) pusilla* O.F. MÜLLER 1774	27	63	90	39
62. *Vertigo (V.) antivertigo* (DRAP. 1801)	16	62	78	34
63. *Vertigo (V.) moulinsiana* (DUPUY 1849)	20	32	52	9
64. *Vertigo (V.) pygmaea* (DRAPARNAUD 1801)	63	71	134	57
65. *Vertigo (V.) substriata* (JEFFREYS 1833)	12	12	24	11
66. *Vertigo (V.) heldi* (CLESSIN 1877)	–	1	1	1
67. *Vertigo (V.) alpestris* ALDER 1838	9	22	31	16

Familia : Orculidae

	F	L	g	Q
68. *Orcula (Sph.) doliolum* (BRUGUIÈRE 1792)	27	48	75	24

Familia : Chondrinidae

	F	L	g	Q
69. *Abida secale* (DRAPARNAUD 1801)	20	42	62	32
70. *Abida frumentum* (DRAPARNAUD 1801)	52	94	146	48
71. *Chondrina avenacea* (BRUGUIÈRE 1792)	2	4	6	3

Familia : Pupillidae

	F	L	g	Q
72. *Pupilla muscorum* (L.)	93	107	200	72
73. *Pupilla bigranata* (ROSSMÄSSLER 1839)	2	1	3	3
74. *Pupilla sterri* (VOITH 1838)	6	2	8	6

Familia : Valloniidae

	F	L	g	Q
75. *Vallonia pulchella pulchella* (O.F. MÜLLER 1774)	112	96	208	81
76. *Vallonia pulchella enniensis* GREDLER 1856	–	1	1	1
77. *Vallonia costata* (O.F. MÜLLER 1774)	77	98	172	69
78. *Vallonia tenuilabris* (A. BRAUN 1843)	1	4	5	3
79. *Vallonia adela* WESTERLUND 1881	–	2	2	2
80. *Acanthinula aculeata* (O.F. MÜLLER 1774)	44	48	92	41

Familia : Enidae

	F	L	g	Q
81. *Chondrula (Ch.) tridens* (O.F. MÜLLER 1774)	63	79	142	39
82. *Jaminia quadridens* (O.F. MÜLLER 1774)	–	3	3	3
83. *Ena montana* (DRAPARNAUD 1801)	42	36	78	65
84. *Ena obscura* (O.F. MÜLLER 1774)	81	124	205	70
85. *Zebrina detrita* (O.F. MÜLLER 1774)	94	138	232	66

48

	F	L	g	Q
Familia : Succineidae				
86. *Succinea (S.) putris* (L.)	124	165	289	98
87. *Succinea (S.) oblonga* DRAPARNAUD 1801	68	95	163	68
88. *Succinea (H.) elegans* RISSO 1826	80	89	169	62
89. *Succinea (H.) sarsii* ESMARK 1886	5	6	11	6
Familia : Endodontidae				
90. *Punctum pygmaeum* (DRAPARNAUD 1801)	39	60	99	49
91. *Discus ruderatus* (HARTMANN 1821)	5	2	7	5
92. *Discus rotundatus* (O.F. MÜLLER 1774)	262	213	475	137
Familia : Arionidae				
93. *Arion (A.) rufus* (L.)	73	65	138	65
94. *Arion (A.) lusitanicus* MABILLE 1868	1	–	1	1
95. *Arion (C.) circumscriptus* JOHNSTON 1828	47	11	58	38
96. *Arion (C.) silvaticus* (LOHMANDER 1937)	2	–	2	1
97. *Arion (M.) subfuscus* (DRAPARNAUD 1805)	51	30	81	39
98. *Arion (K.) hortensis* (FÉRUSSAC 1819)	32	35	67	39
99. *Arion (M.) intermedius* NORMAND 1852	24	1	25	11
Familia : Vitrinidae				
100. *Vitrina pellucida* (O.F. MÜLLER 1774)	129	123	252	93
101. *Vitrinobrachium breve* (FÉRUSSAC 1821)	10	8	18	9
102. *Semilimax semilimax* (FÉRUSSAC 1802)	9	27	36	23
103. *Semilimax kotulae* (WESTERLUND 1883)	1	–	1	1
104. *Eucobresia diaphana* (DRAPARNAUD 1805)	49	38	87	44
105. *Phenacolimax (Ph.) major* FÉRUSSAC 1807	31	39	70	34
Familia : Zonitidae				
106. *Vitrea diaphana* (STUDER 1820)	18	19	37	19
107. *Vitrea subrimata* (REINHARDT 1871)	–	1	1	1
108. *Vitrea cristallina* (O.F. MÜLLER 1774)	83	94	177	72
109. *Vitrea contracta* (WESTERLUND 1871)	17	4	21	9
110. *Nesovitrea (P.) hammonis* (STRÖM 1765)	65	52	117	61
111. *Aegopinella pura* (ALDER 1830)	34	53	87	39
112. *Aegopinella nitidula* (DRAPARNAUD 1805)	55	79	134	69
113. *Aegopinella nitens* (MICHAUD 1831)	40	68	108	55
114. *Aegopinella epipedostoma* (FAGOT 1879)	1	1	2	1
115. *Oxychilus (M.) glaber* (ROSSMÄSSLER 1835)	–	5	5	1
116. *Oxychilus (O.) alliarius* (MILLER 1822)	6	10	16	12
117. *Oxychilus (O.) draparnaudi* (BECK 1837)	34	65	99	41
118. *Oxychilus (O.) cellarius* (O.F. MÜLLER 1774)	102	151	253	106
119. *Daudebardia rufa* (DRAPARNAUD 1805)	33	44	77	25
120. *Daudebardia brevipes* (DRAPARNAUD 1805)	9	16	25	12
121. *Zonitoides (Z.) nitidus* (O.F. MÜLLER 1774)	71	58	129	67
Familia : Milacidae				
122. *Milax (T.) rusticus* (MILLET 1843)	6	21	27	17
123. *Boettgerilla pallens* SIMROTH, 1912	26	6	32	19

	F	L	g	Q
Familia : Limacidae				
124. *Limax (L.) maximus* L.	22	35	57	37
125. *Limax (L.) cinereoniger* WOLF 1803	22	37	59	40
126. *Limax (L.) flavus* L.	3	13	16	7
127. *Limax (M.) tenellus* O.F. MÜLLER 1774	15	28	43	29
128. *Lehmannia marginata* (O.F. MÜLLER 1774)	32	26	58	37
129. *Lehmannia rupicola* LESSONERA & POLLONERA 1884	1	1	2	1
130. *Deroceras (D.) laeve* (O.F. MÜLLER 1774)	35	26	61	37
131. *Deroceras (A.) reticulatum* (O.F. MÜLLER 1774)	32	4	36	28
132. *Deroceras (A.) agreste* (L.)	26	30	56	39
Familia : Euconulidae				
133. *Euconulus fulvus* (O.F. MÜLLER 1774)	71	79	150	72
Familia : Ferussaciidae				
134. *Cecilioides acicula* (O.F. MÜLLER 1774)	55	66	121	63
Familia : Clausiliidae				
135. *Cochlodina orthostoma* (MENKE 1830)	3	3	6	4
136. *Cochlodina laminata* (MONTAGU 1803)	103	117	220	89
137. *Clausilia parvula* FÉRUSSAC 1807	92	105	197	79
138. *Clausilia bidentata* (STRÖM 1765)	72	111	183	76
139. *Clausilia dubia* DRAPARNAUD 1805	71	86	157	58
140. *Clausilia cruciata* STUDER 1820	25	26	51	26
141. *Clausilia pumila* C. PFEIFFER 1828	3	6	9	4
142. *Iphigena ventricosa* (DRAPARNAUD 1801)	24	40	64	39
143. *Iphigena rolphi* (GRAY 1821)	3	–	3	3
144. *Iphigena plicatula* (DRAPARNAUD 1801)	61	75	136	54
145. *Iphigena lineolata* (HELD 1836)	18	18	36	19
146. *Laciniaria (L.) plicata* (DRAPARNAUD 1801)	31	39	70	29
147. *Laciniaria (A.) biplicata* (MONTAGU 1803)	129	141	270	100
148. *Laciniaria (St.) cana* (HELD 1836)	9	27	36	14
149. *Balea perversa* (L.)	79	99	178	71
150. *Delima (I.) itala f. brauni* (ROSSMÄSSLER 1836)	2	11	13	2
Familia : Testacellidae				
151. *Testacella haliotidea* DRAPARNAUD 1801	2	1	3	1
Familia : Bradybaenidae				
152. *Bradybaena fruticum* (O.F. MÜLLER 1774)	128	107	235	76
Familia : Helicidae				
153. *Candidula unifasciata* (POIRET 1801)	70	138	208	69
154. *Cernuella (X.) neglecta* (DRAPARNAUD 1805)	–	6	6	1
155. *Helicella itala* (L.)	96	212	308	98
156. *Helicella obvia* (HARTMANN 1840)	25	19	44	28
157. *Trochoidea (X.) geyeri* (SOOS 1926)	1	–	1	1
158. *Helicopsis striata* (O.F. MÜLLER 1774)	14	21	35	16
159. *Monacha cartusiana* (O.F. MÜLLER 1774)	5	6	11	8

	F	L	g	Q
160. *Perforatella (P.) bidentata* (GMELIN 1788)	1	6	7	5
161. *Perforatella (M.) rubiginosa* (A. SCHMIDT)	2	11	13	9
162. *Perforatella (M.) incarnata* (O.F. MÜLLER 1774)	176	187	363	108
163. *Trichia (P.) unidentata* (DRAPARNAUD 1805)	–	5	5	3
164. *Trichia (T.) villosa* (STUDER 1789)	13	20	33	7
165. *Trichia (T.) striolata* (C. PFEIFFER 1828)	34	44	77	14
166. *Trichia (T.) sericea* (DRAPARNAUD 1801)	44	82	126	51
167. *Trichia (T.) hispida* (L.)	183	130	313	95
168. *Euomphalia strigella* (DRAPARNAUD 1801)	52	77	129	32
169. *Helicodonta obvoluta* (O.F. MÜLLER 1774)	86	146	232	88
170. *Helicigona (H.) lapicida* (L.)	123	173	296	106
171. *Helicigona (A.) arbustorum* (L.)	132	120	252	88
172. *Isognomostoma isognomostoma* (SCHRÖDER 1784)	53	82	135	63
173. *Cepaea nemoralis* (L.)	278	179	457	122
174. *Cepaea hortensis* (O.F. MÜLLER 1774)	228	133	361	101
175. *Helix (H.) pomatia* L.	250	139	389	114
176. *Helix (C.) aspersa* O.F. MÜLLER 1774	1	1	2	2
177. *Eobania vermiculata* (O.F. MÜLLER 1774)	1	1	2	1

Classis : Bivalvia
Ordo : Eulamellibranchiata

Familia : Margaritiferidae

	F	L	g	Q
178. *Margaritifera (M.) m.margaritifera* (L.)	69	129	198	32

Familia : Unionidae

	F	L	g	Q
179. *Unio p. pictorum* (LINNAEUS 1757)	127	92	219	72
180. *Unio t. tumidus* RETZIUS 1788	115	69	184	57
181. *Unio crassus crassus* RETZIUS 1788	50	22	62	36
182. *Unio crassus batavus* MATON & RACKETT 1807	169	129	298	81
183. *Anodonta (A.) cygnea* (L.)	145	140	285	94
184. *Pseudanodonta elongata* (HOLANDRE 1836)	22	13	35	19

Familia : Sphaeriidae

	F	L	g	Q
185. *Sphaerium (Sph.) rivicola* (LAMARCK 1818)	36	49	85	38
186. *Sphaerium (C.) solidum* (NORMAND 1844)	7	18	25	9
187. *Sphaerium (Sph.) corneum* (L.)	64	97	161	51
188. *Sphaerium (M.) lacustre* (O.F. MÜLLER 1774)	67	77	144	49
189. *Pisidium (P.) amnicum* (O.F. MÜLLER 1774)	28	36	64	32
190. *Pisidium (G.) henslowanum* (SHEPPARD 1825)	13	22	35	19
191. *Pisidium (G.) supinum* (A. SCHMIDT 1851)	17	25	42	12
192. *Pisidium (G.) milium* HELD 1836	12	6	18	10
193. *Pisidium (G.) subtruncatum* MALM 1855	44	9	53	31
194. *Pisidium (G.) nitidum* JENYNS 1832	14	9	23	20
195. *Pisidium (G.) pulchellum* JENYNS 1832	3	2	5	5
196. *Pisidium (G.) personatum* MALM 1855	29	18	47	25
197. *Pisidium (G.) obtusale* (LAMARCK 1818)	24	32	56	31
198. *Pisidium (G.) casertanum* (POLI 1791)	68	33	101	49

	F	L	g	Q
199. *Pisidium (G.) casertanum ponderosum*				
STELFOX 1918	–	8	8	2
200. *Pisidium* (G.) ferrugineum PRIME 1851	1	1	2	2
201. *Pisidium (N.) moitessierianum*				
PALADILHE 1866	2	2	4	3
202. *Pisidium (N.) punctatum* STERKI 1895	–	1	1	1
Familia : Dreissenidae				
203. *Dreissena polymorpha* (PALLAS 1771)	44	48	92	32
Ergänzung zu Familia: Arionidae				
204. (= 96a) *Arion (C.) fasciatus* (NILSSON, 1823)	2	–	2	2

5. Die Naturräumlichen Einheiten in Hessen

Für die Prüfung der Verbreitungsbilder einzelner Molluskenarten sowie verschiedener Molluskengesellschaften im Hinblick auf ihre Bedeutung für die naturräumliche Gliederung wird die Karte der naturräumlichen Gliederung Deutschlands aus dem Jahre 1960 verwendet. Die Abbildung 15 gibt die in Frage kommenden Einheiten der 4. und 5. Ordnungsstufe in der Bezifferung des dekadischen Systems wieder. Die zugehörigen Namen der Einheiten sind aus der Tabelle 8 ersichtlich. Hier sind die naturräumlichen Einheiten entsprechend der schematischen Gebietsuntergliederung für das Funddaten-Register (s. Abb. 8) in Gruppen zusammengefaßt.

B. Auswertung der gesammelten Daten zur Verbreitung und Ökologie der Mollusken in Hessen unter Gesichtspunkten der Naturräumlichen Gliederung

1. Vorbemerkung

Es liegt auf der Hand, daß nicht alle Arten oder alle ermittelten Verbreitungsmuster für die naturräumliche Gliederung von gleich großer Bedeutung sind, egal ob hier die tiergeographische oder die tierökologische Betrachtungsweise in den Vordergrund gestellt wird. Darüber hinaus können nur solche Arten Berücksichtigung finden, deren systematische Position geklärt ist. Auch Einzelnachweise sind nicht in jedem Fall aussagekräftige Indikatoren, so lange eine wirklich flächendeckende und **kleinräumige** Bearbeitung noch aussteht oder die Artareale noch nicht genau bekannt sind.

Unter diesen Prämissen können bei den Landschnecken die Einzelfunde (s.a. IV.A. 4) der Arten *Cochlostoma septemspirale, Acicula lineata, Cochlicopa nitens, Vertigo heldi, Chondrina avenacea, Pupilla bigranata, Vallonia pulchella enniensis,*

Tabelle 8: Die naturräumlichen Einheiten von Hessen (s. Abb. 15)

No und Bezeichnung der schematischen Gliederung	die zugehörigen naturräumlichen Einheiten der verschiedenen Ordnungsstufen	
1 Oberes Weserbergland (I)	36 Oberes Weserbergland	361 Oberwälder Land
2 Rothaargebirge	33 Bergisch-Sauerländisches Gebirge	333 Hochsauerland, Rothaargebirge
3 Westhessisches (I) und Weserbergland (II)	33 Bergisch-Sauerländisches Gebirge	332 Ostsauerländer Gebirgsrand
	34 Westhessisches Bergland	341 Ostwaldecker Randsenken
		342 Habichtswälder Bergland
		343 Westhessische Senke
4 Unteres Werratal	35 Osthessisches Bergland	358 Unteres Werratal
5 Westerwald	32 Westerwald	320 Gladenbacher Bergland
		321 Dilltal
6 Westhessisches (II) und Osthessisches Bergland (I)	34 Westhessisches Bergland	343 Westhessische Senke
		344 Kellerwald
		345 Burgwald
		346 Oberhessische Schwelle
		347 Amöneburger Becken
	35 Osthessisches Bergland	355 Fulda-Haune-Tafelland
		356 Knüll und Homberger Land
7 Osthessisches Bergland (II)	35 Osthessisches Bergland	353 Vorder- und Kuppenrhön
		357 Fulda-Werra-Bergland
		359 Salzunger Werrabergland
	48 Thüringer Becken und Randplatten	483 Ringgau
8 Westerwald, Taunus (I) und angrenzendes Lahntal	32 Westerwald	322 Hoher Westerwald
		323 Oberwesterwald
	30 Taunus	302 Östlicher Hintertaunus
		303 Idsteiner Senke
	31 Lahntal	311 Limburger Becken
		312 Weilburger Lahntal
	34 Westhessisches Bergland	348 Marburg-Giessener-Lahntal
9 Vogelsberg und östliche Wetterau	23 Rhein-Main-Tiefland	233 Ronneburger Hügelland
		234 Wetterau
	34 Westhessisches Bergland	349 Vorderer Vogelsberg
	35 Osthessisches Bergland	350 Unterer Vogelsberg
		351 Hoher Vogelsberg
		352 Fuldaer Senke
		353 Vorder- und Kuppenrhön
10 Rhön	35 Osthessisches Bergland	353 Vorder- und Kuppenrhön
		354 Lange Rhön
11 Taunus (II) und westliches Rhein-Main-Tiefland	30 Taunus	300 Vortaunus
		301 Hoher Taunus
		302 Idsteiner Senke
		304 Westlicher Hintertaunus
	23 Rhein-Main-Tiefland	232 Untermainebene
		235 Main-Taunusvorland
		236 Rheingau
		237 Ingelheimer Rheinebene
	22 Nördliches Oberrheintiefland	225 Hessische Rheinebene
12 Östliches Rhein-Tiefland und Spessart	23 Rhein-Main-Tiefland	230 Messeler Hügelland
		231 Rheinheimer Hüdelland
		232 Untermainebene
	14 Odenwald, Spessart und	233 Ronneburger Hügelland
	14 Odenwald, Spessart und Südrhön	142 Vorderer Spessart
		143 Büdinger Wald
		141 Sandsteinspessart
13 Nördliches Oberrheintiefland und angrenzender Odenwald (I)	22 Nördliches Oberrheintiefland	222 Nördliche Oberrheinniederung
		226 Bergstrasse
	14 Odenwald, Spessart und Südrhön	145 Vorderer Odenwald
14 Odenwald (II)	14 Odenwald, Spessart und Südrhön	144 Sandsteinodenwald
		145 Vorderer Odenwald

53

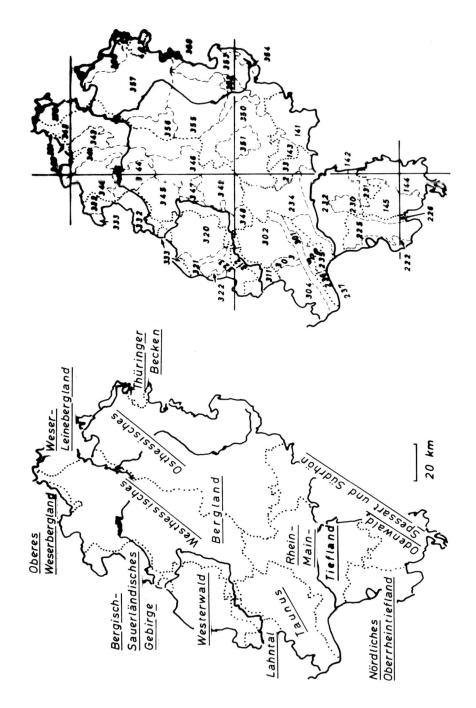

Abb. 15. Die naturräumliche Gliederung von Hessen. (Karte der naturräumlichen Gliederung Deutschlands, 1:1.000.000. Hrsg. E. MEYNEN & J. SCHMITHÜSEN et al., Remagen 1960.)

54

Vallonia adela, Vallonia tenuilabris, Jaminia quadridens, Arion lusitanicus, Semili-
max kotulae, Vitrea subrimata, Oxychilus glaber, Lehmannia rupicola, Iphigena
rolphi, Delima itala f. brauni, Testacella haliotidea, Cernuella neglecta, Trochoidea
geyeri, Helix aspersa und *Eobania vermiculata* nicht als zoologische Teilergebnisse
für die naturräumliche Gliederung herangezogen werden. Weitere Arten, wie besonders die Nacktschnecken der Gattung *Deroceras* (*Agriolimax*) mit den beiden
Arten *agreste* und *reticulatum* oder die *Arion circumscriptus*-Gruppe, in der heute
die Arten *circumscriptus, fasciatus* und *silvaticus* unterschieden werden und weiter
Carychium tridentatum, Cochlicopa lubricella und *repentina, Succinea sarsii,*
Aegopinella nitens, minor und *epipedostoma* sowie *Helicella obvia*, bleiben durch
ihre erst spät oder noch nicht aufgeklärte systematische Stellung ebenfalls ohne
Gewicht. Bei diesen Arten, die heute in der Regel mit Hilfe der Sektion des
Genitaltraktes determiniert werden, sind die alten Angaben aus der Literatur oder
auch das Schalenmaterial in den Museumssammlungen nicht mehr überprüfbar, so
daß erst neue Aufsammlungen und Untersuchungen zu einem gesicherten Verbreitungsbild führen werden.

Es ist wohl tiergeographisch von Interesse, daß *Arion lusitanicus* offensichtlich
ein rezenter südlicher Einwanderer ist, der in der Bundesrepublik den Oberrheingraben entlang im Vordringen begriffen ist, da hier eine Arealexpansion beobachtet werden kann. Auch der Nachweis von *Lehmannia rupicola* im Vogelsberg ist
bedeutsam, weil er der einzige außerhalb der Alpen ist. Hierdurch muß für diese
Art ein Ausbreitungsweg analog dem der weit verbreiteten *Lehmannia marginata*
angenommen werden: „*Lehmannia marginata* ist vermutlich eine alte europäische
Gebirgsform, die ihr Verbreitungsareal während der glazialen Kälteperioden in die
Ebene vorschob und erheblich erweiterte. Sie besiedelte auch das Gebiet zwischen
der nordischen und alpinen Vergletscherung. Postglacial folgte sie den weichenden
Gletschern einerseits nach Norden, andererseits in alpine Höhen" (FORCART
1966). Bedingt durch den isolierten Nachweis von *L. rupicola* im Vogelsberg gegenüber dem geschlossenen Verbreitungsgebiet in den Westalpen muß für die Art
eine boreo-alpine Verbreitung als möglich angesehen werden. Andere Arten wie
z.B. *Clausilia pumila* (Abb. 16) und *Discus ruderatus*, beide mit mittel- bis ost-
europäischer Verbreitung (Abb. 17) markieren im Untersuchungsgebiet mit Ein-
zelnachweisen ihre westliche Grenze sowie dies mit *Azeca menkeana* eine west-
europäische Art ebenfalls dokumentiert (Abb. 18). Auch diese Verbreitungsbilder
ergeben keine wesentlichen Beiträge für eine Untermauerung der naturräumlichen
Gliederung durch zoologische Fakten.

Schließlich trifft dies auch für die punkthaft verbreiteten Arten zu, deren
Vorkommen auf Aussetzungen zurückzuführen ist, wie es von *Delima itala f.*
brauni bei Weinheim und Heidelberg aus dem vorigen Jahrhundert bekannt ist.
Der Nachweis von *Testacella haliotidea* in Frankfurt dürfte auf Einschleppungen,
eventuell mit den Erdballen von Ziersträuchern in jüngster Zeit zurückzuführen
sein.

In der Gruppe der Wasserschnecken nehmen die Arten der Gattung *Bythio-*
speum eine Sonderstellung ein. Ihr Vorkommen beschränkt sich auf Brunnen,

Quellaustritte, unterirdische Fließgewässer und Spaltengewässer der Kalkgebirge Süddeutschlands. In das Untersuchungsgebiet dringen die Arten *Bythiospeum clessini clessini, cl. moenanum, cl. spirata, cl. elongatum, cl. nolli, cl. septentrionale, flachi* und *puerkhaueri* mit Einzelfunden randlich ein. Von *Anisus vorticulus* liegen nur zwei Nachweise aus dem Rheingebiet vor. Für die Kleinmuscheln der Gattung *Pisidium* liegen wegen der schwierigen Bestimmung zum Teil nur Einzelfunde vor, so von *P. casertanum ponderosum, ferrugineum, moitessierianum* und *punctatum*. Auch diese Verbreitungsangaben müssen wegen ihrer Lückenhaftigkeit oder der unbekannten ökologischen Wertigkeit zunächst unberücksichtigt bleiben.

Die als allgemein verbreitet zu bezeichnenden Arten können wohl bei einer vergleichenden Betrachtung zweier Räume durch ihr Fehlen oder ihre Anwesenheit zur Charakterisierung und Abrundung des Arten- und Verbreitungsspektrums beitragen, sind aber bei der gegenseitigen Abhebung von Räumen nur ausnahms-

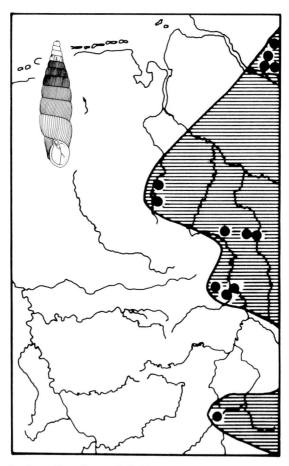

Abb. 16. Das Areal von *Clausilia pumila* in Nordwestdeutschland. (JUNGBLUTH 1975.)

56

weise wichtig. Ihr Fehlen kann, bei noch ausstehender flächendeckender, fauni-stisch-kleinräumiger Bearbeitung nicht ökologisch und damit als Indiz gewertet werden. In diesem Zusammenhang sei noch einmal betont, daß für die Mollusken insbesondere mikroklimatische Faktoren verbreitungsbedingend sind. Die erfor-derlichen Faktorenkombinationen können innerhalb einer naturräumlichen Ein-heit an einer beliebigen Stelle verwirklicht sein, ohne daß die dann hier auftreten-den Arten unbedingt für die großflächige Einheit auch wirklich typisch sein müs-sen. Ein zu groß gewähltes Gitternetz auf der Karte verwischt daher den klein-räumig gewonnenen realen Informationsgehalt der betreffenden Fundortangaben. So haben für die nachfolgenden Betrachtungen besonders Arten mit spezifischer Verbreitung, die auf Grund der Kenntnis der ökologischen Parameter erkannt wird und Mollusken, deren Biologie und Ökologie untersucht sind, Bedeutung.

2. Tiergeographische Ergebnisse

Bei der Auswertung der Verbreitungsmuster statischer und dynamischer Natur müssen wir die Land- und Wassermollusken getrennt betrachten, da die Ausbrei-tung und die Areale der zuletzt genannten Gruppe durch das Gewässernetz vorge-geben sind.

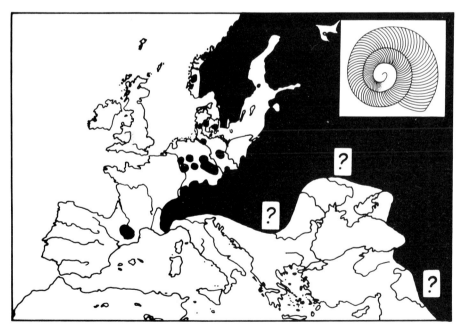

Abb. 17. Das Verbreitungsgebiet von *Discus ruderatus.* (? = unsichere Grenzziehung durch fehlende Angaben; nach ANT 1963, verändert JUNGBLUTH 1975.)

a. Die Mollusken fließender und stehender Gewässer

Die aquatischen Mollusken sind primär an die Bewegung ihres Milieus angepaßt. Den rheophilen, das rasch strömende Wasser bevorzugenden Arten, stehen die des langsam fließenden oder stehenden und oft pflanzenreichen Wassers gegenüber. Auch die Größe des Wohngewässers spielt eine bedeutende Rolle, so tritt beispielsweise *Sphaerium lacustre* sporadisch und in großen Mengen in temporären Kleingewässern auf, andere Arten erst in Fließgewässern bestimmter Mindestgröße oder in den diese begleitenden Altwässern. Über ihre autozoische Dimension sind die Wassermollusken Bestandteil der Naturräume, in denen die entsprechenden Wohngewässer vorhanden sind. Als charakteristische faunistische Teilkomponente spiegeln sie so gleiche ökische Dimensionen (Milieuverhältnisse) wider und werden so auch zu ökologischen Indikatoren, die spezifische Raumqualitäten, hier Zustandsverhältnisse der Wohngewässer, anzeigen.

Im Untersuchungsgebiet treffen wir in den naturräumlichen Einheiten, die von Rhein (mit Neckar, Main und Lahn) und Weser (mit Fulda und Werra) durchflossen werden, als rheophile Arten *Theodoxus fluviatilis, Viviparus viviparus* (nur im Rhein und dessen Tributärgewässern), *Valvata cristata* und *V. piscinalis, Physa fontinalis, Galba palustris* (auch in stehenden Gewässern) und *Planorbis carinatus* an. Überwiegend in den begleitenden Altwässern halten sich *Viviparus contectus* (bei Giessen wahrscheinlich durch wasserbauliche Maßnahmen erloschen), *Valvata*

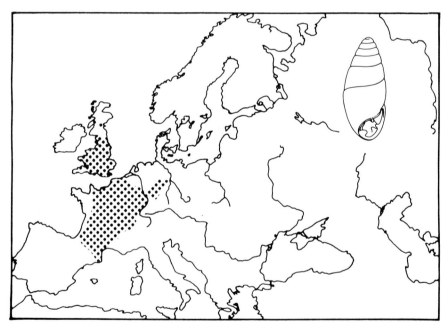

Abb. 18. Das Areal von *Azeca menkeana*. (Nach KÖRNIG 1966, verändert JUNGBLUTH 1975.)

pulchella, Aplexa hypnorum, Anisus spirorbis, A. vortex, Gyraulus laevis sowie *Armiger crista* auf. Eine zweite Gruppe zeigt wohl eine Verbreitung in Anlehnung an die genannten Flußsysteme, ist aber darüber hinaus diffus verbreitet, ohne jedoch eine Bevorzugung bestimmter Gebiete erkennen zu lassen. *Bithynia tentaculata, Lymnaea stagnalis, Bathyomphalus contortus, Gyraulus acronicus, Planorbarius corneus* and *Acroloxus lacustris* zählen hier zu den Arten, die in langsam fließenden, pflanzenreichen Flüssen und auch in stehenden Altwässern auftreten, während *Radix auricularia, Planorbis planorbis, Anisus leucostomus, Hippeutis*

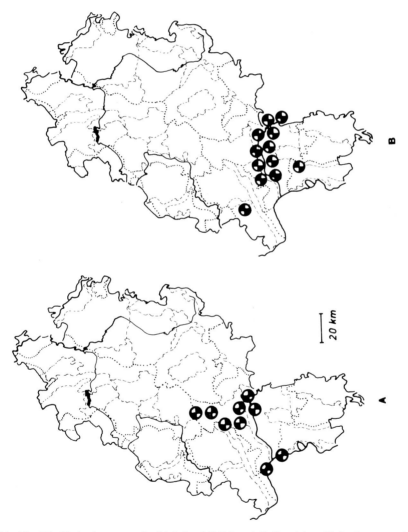

Abb. 19. Die Verbreitung von *Bythinia leachii* (A) und *Galba glabra* (B) in den naturräumlichen Einheiten des Untersuchungsgebietes (s. Abb. 15).

complanatus und *Segmentina nitida* vorzugsweise in stehenden Gewässern, besonders in Altwässern anzutreffen sind. Demgegenüber können die Arten *Galba truncatula, Radix peregra, Gyraulus albus* und *Ancylus fluviatilis*, letzterer stets in Fließgewässern, als allgemein verbreitet gelten. Eine Verbreitung in direkter Abhängigkeit von den Tributärgewässern der großen Flüsse ist hier durch die Karten nicht nachgewiesen.

Von besonderem Interesse sind in der Gruppe der Wassergastropoden die Arten mit spezifischer Verbreitung, wie sie für *Bithynia leachii* und *Galba glabra* bekannt ist und für *Bythinella* durch eigene Untersuchungen belegt werden konnte. Weiter sind hier fremde Faunenelemente zu nennen, deren Einwanderung in das Gebiet in rezenter Zeit beobachtet werden konnte, so für *Lithoglyphus naticoides, Potamopyrgus jenkinsi* und *Physa acuta.*

Bithynia leachii gilt als palaearktisch sehr lückenhaft verbreitet (EHRMANN 1933) und bewohnt gewöhnlich pflanzenreiche Tümpel und Gräben. In Hessen ist ihr Vorkommen auf das Rhein-Main-Tiefland beschränkt, die Mehrzahl der Funde stammt aus der Wetterau und weitere aus der Untermainebene und lediglich einer aus dem Rheintal des Main-Taunusvorlandes. Die Lückenhaftigkeit der Verbreitung blieb bislang ohne Erklärung (zusammen mit der nachfolgenden Art Abb. 19).

Galba glabra ist nordwesteuropäisch verbreitet, die Funde in Deutschland liegen dementsprechend in der nordwestlichen Tiefebene. Als Wohngewässer werden pflanzenreiche Wiesengräben und Sümpfe bevorzugt. Wie bei *B. leachii* liegen, von drei älteren Literaturangaben, bei denen es sich eventuell um Verwechslungen mit schlanken Formen von *Galba palustris* gehandelt haben kann (so auch EHRMANN 1933), abgesehen, die Nachweise im Gebiet des Rhein-Main-Tieflandes, hier geschlossen beieinander, eine Fläche von 10 der 10-km-Quadrate einnehmend. Die Art erreicht mit dieser flächenhaften Verbreitung in Deutschland ihre südliche Verbreitungsgrenze, da sonst nur noch ein Fund bei Passau gemeldet wurde (Abb. 19).

Mit der Einwanderung pontischer Arten haben sich in jüngster Zeit auch KINZELBACH (1972) und NOWAK (1975) beschäftigt, beide führen *Lithoglyphus naticoides* und *Dreissena polymorpha* (Wandermuschel) auf. *L. naticoides* starb in Europa während der Eiszeit weitgehend aus und besiedelte das Gebiet seit der zweiten Hälfte des vergangenen Jahrhunderts wieder. Nach NOWAK (l.c.) gilt die BRD als Mischgebiet zweier Expansionsrichtungen: einmal gelangte die Schnecke aus dem Dnepr-Gebiet über Polen nach Norddeutschland und wanderte den Rhein aufwärts (Notiz von BRÖMME 1890). Süddeutschland wurde dagegen über die obere Donau besiedelt. Die erhebliche Arealexpansion in kurzer Zeit ist nur durch die passive Verfrachtung dieser Art (natürlich durch Wasservögel, künstlich durch die Schiffahrt) zu erklären. In Hessen ist *L. naticoides*, bedingt durch diesen Ausbreitungsmodus auf den Rhein beschränkt, ein Einzelfund liegt für den Main vor; die Lahn und die Weser mit Fulda und Werra wurden nicht besiedelt.

Potamopyrgus jenkinsi ist aus den Tropen über England eingewandert. Für den mittleren und oberen Rhein nimmt KINZELBACH (l.c.) wie bei der zuvor ge-

60

nannten Art eine Einschleppung durch die Schiffahrt an. Im Gegensatz zu *L. naticoides* ist diese Art jedoch auch in die Weser eingewandert. EHRMANN (l.c.) gibt als Verbreitung noch das Küstengebiet und hier besonders das schwächer salzige Brackwasser an; zu seiner Zeit waren die Funde im Binnenland noch gering an Zahl. Er weist jedoch auf die explosionsartige Ausbreitung seit dem Ende des 19. Jahrhunderts hin. *P. jenkinsi* ist dann kontinuierlich die großen Flüsse weiter aufwärts eingewandert und hat auch den versalzten Abschnitt der Werra besiedelt (HEUSS 1966), die Fulda jedoch nicht. Für den Rhein liegen im Gebiet zwei neue Nachweise vor, sonst tritt diese Art in Hessen nicht auf.

Die Nachweise für *Physa acuta* sind auf das Rhein-Main-Gebiet beschränkt. Nach KINZELBACH (l.c.) hält sich die Art an die Hauptwasserstraßen sowie an die städtischen Ballungszentren. Dies wird durch voneinander unabhängige Einschleppungen mit Wasserpflanzen erklärt. Hinzu kommt eine Besiedelung des Rheines aus dem französischen Verbreitungsgebiet über den Rhein-Marne-Kanal und eventuell durch den Rhein-Rhone-Kanal in die Mosel, Saar und den Rhein.

Bei den Muscheln liegen die Verhältnisse ähnlich, so finden wir *Unio tumidus*, *Pseudanodonta elongata*, *Sphaerium rivicola*, *solidum* und *amnicum*, von *Pisidium* die Arten *henslowanum*, *supinum*, *milium*, *pulchellum* und *obtusale* sowie *Dreissena polymorpha* hauptsächlich in den großen Flüssen mit ihren direkten Tributärgewässern. An die großen Flußsysteme deutlich angelehnt und darüber hinaus diffus verbreitet sind *Unio pictorum* und die Rassen des *Unio crassus*, *Sphaerium corneum*, *Pisidium subtruncatum*, *nitidum*, *casertanum* und *personatum*, die sich auch in kleineren Bächen und in höheren Lagen finden. Von den Pisidien dringen verschiedene Arten bis in die Quellen aufwärts vor. Nur drei Arten gelten für Hessen als allgemein verbreitet, ohne daß die Verbreitungsbilder sofort auf die genannten Flußsysteme verweisen: *Anodonta cygnea*, *Sphaerium lacustre* und *Pisidium personatum*.

Für die bereits angesprochene *Dreissena polymorpha*, die ursprünglich pontische Wandermuschel, gilt eine Einwanderung wie für *Lithoglyphus naticoides* als wahrscheinlich. Die Muschel war im letzten Interglazial ebenfalls durch Norddeutschland verbreitet, so daß sie mit der Ausbreitung seit dem 19. Jahrhundert ehemals besiedeltes Gebiet wieder besetzt hat. Aus dem Main wurde sie 1855 bei Frankfurt bekannt (EHRMANN 1933), aus dem Neckar bei Eberbach wird sie von SEIBERT (1869) erwähnt und auch aus der Fulda bei Kassel wurde sie früh nachgewiesen (ANONYMUS 1903). Die meisten neuen Funde stammen aus dem Rhein, wobei jedoch nicht in jedem Fall ersichtlich ist, ob lebende Tiere oder nur leere Schalen gesammelt wurden. Nach KINZELBACH (1972) ist die Muschel heute im Gebiet des Oberrheins weitgehend auf die Nebenflüsse beschränkt, in den Strom eingeschwemmte Larven können sich wegen der Abwasserbelastung dort nicht halten.

Zusammenfassend kann für die rezenten Einwanderer im großen und ganzen ein analoger Ausbreitungsweg festgestellt werden: *L. naticoides*, *P. jenkinsi* und *D. polymorpha* haben die großen Ströme von Norden her besiedelt, wobei *L. naticoides* aus ungeklärten Ursachen nicht über die Weser in die Werra und Fulda

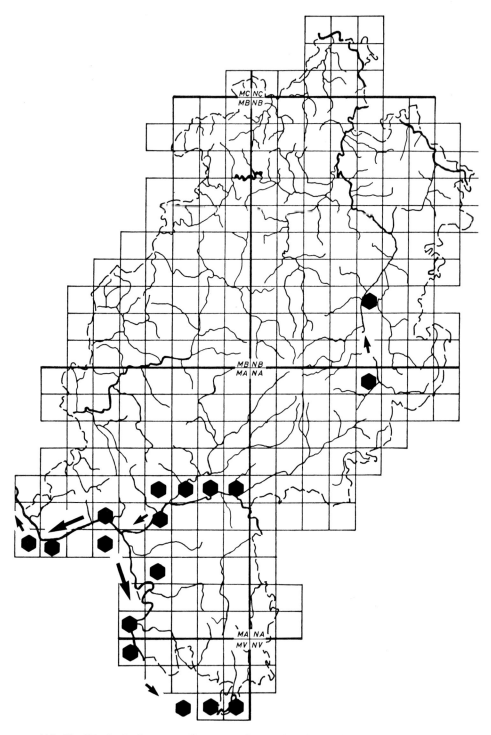

Abb. 20. Die Ausbreitung von *Orconectes limosus* im Rhein-Main-System nach seiner Aussetzung um 1949.

62

eingewandert ist. Dieser Modus findet sich auch bei künstlichen Einsetzungen anderer Süßwasser-Evertebraten, so beim Amerikanischen Flußkrebs *Orconectes limosus*, für den eine Besiedlung des Rheines vom Main aus als wahrscheinlich gilt (Abb. 20).

Für die Quellschnecken des Rassenkreises *Bythinella dunkeri*, die Rassen des *Unio crassus* und die Flußperlmuschel *Margaritifera margaritifera* konnte die Verbreitung im Rahmen des Gesamtareales durch weitere Untersuchungen näher geklärt werden, kleinräumig betrachtet trifft dies auch für *Unio tumidus* zu.

1. *Bythinella dunkeri* (FRFLD.), Abbildung 21

Systematische Untersuchungen (JUNGBLUTH 1971) führten hier zunächst zur Zuordnung der *Bythinella compressa* (FRFLD.) des Vogelsberg-Rhön-Gebietes als Unterart zu *B. dunkeri*, der Art des Rheingebietes. Die Verbindung der Vorkommen in Vogelsberg und Rhön mit denen des Rheingebietes wurde über eine Population am Dünsberg bei Giessen nachgewiesen. Danach stellen sich Vogelsberg und Rhön als östlicher Flügel dieser westeuropäisch verbreiteten *Bythinella*-Art dar. Über einen isolierten Nachweis im Saaletal gewinnt *B. dunkeri* den Anschluß an das Areal von *B. austriaca* und damit an das Hauptverbreitungsgebiet der Gattung auf dem Balkan (Abb. 21). Der Übergang mag hier zwischen den Populationen fließend sein, die bisherigen Befunde lassen eine abschließende Beurteilung noch nicht zu. Im Süden dagegen bildet der Bodensee, und damit wohl geologische Ursachen, eine scharfe Grenze gegenüber dem Areal von *B. bavarica*, deren Ostgrenze an das Gebiet von *austriaca* stößt. Im Gebiet ist *B. dunkeri compressa* in ihrer Verbreitung auf das Osthessische Bergland beschränkt, die Population am Dünsberg (Giessener Becken) stellt den Anschluß an *B. dunkeri dunkeri* im Rheingebiet, hier im Westerwald, dar. Großräumig gesehen kann *B. d. compressa* für einen Teil des Osthessischen Berglandes als charakteristisch angesehen werden. Das Fehlen in den übrigen, bergigen Naturräumen ist historisch erklärbar. Für die naturräumliche Gliederung wird die Art aber erst durch die kleinräumige Untersuchung ihrer Ökologie interessant. Dies wird im nächsten Abschnitt noch ausführlich erörtert.

2. *Unio crassus* RETZ. und *Unio tumidus* RETZ., Abbildung 22

Die Flußmuschel *Unio crassus* hat die geographischen Rassen *U. cr. crassus*, *U. cr. batavus* und *U. cr. cytherea* ausgebildet, die das Gebiet der nordischen Vereisung, das Rheingebiet und das Donaugebiet besiedeln. Im Untersuchungsgebiet treffen die nordische und die Rheinform im Vogelsberg aufeinander, wo sie durch die Wasserscheide zwischen Rhein (mit Lahn und Main) und Weser (mit Fulda und Werra) getrennt werden. Die Arten vermögen noch Mittelgebirgsbäche mit bestimmter Größe zu bewohnen, sie dringen dabei weiter bachaufwärts vor als beispielsweise *Unio tumidus*. Die zuletzt genannte Art ist auf größere Flüsse und deren Altwasser sowie Seen beschränkt, da sie Ruhigwasserbereiche bevorzugt. Daher ist es verständlich, daß sie z.B. im Vogelsberg nicht vorkommt. Die erforderlichen Milieuverhältnisse sind erst außerhalb der naturräumlichen Einheiten dieses Mittelgebirges verwirklicht. Aus der Abbildung 22 wird dies deutlich: die *crassus*-Rassen dringen in einem Fall sogar bis in den Hohen Vogelsberg vor und

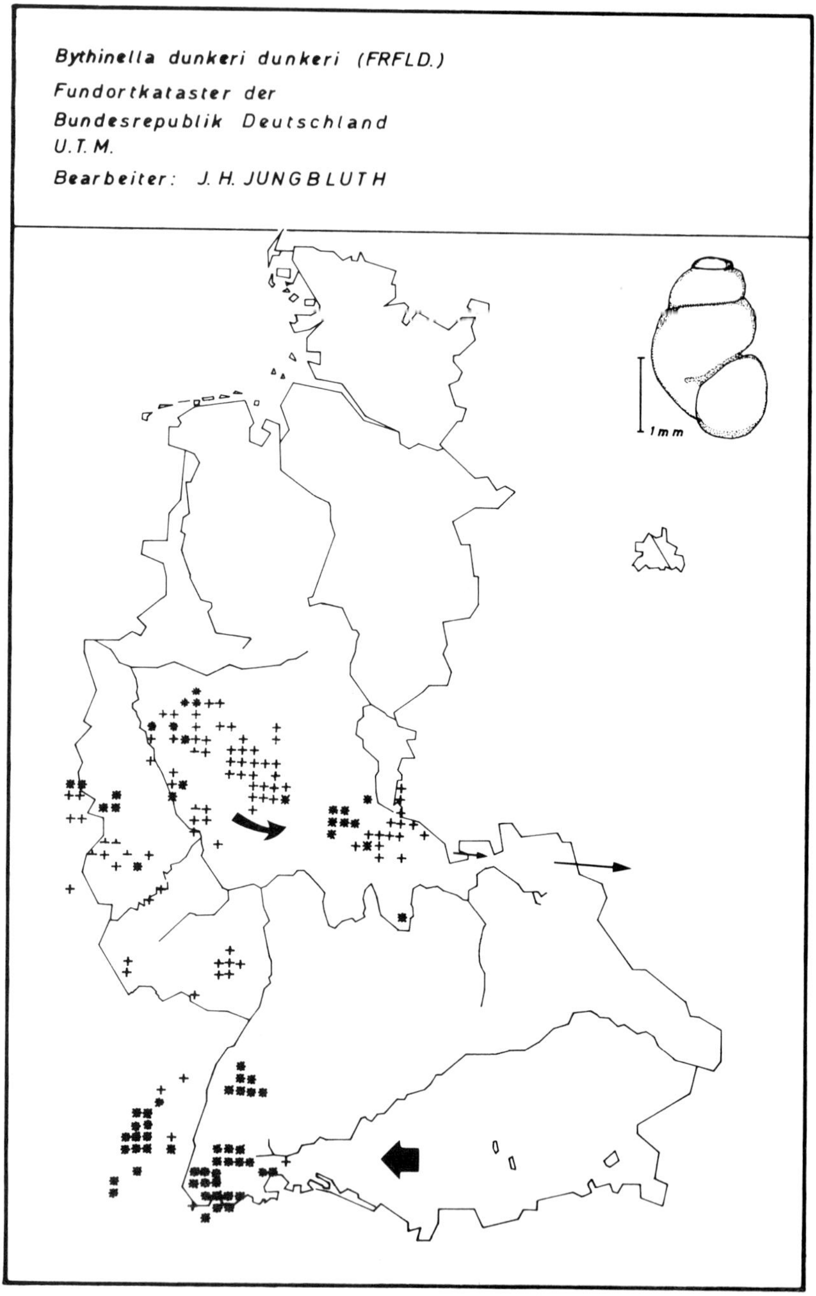

Abb. 21. Die Verbreitung des Rassenkreises *Bythinella dunkeri.* (Computerkarte des deutschen EEW-Zentrums Saarbrücken; + = Funde vor 1960; * = Funde nach 1960.)

64

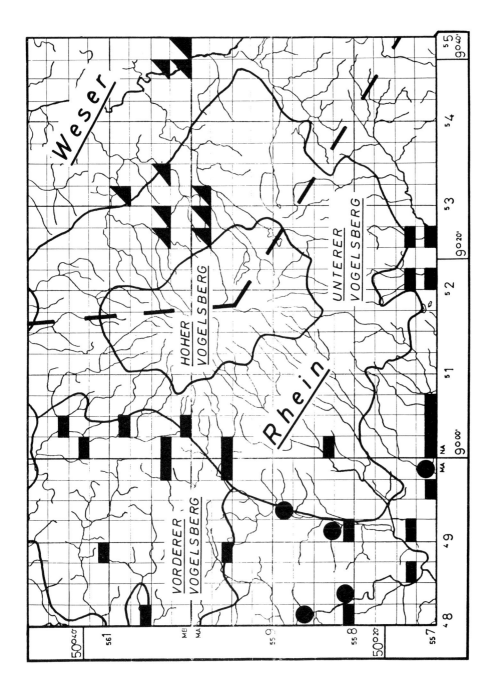

Abb. 22. Die Verbreitung von *Unio crassus crassus* (Dreiecksignatur), *Unio crassus batavus* (Rechtecksignatur) und *Unio tumidus* (Punktsignatur) in den naturräumlichen Einheiten des Vogelsberges.

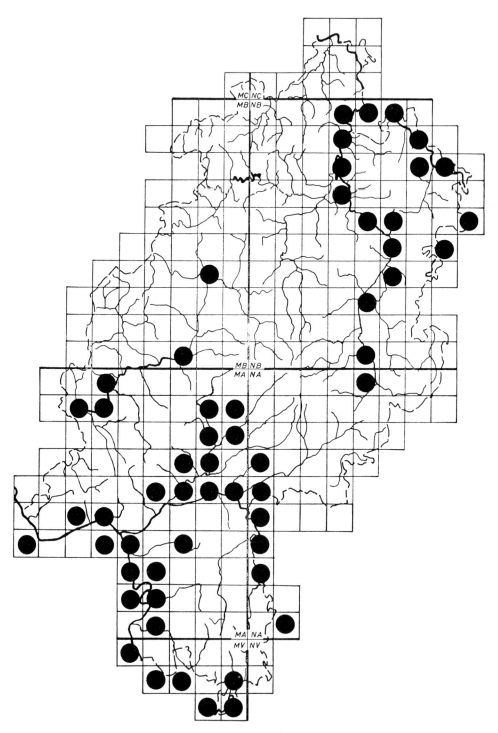

Abb. 23. Die Verbreitung von *Unio tumidus* in Hessen.

besiedeln auch den Unteren und den Vorderen Vogelsberg, ähnlich auch *Unio pictorum*, während *U. tumidus* an die direkten Tributärbäche von Fulda, Werra, Lahn, Main, Rhein und Neckar gebunden ist. Lediglich in die Bäche der Wetterau vermag *U. tumidus* vorzustoßen, wo sie dann an der Grenze des Unteren Vogelsberges stehen bleibt (Abb. 23).

3. *Margaritifera margaritifera* (L.), Abbildung 24

Die Flußperlmuschel *Margaritifera margaritifera* findet sich bei uns nur in den Mittelgebirgsbächen des südlichen Osthessischen Berglandes, des südlichen Odenwaldes, des Spessarts und der Südrhön. Die verbliebenen Restpopulationen lassen noch eine Rekonstruktion der ehemals weiteren Verbreitung zu und weisen die genannten Gebiete als in etwa zusammenhängendes Areal zwischen dem Rheingebiet einerseits und den Standorten in den Niederungsbächen der Lüneburger Heide andererseits aus. Die Besiedlung vom Fichtelgebirge aus erscheint heute wahrscheinlich. Es ist anzumerken, daß ein Teil der Nachweise im südlichen Odenwald auf Einsetzungen bayerischer Muscheln im 18. Jahrhundert zurückgeht. Im Vogelsberg ist die Art auf zwei Bäche beschränkt und dringt bachaufwärts sogar in den Hohen Vogelsberg ein. Unter Berücksichtigung der ökologischen Untersuchungsergebnisse wird dieses Verbreitungsbild im folgenden Abschnitt näher diskutiert.

Die genannten Beispiele aus der Gruppe der Wassermollusken zeigen bei den Arten des rasch strömenden Wassers eine Verbreitung, die sich deutlich an die großen Fließgewässer und deren direkte Tributärbäche (bis zu einer Mindestgröße) anlehnt. Bei den Kleinmuscheln und *Anodonta cygnea* ist dieses vorgegebene Verbreitungsmuster nicht mehr erkennbar, da diese Arten auch kleine und kleinste (nicht für *A. cygnea*), ja selbst temporäre Gewässer zu nutzen vermögen. Hierdurch sind sie lediglich von an bestimmter Stelle verwirklichten Biotopbeschaffenheiten abhängig, die in den naturräumlichen Einheiten des Untersuchungsgebietes fast immer irgendwo einmal gegeben sind. Die meisten Wassermollusken sind damit Bestandteil der naturräumlichen Einheiten, die durch die genannten Fließgewässer charakterisiert sind. Nur ausnahmsweise ergibt sich aus den faunistischen Resultaten eine Übereinstimmung der Verbreitung einzelner Arten mit der Ausdehnung naturräumlicher Einheiten, so wie dies beispielhaft für *Bithynia leachii* (nördliches Rhein-Main-Tiefland) und *Galba glabra* (hauptsächlich in der Untermainebene) belegt werden konnte (Abb. 19).

b. Die Landschnecken

Neben den Faktor Feuchtigkeit, der entweder jahreszeitlich periodisch oder kontinuierlich von Bedeutung ist, treten bei den Landschnecken noch insbesondere die Faktoren Wärme und Kalk. Der Kalk ist als Substratfaktor aufzufassen, der bei einigen Arten eine so erhebliche Rolle spielt, daß diese nur auf Kalkgestein bzw. dessen Verwitterungsprodukten auftreten; geringere Kalkanteile bedingen das Fehlen dieser calciphilen Arten. Oft ist die Kombination beider Faktoren verbreitungsbedingend. Bei Arten mit südlichem Hauptverbreitungsgebiet spielen weiter natürlich vorgegebene Geländeleitlinien, wie zum Beispiel das Rheintal, für die

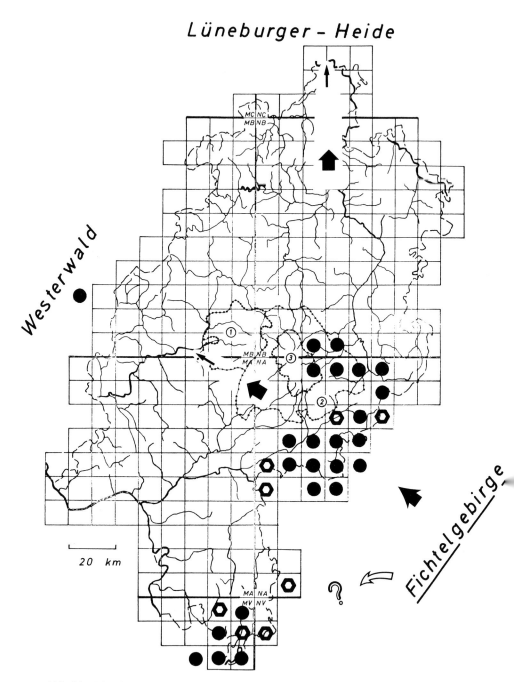

Abb. 24. Die Verbreitung der Flußperlmuschel in Hessen. (**Punkte** = Fundnachweise aus Freilandaufsammlungen und Museumsbelege; **Sechsecke** = Literaturangaben; **Pfeile** = Ausbreitungswege; Strich-Punkt-Linie = die naturräumlichen Einheiten des Vogelsberges: 1 = Vorderer Vogelsberg; 2 = Unterer Vogelsberg; 3 = Hoher Vogelsberg.)

Einwanderung bzw. die Einschleppung eine besondere Rolle. In einigen Fällen haben sie sich hier halten können, aber keine weiteren Gebiete zu besiedeln vermocht. Die Untersuchungen von ANT (1963) ermöglichen eine Einordnung unserer Kartierungen und ergänzen diese Angaben, da unser Gebiet weiter nach Süden reicht.

Wie bereits erwähnt, muß eine ganze Reihe von Arten bei der tiergeographischen Betrachtung im Verhältnis zur naturräumlichen Gliederung unberücksichtigt bleiben, da nur Einzelfunde vorliegen oder die Systematik ungeklärt ist und die vorhandenen Angaben so nicht nachkontrollierbar sind. Hinzu treten solche Arten, die auf Grund einer anderen Hauptverbreitung nur randlich in unser Gebiet einstrahlen, so z.B. die osteuropäisch verbreiteten *Cochlodina orthostoma, Clausilia cruciata* und *Laciniaria cana*. Sie bilden teilweise den deutsch-mittelgebirgigen Zweig (EHRMANN 1933), wobei sie entweder in der Rhön oder im Werrabergland bzw. in beiden als Einzelposten auftreten. Sie zeigen damit analoge Verbreitungsmuster wie die bereits erwähnte *Clausilia pumila* (Abb. 16) und wären nur im Rahmen eines Gesamtarteninventares, kleinräumig gewonnen, bei Vergleichen von Naturräumen von Bedeutung. Andere Arten, z.B. *Pyramidula rupestris, Vertigo alpestris, Abida frumentum, Zebrina detrita* und *Pomatias elegans* zeigen durch ihre Substratabhängigkeit in Verbindung mit Wärmeansprüchen Bodenbeschaffenheiten ihrer Standorte an. Diese Arten sind calci- und thermophil dazu in der Regel meridional oder südeuropäisch verbreitet. Die allgemein verbreiteten Arten der Landgastropoden sind **wahrscheinlich nur in der Lage, über ihre Vergesellschaftungen als charakteristische Bestandteile von Naturräumen zu wirken**, nicht aber in ihrer Verbreitung als Einzelarten. Hier trifft ebenfalls wie bei den Wassermollusken zu, daß die mikroklimatischen Gegebenheiten Voraussetzung für ihr Auftreten sind. Diese Konstellationen der Abiota werden jedoch kleinräumig verwirklicht, die Einheiten der naturräumlichen Gliederung sind hierfür zu großflächig abgegrenzt.

1. Calciphile Arten

Pyramidula rupestris, Vertigo alpestris, Abida frumentum und *Zebrina detrita* finden sich nur an Standorten, die insbesondere dem Kalkbedürfnis dieser Arten gerecht werden; die Arealgröße richtet sich hier nach dem Minimalareal der jeweiligen Population. Generell kann jedoch festgestellt werden, daß hier oft inselhafte, kleinflächige Einsprenglinge von Kalkformationen ausreichen. In den naturräumlichen Einheiten des basaltischen Vogelsberges tritt beispielsweise *Zebrina detrita* nur an einem Standort im südwestlichen Teil des Unteren Vogelsberges bei Kressenbach auf. Dort tritt der Wellenkalk, eine Abteilung des Muschelkalkes, singulär innerhalb des großen Basaltkomplexes zu Tage. Dabei sind insbesondere die südwestlich exponierten Hänge von der genannten Art besiedelt, da sie hier ihr Wärmeoptimum findet.

Pomatias elegans (O.F. MÜLLER), Abbildung 25
Diese Art galt zunächst als im Zuge der Weinkulturen aus dem Mittelmeerraum

eingeschleppt, das rezente Verbreitungsbild mit der Bevorzugung klimatischer Gunstgebiete (Abb. 25) bestätigte diese Auffassung. MENZEL (1907) hat jedoch nachgewiesen, daß *P. elegans* bereits im Altpleistozän in Norddeutschland gelebt und im Holozän eine, in etwa der heutigen entsprechende Verbreitung gehabt hat und vielleicht noch über diese hinaus vorgekommen ist. KILLIAN (1951) hat die Substratgebundenheit der Art für die Bergstraße bestätigt. Hier ist sie an das

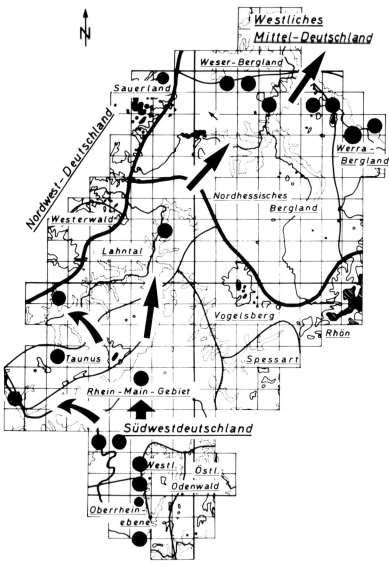

Abb. 25. Die Verbreitung von *Pomatias elegans* in Hessen. (**Pfeile** = Ausbreitungsrichtung; in die Karte der Klimabezirke eingetragen; Klimaatlas von Hessen 1949/50.)

70

Gebiet des kalkhaltigen braunen Waldbodens gebunden, der sich als schmaler Streifen am Westrand des Odenwaldes vom Neckar nördlich Heidelberg bis Jugenheim erstreckt (naturräumliche Einheit 226 Bergstraße). Diese Beobachtung deckt sich mit den Ergebnissen von LAIS (1943), der *P. elegans* als „Indikator" für Kalkböden bezeichnete. In unserem Klima ist für die Schnecke eine lockere Bodenschicht erforderlich, da sich die Tiere zur Winterruhe etwa 10-15 cm tief in

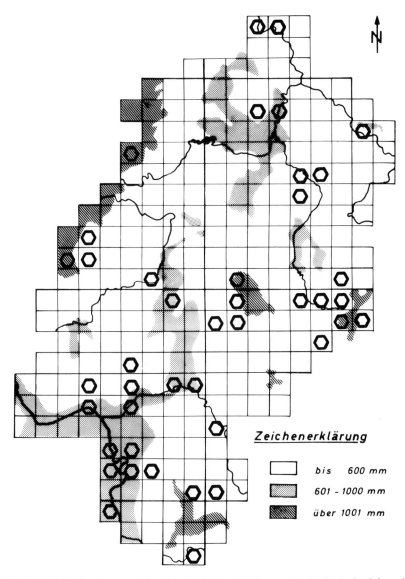

Abb. 26. Die Verbreitung von *Eucobresia diaphana* in Hessen. (In die Karte der Jahresniederschläge nach SCHÖNHALS 1954 eingetragen, verändert.)

71

den Boden eingraben. In unserem Untersuchungsgebiet dringt *P. elegans* entlang der Gunstgebiete mit den erforderlichen Wärme- und Feuchtigkeitswerten nach Norden vor: von der Bergstraße einmal den Rhein entlang, zum anderen über die Wetterau in das Giessener-Marburger Becken zum Kasseler Becken. Hierbei handelt es sich jedoch meistens um Einzelstandorte geringer Ausdehnung. Zusammenhängend besiedelte Areale finden sich erst weiter nördlich im Rheintal oberhalb

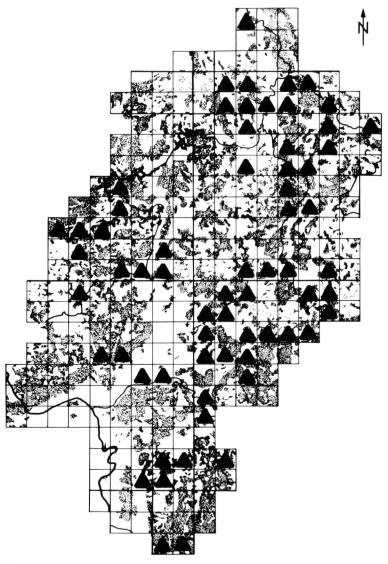

Abb. 27. Die Verbreitung von *Isognomostoma isognomostoma* in Hessen. (In die Karte der Waldverbreitung nach SCHÖNHALS 1954 eingetragen, verändert.)

der Lahnmündung und dann im Leinetal. Der Bezug zur naturräumlichen Gliederung wird auch bei dieser Art erst durch die Kenntnis der Ökologie sowie der kleinräumigen Verbreitung erhellt. Ähnlich sind Verbreitung und Zuordnung von *Orcula doliolum, Euomphalia strigella* u.a.m. zu verstehen.

2. Hygrophile Arten

Zu dieser Gruppe der Landschnecken rechnen wir beispielsweise die Bewohner von Wiesenmooren, Röhrichten, Erlenstandmooren und vernäßten Wäldern. Als Beispiel sei hier *Eucobresia diaphana* genannt (Abb. 26), deren Funde zum weitaus überwiegenden Teil in den Gebieten mit Niederschlägen über 600 mm/ Jahr liegen. Eine andere Art, *Vertigo moulinsiana*, kommt an Kräutern und Schilf von Sümpfen und Teichen sowie auf Bruchgelände vor. Hierdurch erinnert ihre Verbreitung im Untersuchungsgebiet an die Wasserschnecke *Galba glabra*, die vorzugsweise in pflanzenreichen Wiesengräben und Sümpfen auftritt.

An das Feuchtigkeitsbedürfnis dieser Gruppe reichen die Waldarten heran; so deckt sich die Verbreitung der „Waldschnecke" *Isognomostoma isognomostoma* mit der Waldverbreitung im Untersuchungsgebiet (Abb. 27). Auch bei den vorgestellten Arten wird die Verbreitung erst durch die Kenntnis der Ansprüche an den Standort erklärbar, sie deckt sich, da ebenfalls in der Regel mikroklimatisch bedingt, nur ausnahmsweise mit naturräumlichen Einheiten (z.B. *V. moulinsiana*).

3. Südliche und östliche Arten

Einige Beispiele sollen hier belegen, daß Einwanderer aus dem Mittelmeerraum bei uns so weit nach Norden vorzudringen vermögen, wie insbesondere ihr Wärmeanspruch noch gedeckt wird. So gilt dies für *Monacha cartusiana*, die in den europäischen Mittelmeerländern beheimatet ist. Im Untersuchungsgebiet finden wir sie nur im Rheintal und im Mündungsgebiet des Neckars. Daß *M. cartusiana* auch weiter nördlich auf das Rheintal beschränkt bleibt, hat ANT (1963) mit einer Verbreitungskarte für Nordwestdeutschland belegt. EHRMANN (1933) beschreibt ihr Vorkommen am Rhein als durch Einwanderung über das Moseltal bedingt und nennt die Siegmündung als nördlichstes Vorkommen. Nach JAECKEL (1962) tritt sie jetzt auch bei Wesel auf, weiter in den Niederlanden (anthropochor).

Die alpin verbreitete *Trichia villosa* erreicht ihre nördliche Grenze im Rheintal bei Mainz, auch *Trichia striolata* wurde vorzugsweise im Rheingebiet nachgewiesen. Die osteuropäisch verbreitete *Perforatella rubiginosa* ist durch Norddeutschland bis zum Rhein verbreitet, dem sie aufwärts bis zum Kühkopf (südlich Darmstadt) folgt und dabei auch in das Maintal aufwärts vorgedrungen ist. In den mitteldeutschen Berg- und Hügelländern fehlt die Art ganz. Schließlich sei noch *Trichia unidentata* erwähnt, die ostalpin-karpatisch verbreitet ist und im Gebiet an drei Stellen im Rhein- und Maintal nachgewiesen wurde. Die Belege gehen auf Genist-Funde zurück, die aus dem Alpenvorgebiet stammen müssen, da die Art hier sonst nicht vorkommt.

4. Arten mit beschränkter Vertikalverbreitung

Eine ganze Zahl von Landschnecken meidet die Mittelgebirge, wie dies bereits am Beispiel von *P. rubiginosa* anklang, auch *P. elegans* hält sich im Untersuchungsgebiet an die Beckenzonen. Bei der Untersuchung der Molluskenfauna des Vogelsberges konnte dies für weitere Arten bestätigt werden. So nimmt die Zahl der Nachweise bei *Cepaea nemoralis* und *C. hortensis* sowie *Helix pomatia* von den niedrigen Lagen des Vogelsberges zum Hohen Vogelsberg hin sichtlich ab. EHRMANN (1933) hatte für diese Arten festgestellt, daß sie in den Mittelgebirgen die 500-m- bzw. 600-m-Isohypse nur in geringem Maße überschreiten (Abb. 28).

c. Die Bedeutung der tiergeographischen Ergebnisse

Der Abschnitt über die tiergeographischen Ergebnisse sollte an einigen Beispielen darlegen, inwieweit solche Daten für die naturräumliche Gliederung relevant sind oder sein können. Vielmehr noch als bei den im nachfolgenden Abschnitt abgehandelten ökologischen Ergebnissen zeigt sich hier die Schwierigkeit einer adaequaten Berücksichtigung der zoologischen Substanz, sei es nun im Rahmen der naturräumlichen Gliederung oder aber in der ökologischen Landschaftsforschung überhaupt. So läßt sich aus den vorliegenden chorologischen Daten nur dann das Verbreitungsmuster sinnvoll heranziehen, wenn dieses flächendeckend erarbeitet wurde. Trotz der großen Fülle von Fundortangaben für die Mollusken in Hessen, die, das sei noch einmal betont, im Vergleich zu anderen Gebieten jetzt als gut bearbeitet einzustufen sind, spiegeln diese doch primär die lokalen Sammelaktivitäten einzelner Bearbeiter (s.Abb. 9-13) wieder. Darüber hinaus spielt selbstverständlich die Zuverlässigkeit der Angaben und der Stand der Systematik innerhalb dieser Tiergruppe eine sehr wesentliche Rolle. Dies erfordert eine kritische Prüfung und Wertung der Fakten und führt zur Verwerfung von unzulänglichen Daten. Die Fülle der Angaben wird weiter durch die wiederholte Besammlung der gleichen Fundorte eingeschränkt, und schließlich sind Arten, von denen nur Einzelfunde vorliegen, zur Zeit nur in Ausnahmefällen aussagekräftig genug, um für unser Problem eine Rolle spielen zu können. Auf dem jetzt zusammengetragenen Material aufbauend sollte es aber möglich sein, hier bei gezieltem Ansatz zu befriedigenden Ergebnissen zu gelangen, die für die ökologische Landschaftsforschung kleinräumig und großräumig von Bedeutung sind.

3. Tierökologische Ergebnisse

Wie bei der tiergeographischen Betrachtung ist auch bei der tierökologischen eine Trennung zwischen Wasser- und Landmollusken erforderlich. Die wichtigen abiotischen Faktoren sind für beide Gruppen verschieden und erfordern entsprechend differenzierte Untersuchungsverfahren. Auf diese näher einzugehen, als unter IV., 3 ausgeführt, würde den Rahmen der vorliegenden Abhandlung weit übersteigen, so daß bei den jeweiligen Beispielen der Verweis genügen mag.

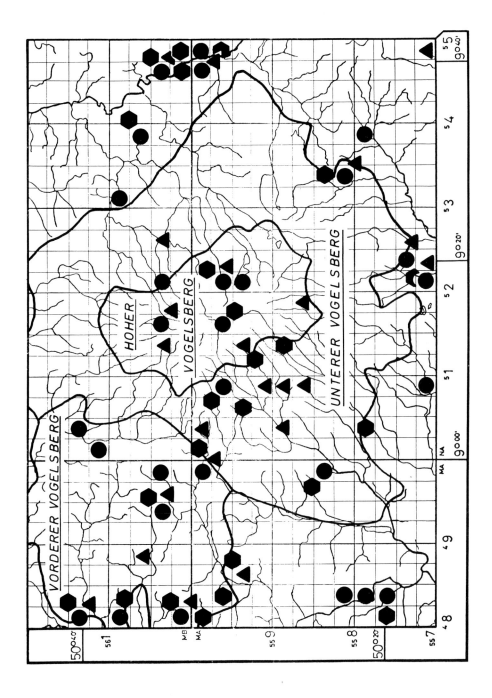

Abb. 28. Die Verbreitung von *Cepaea nemoralis* (Punktsignatur), *Cepaea hortensis* (Dreieck-signatur) und *Helix pomatia* (Sechsecksignatur) in den naturräumlichen Einheiten des Vogels-berges.

Die Ökologie der Mollusken ist ein noch wenig bearbeitetes Gebiet. Für die hier zu behandelnde Problematik wird daher auf eigene Untersuchungen an Fließgewässerarten und an terrestrischen Coenosen zurückgegriffen. Damit sind gleichzeitig die beiden Verfahrensmöglichkeiten, die zur Anwendung kommen können, genannt: nämlich einmal die Beschränkung der Untersuchungen auf das Areal einer Art (z.B. *Bythinella dunkeri compressa, Margaritifera margaritifera*) oder aber auf das Areal einer Coenose (z.B. die *Clausilia pumila-Azeca menkeana*-Coenose u.a.). Auch hier müssen wir uns auf einige gut untersuchte Beispiele beschränken, um zu einer relevanten Aussage zu gelangen.

a. Wassermollusken

Daß Wassermollusken nur über ihr Milieu als Element in der Landschaft berücksichtigt werden können, wurde bereits erwähnt. Im Untersuchungsgebiet finden sich nur wenige große stehende Gewässer, diese haben in keinem Fall landschaftsprägende Funktion. So wurden selbst die großen Mooser Teiche im südöstlichen Vogelsberg bei der Bearbeitung der „Geographischen Landesaufnahme: Naturräumliche Gliederung im Maßstab 1:200.000" nicht besonders erwähnt oder als Singularitäten hervorgehoben. Dadurch wird deutlich, daß die Mollusken- Coenosen der stehenden Gewässer in unserem Gebiet für das zu behandelnde Problem nur von untergeordneter Bedeutung sind. Anders ist unter diesem Aspekt der Rhein mit den begleitenden Altwässern zu werten, die jedoch zum Fließgewässersystem des Rheins zu rechnen sind und nicht als stehende Gewässer aufgefaßt werden können. Die hier vorkommenden Arten dringen auch in die Stillwasserbereiche des Stromes vor und sind nur in geringer Anzahl strikt auf stehende Gewässer beschränkt.

1. *Bythinella dunkeri compressa* (FRFLD.); Abbildung 29 und 30
Diese Quellschnecke wurde im Hinblick auf ihre Gesamtverbreitung und ihre Ökologie besonders im Vogelsberg untersucht (JUNGBLUTH 1972). Wir können sie hier als Beispiel für eine flächendeckende Kartierung vorstellen und überschreiten dabei gleichzeitig die Grenze von der topologischen zur chorologischen Dimension. Die Untersuchungen haben ergeben, daß sich das *Bythinella*-Areal auf die bewaldeten Höhenlagen über 500 m NN beschränkt und seinen Schwerpunkt im nördlichen Oberwald hat (Abb. 29). Einige wenige Funde finden sich unterhalb dieser Höhenlinie, und zwar nach Osten zur Rhön hin; sie dokumentieren die Zusammengehörigkeit beider Gebiete, die das Areal von *B. d. compressa* bilden. Die autozoische Dimension dieser Quellschnecke wird durch die ökische Dimension der Quellen und Quellbäche, die bachabwärts durch die 5 °C-Amplitude begrenzt werden, abgedeckt. Der Lebensbereich ist in der Tabelle 6 (in der Tabelle 5 allgemein formuliert) bis hinunter in die Biotope III. Ordnung, d.h. bis in die Kontaktschicht oder den Totwasserbereich, aufgegliedert und durch Beispiele belegt worden. Das Verhältnis des Biotops dieser Art zu den Fließgewässern insgesamt ist aus der Abb. 8 ersichtlich. Die Wohngewässer weisen im Vogelsberg eine Temperatur zwischen 4 und 8 °C auf, der Jahresdurchschnitt lag bei 6,8 °C (über

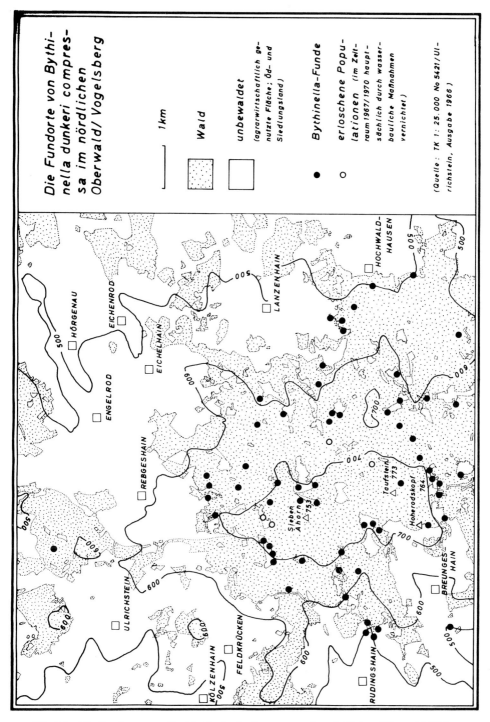

Abb. 29. Die Fundorte von *Bythinella dunkeri compressa* im nördlichen Oberwald (Hoher Vogelsberg).

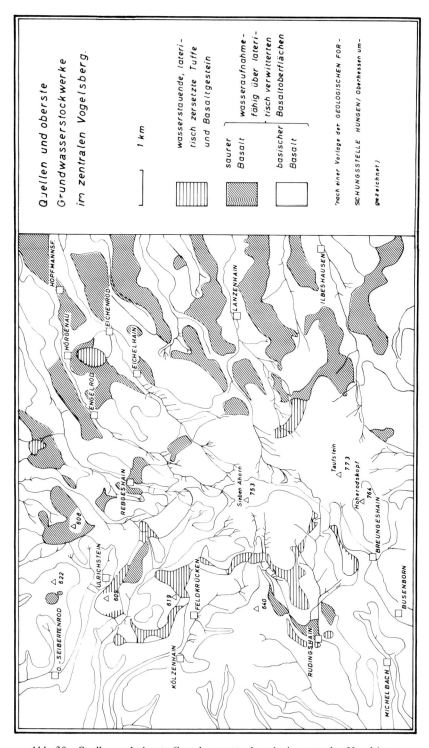

Abb. 30. Quellen und oberste Grundwasserstockwerke im zentralen Vogelsberg.

78

300 eigene Messungen) und eine Jahresamplitude zwischen 2-3 °C wird im Vogelsberg nur selten überschritten. Insgesamt ist für *Bythinella d. compressa* die Temperatur als verbreitungslimitierender Faktor anzusehen, wobei 4 °C als Minimum und 8 °C als Maximum gelten, die noch eine Fortpflanzung gewährleisten. Die Werte der chemischen Wasseranalyse, die die schwache Konzentrierung und Kalkarmut des Basaltwassers im Vogelsberg bestätigten, scheinen für *Bythinella* nur eine untergeordnete Rolle zu spielen, da die Nominatunterart *B. d. dunkeri* im südlichen Schwarzwald auch in Quellen von Kalkformationen auftritt.

Der ursprüngliche Biotop ist, gemäß der Florengeschichte des Vogelsberges, der Buchen- und Erlen-Bruchwald. Hier und im noch vorhandenen Laubwald lagen 61,1% der nachgewiesenen Populationen (von 586 untersuchten Quellen und Quellbächen waren 85 mit *Bythinella* besetzt), weitere 21,1% wurden im sekundären Nadelwald und 17,6% im offenen Gelände, zumeist aber in Waldrandnähe, ermittelt. Für den Vogelsberg begrenzt die 500-m-Isohypse das Areal dieser Schnecke als **isobiologische Linie** (JAKUBSKI 1926; s.a. Abb. 14). Dabei liegen 67% aller besetzten Quellen über 600 m NN, davon 43,5% zwischen 600 und 700 m NN und 23,5% über 700 m NN, was durch die Flächenanteile dieser Höhenlagen bedingt ist. Schließlich finden sich noch 22,3% zwischen 500 und 600 m NN, womit sich das Areal, von den östlich gelegenen Verbindungsposten zur Rhön hin abgesehen, insgesamt mit der naturräumlichen Einheit des Hohen Vogelsberges deckt, der sich als relativ geschlossener Waldkomplex darstellt (Abb. 31). Dieser wird durch seinen besonderen Quellreichtum charakterisiert. Alte Landoberflächen streichen an den Talhängen aus, die durch lateritische Verwitterungskrusten als wasserstauende Horizonte das Vulkangebirge des Vogelsberges in Grundwasserstockwerke gliedern, die eine mehr oder weniger ringförmige Anordnung der Quellen bedingen (Abb. 30). *Bythinella* ist das Charaktertier dieser Quellen und kann als typische Schnecke der naturräumlichen Einheit Hoher Vogelsberg angesprochen werden. Aus ökologischen und vegetationshistorischen Gründen ist sie heute auf die Quellen dieser naturräumlichen Einheit beschränkt.

2. *Margaritifera margaritifera* (L.), Abbildung 32

Als ein Beispiel für die substratabhängige Verbreitung sei hier kurz die Flußperlmuschel vorgestellt. Diese Art ist dafür bekannt, daß sie fast ausschließlich in kalkarmen Gewässern des Urgesteins oder des Buntsandsteins verbreitet ist und als rheophile Art rasch strömendes und klares Wasser benötigt. Erstaunlich war daher die Wiederauffindung des Vorkommens im Vogelsbergbasalt (s. JUNGBLUTH 1975). Die Art ist hier die Charakterart der Mollusken-Coenose des Epi- und Metarhithrals zweier Bäche des östlichen Unteren Vogelsberges. Die begleitenden Najaden (Großmuscheln) und Gastropoden (z.B. *Ancylus fluviatilis, Radix auricularia*) erreichen nur sehr viel geringere Abundanzwerte. Die *Margaritifera*-Coenose erreicht in den rasch fließenden Mittelgebirgsbächen in der Regel 100%ige Stetigkeit, so auch im bayerischen Wald (HÄSSLEIN 1966). Bemerkenswert ist die Tatsache, daß die Flußperlmuschel im Vogelsberg in der Basaltformation auftritt; dies ist bis heute der einzige bekannte Standort aus dieser geologischen Forma-

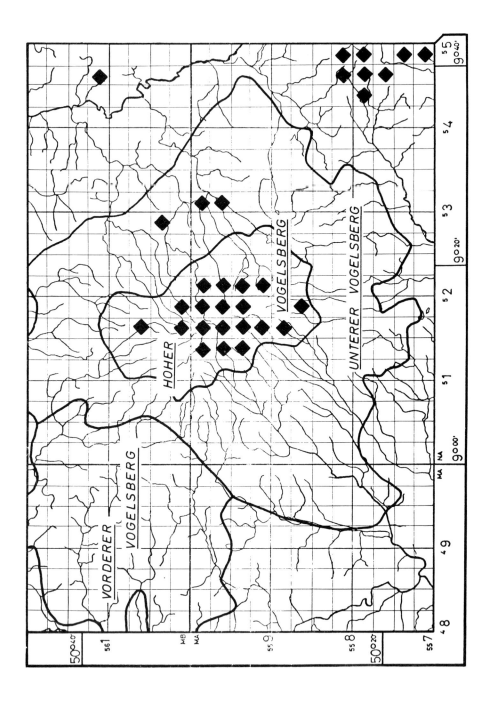

Abb. 31. Die Verbreitung von *Bythinella dunkeri compressa* in den naturräumlichen Einheiten des Vogelsberges.

tion. Aus der Abbildung 32 ist ersichtlich, daß die beiden Bäche im Bereich des Unteren Vogelsberges besiedelt werden und von hier aus in den Hohen Vogelsberg einstrahlen. Die Vorkommen enden bachabwärts abrupt dort, wo beide Bäche zusammenfließen und in die Formation des Buntsandsteins eintreten. Die Grenze zum Hohen Vogelsberg hin wird durch den Oberwaldkomplex markiert, da die Muschel in den Bächen dichten Baumbestandes in der Regel fehlt. Der noch relativ geschlossene Waldkomplex (Oberwald) fällt in etwa mit der Abgrenzung der naturräumlichen Einheit Hoher Vogelsberg zusammen, so daß die Muschel, verbreitungsgeschichtlich und geologisch bedingt, die Bachabschnitte im Unteren Vogelsberg besiedeln konnte.

b. Landschnecken

Die Landgastropoden erscheinen von der Anlehnung ihrer Coenosen an die Vegetationsformationen her gut geeignet, um als zoologischer Partialkomplex in der Landschaftsökologie Berücksichtigung zu finden. Eingangs wurde bereits darauf hingewiesen, daß es an tiersoziologischen Kartierungen noch mangelt (SCHMÖLZER 1953). Nur in Einzelfällen wurden daher auch Landschnecken-Coenosen auf ihre Zugehörigkeit zu bestimmten Pflanzenformationen hin untersucht. Hierzu liegen Ergebnisse von MÖRZER BRUIJNS (1950), HÄSSLEIN (1960, 1966) und ANT (1968, 1969) vor. HÄSSLEIN stellt fest, daß sich die Coenosen der Landschnecken mit dem Standort einer Pflanzengesellschaft decken können, sich oft aber erheblich weiter erstrecken und so mehrere Phytoassoziationen umfassen. Wir haben daher zunächst einige Landschnecken-Coenosen auf ihren Aufbau und ihre Ausdehnung hin untersucht, wobei von den abiotischen Faktoren auch das Bodenfeuchteregime berücksichtigt wurde (s. IV., 3b).

1. Die *Clausilia pumila-Azeca menkeana*-Coenose in einem Bruchwald des nördlichen Hohen Vogelsberges. (s.a. MARCUS 1972)

Der für die Untersuchungen gewählte Biotop umfaßt ein feuchtkühles Bruchwald-Gelände auf Pseudogley mit hohem Tongehalt im S_d-Horizont. Das Gebiet liegt im zentralen Oberwald, der durch Jahresniederschläge von über 1.200 mm/Jahr gekennzeichnet ist. Nach KNAPP (1958) liegt der Untersuchungsbiotop (560 m NN) in der unteren Berg-Buchen-Zone. Er weist eine deutliche Drei-Schichten-Gliederung auf:
1. **Baumschicht** (ca. 20-25 m hoch; Bedeckungsgrad ca. 50-60%)
die Bäume stehen nicht sehr dicht und finden sich vorzugsweise auf trockeneren Standorten. Vorwiegend sind Esche, Buche, Berg-Ahorn und Berg-Ulme vertreten, aber auch vereinzelt Nadelhölzer. An den Bäumen wachsen Flechten der Gattungen *Parmelia*, *Lepraria*, *Lecanora*, *Perthusaria*, *Physica* und *Psora*.
2. **Strauchschicht**
kaum entwickelt und nur aus wenigen jungen Bäumen wie Buche und Esche bestehend.

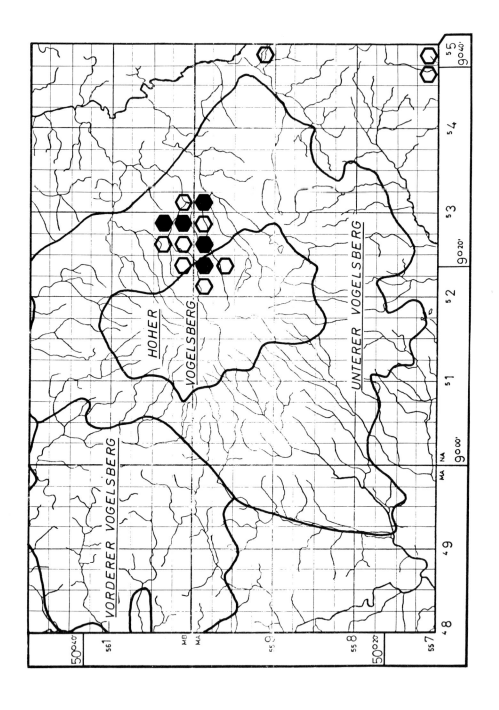

Abb. 32. Die Verbreitung der Flußperlmuschel in den naturräumlichen Einheiten des Vogelsberges. (Ausgefüllte Signaturen = Funde nach 1972; übrige Signaturen = Funde vor 1972.)

3. Krautschicht (Bedeckungsgrad 95-100%)

diese Schicht ist optimal entwickelt; im Frühjahr bedeckt der Lerchensporn große Teile der Fläche, weiter sind das Scharbockskraut, das Milzkraut (an den Quellgräben) und das gelbe Windröschen zu nennen. Die dominierende Pflanze der Krautschicht ist die nitrophile Brennessel, die große Flächen im gesamten Biotop bedeckt und im Sommer eine Höhe von 2 m erreicht. Südlich schließt sich der Wald-Ziest an den Brennessel-Bestand an, auch das Bingelkraut ist häufig. Schließlich sind noch der Wald-Frauenfarn und der Gemeine Wurmfarn sowie die Moosarten Gemeines Quellmoos, Echter Wolfsfuß, Widdertonmoos und *Mnium punctatum* zu erwähnen, während Pilze im Laufe des Untersuchungszeitraumes nur spärlich auftraten.

Nach KNAPP (1958, 1971) gehört der Wald des Untersuchungsbiotopes zum Typ der artenreichen Buchenwälder und Edellaubmischwälder (Fagatalia), der im mittleren Europa für die Ebene und die niedrigen Gebirge (mit Ausnahme der Sandstein-, Quarzsand- und Quarzsteingebiete) als vorherrschende natürliche Waldgesellschaft gilt. Stark Schatten spendende Laubholzarten, eine artenreiche, schattenliebende bzw. schattentolerierende Krautschicht und Gräser mit verhältnismäßig großen Blattspreiten sind für diesen Waldtyp charakteristisch. Innerhalb dieser Waldgruppe werden vier Untergruppen getrennt, von denen im Untersuchungsgebiet die Merkmalsarten von dreien auftreten. Diese wachsen auf nassen Standorten und haben ihre Hauptverbreitung in Bachtälern oder in kleineren feuchten Senken auf Böden mit relativ hohen Basen- und Nährstoffreserven. Die Standorte sind in der Regel ganzjährig durchnäßt. In unserem Fall trocknete der Biotop während des sehr trockenen Untersuchungsjahres 1971 sehr stark ab. Abschliessend sei angemerkt, daß die feuchtigkeitsliebende Circeae-Gruppe mit verschiedenen Arten für den Biotop kennzeichnend ist, ebenso wie anspruchsvolle Geophyten der *Corydalis*-Gruppe den Nährstoffreichtum des Standortes anzeigen.

Im Verlaufe einer Vegetationsperiode (11.05-19.10.1971) wurden bei den regelmäßigen Probenentnahmen (in Anlehnung an ÖKLAND 1929) insgesamt 24 Gastropodenarten nachgewiesen (MARCUS 1972), die als feste Bestandteile der Coenose anzusehen sind. Eigene Voruntersuchungen hatten zum Nachweis zweier weiterer Arten (*Limax cinereoniger* und *Clausilia parvula*) geführt, die von MARCUS (l.c.) jedoch nicht bestätigt wurden und daher als Irrgäste dieser Coenose einzuordnen sind.

Quantitative Übersicht:	Individuen in den		Gesamt
	Sammelquadraten	Bodenproben	
1. *Clausilia pumila*	3.698	154	3.852
2. *Azeca menkeana*	1.470	294	1.764
3. *Trichia sericea*	466	14	480
4. *Helicigona arbustorum*	453	13	466
5. *Discus rotundatus*	406	140	546
6. *Aegopinella nitidula*	189	118	307
7. *Vitrea diaphana*	139	151	290
8. *Vitrea cristallina*	131	114	245
9. *Oxychilus cellarius*	114	21	135

Quantitative Übersicht:	Individuen in den Sammelquadraten	Bodenproben	Gesamt
10. Perforatella incarnata	102	5	107
11. Deroceras reticulatum	96	–	96
12. Cochlicopa lubrica	72	14	86
13. Eucobresia diaphana	65	10	75
14. Arion rufus	63	–	63
15. Arion silvaticus	50	–	50
16. Nesovitrea hammonis	35	12	47
17. Arion intermedius	34	–	34
18. Cochlodina laminata	30	–	30
19. Vitrina pellucida	27	4	31
20. Cepaea hortensis	17	–	17
21. Cepaea nemoralis	15	–	15
22. Carychium tridentatum	13	45	58
23. Lehmannia marginata	4	–	4
24. Euconulus fulvus	3	3	7

(die Arten sind nach ihrer Häufigkeit in den Sammelquadraten aufgeführt; durch die Addition mit den Angaben aus den Bodenproben ergeben sich einige Verschiebungen, die jedoch unberücksichtigt bleiben können).

Zur Verdeutlichung der Artenanteile und des Aufbaues der Coenose werden die Arten in Abundanz- und Frequenzklassen eingeordnet:

Konstanz
Eukonstante Arten (100-75%):
Clausilia pumila, Azeca menkeana, Helicigona arbustorum, Discus rotundatus, Trichia sericea, Aegopinella nitidula, Vitrea diaphana, Vitrea cristallina
Konstante Arten (75-50%):
Oxychilus cellarius, Perforatella incarnata
Akzessorische Arten (50-25%):
Cochlicopa lubrica, Deroceras reticulatum, Eucobresia diaphana, Carychium tridentatum, Arion rufus, Arion silvaticus, Nesovitrea hammonis
Akzidentielle Arten (25-0%):
Arion intermedius, Cochlodina laminata, Vitrina pellucida, Cepaea nemoralis, Cepaea hortensis, Euconulus fulvus, Lehmannia marginata

Dominanz
Dominante Arten (100-15%):
Clausilia pumila, Azeca menkeana
Subdominante Arten (15-6%):
Discus rotundatus
Rezedente Arten (6-1%):
Trichia sericea, Helicigona arbustorum, Aegopinella nitidula, Vitrea diaphana, Vitrea cristallina, Oxychilus cellarius, Perforatella incarnata, Deroceras reticulatum
Subrezedente Arten (1-0%):
Cochlicopa lubrica, Eucobresia diaphana, Arion rufus, Carychium tridentatum, Arion silvaticus, Nesovitrea hammonis, Arion intermedius, Vitrina pellucida, Cochlodina laminata, Cepaea hortensis, Cepaea nemoralis, Lehmannia marginata, Euconulus fulvus

Aus den beiden Übersichten wird deutlich, daß die beiden Arten *Clausilia pumila* (nach HÄSSLEIN 1960 im Mainjura und im Coburger Land in den Erlen- und Eschenauen) und *Azeca menkeana* (nach HÄSSLEIN l.c. im Coburger Land in den Eschenbeständen der Quellhorizonte u. Bachschluchten) die Coenose des Bruchwaldes im Forst Storndorf NE Ulrichstein beherrschen. Die meisten der genannten Arten sind feuchtigkeitsliebend oder gehören zu den Waldarten, die ähnliche Feuchtigkeitsansprüche aufweisen:

Ökologische Gruppen:
Hygrophile Arten: (8 = 33,4%)
Clausilia pumila, Azeca menkeana, Helicigona arbustorum, Aegopinella nitidula, Vitrea cristallina, Cochlicopa lubrica, Eucobresia diaphana, Carychium tridentatum
Waldarten: (12 = 50%)
Trichia sericea, Discus rotundatus, Vitrea diaphana, Oxychilus cellarius, Perforatella incarnata, Arion rufus, Nesovitrea hammonis, Arion intermedius, Cochlodina laminata, Arion silvaticus, Lehmannia marginata. Euconulus fulvus
Subthermophile Arten: (4 = 16,6%)
Deroceras reticulatum, Vitrina pellucida, Cepaea nemoralis, Cepaea hortensis.

Im untersuchten Biotop deckt sich die beschriebene Landschnecken- Coenose in etwa mit der Ausdehnung des Bruchwaldes, der sich als Phytotop deutlich von der umgebenden Vegetation, die nicht mehr auf dem Pseudogley stockt, bzw. von diesem nur schwach beeinflußt wird, abhebt. In diesem Fall kann also über den Boden der entsprechenden feuchtigkeitsliebenden Vegetationsformation eine Schnecken- Coenose zugeordnet werden, die sonst im Gebiet des Vogelsberges nicht auftritt (die Art *Azeca menkeana* ist für dieses Gebiet nur an dieser Stelle nachgewiesen worden). Der Feuchtigkeitsanspruch dieser Coenose wird durch das Vorkommen von 5 Nacktschneckenarten (von 24 Arten) und der Vitrinide *Eucobresia diaphana* (s.a. Abb. 29), die zusammen 25% der Arten ausmachen, weiter belegt.

2. Die *Helicella itala-Zebrina detrita-* Coenose des xerothermen Kalkhanges bei Kressenbach im südlichen Vogelsberg (s.a. FISCHER 1972)

In südwestlicher Exponierung findet sich im Steinebachtal bei der Schmittmühle (südlicher Vogelsberg) der untersuchte Trockenhang mit 27° Neigung. In diesem Gebiet wird der Vogelsbergbasalt, dessen Ausläufer bis an das Kinzigtal herantreten, von Triasschichten durchbrochen. Der obere Buntsandstein (Röt) tritt besonders bei Kressenbach zutage; vom Muschelkalk findet sich nur der Wellenkalk (untere Abteilung). Als Böden treten hier Rendzinen auf, ihr Profil ist sehr flachgründig und reich an Gesteinstrümmern, so daß tiefwurzelnde Pflanzen nicht Fuß fassen können. Lediglich im Westen wird der Hang von einer dichten Hecke (Hasel, Weißdorn, Heckenrose, Hartriegel) begrenzt, deshalb liegen hier andere mikroklimatische Bedingungen vor, die eine eigene Pflanzenformation bedingen.
Der größte Teil des Hanges ist von einem Kalk und Wärme liebenden Trocken-

rasen bewachsen; er ist als Fiederzwenken- und Trespen-Halbtrockenrasen zu bezeichnen (Mesobrometum). Diese Pflanzengesellschaft findet sich in tiefgelegenen Gebieten mit relativ geringen Niederschlägen und hohen mittleren Jahrestemperaturen und besiedelt bevorzugt die flachgründigen Kalkböden von mehr oder weniger steilen Südhängen. Bei diesen Trockenrasen (Festuco-Brometea) finden sich zwei Ausprägungen, je nach den Anteilen der zugehörigen Arten, in unserem Fall zählt die Pflanzengesellschaft zum Typ der westlich submediterranen Trockenrasen, weist aber neben fehlenden Arten Vertreter anderer pflanzensoziologischer Gesellschaften auf. – Der Bedeckungsgrad unterliegt im Biotop in Abhängigkeit von der jahreszeitlichen Witterung starken Schwankungen. Im Frühjahr und nach längeren Regenfällen ist der Hang nahezu gleichmäßig bewachsen, nach längeren Trockenperioden vertrocknen insbesondere die kleineren, zahlreich vorhandenen Pflanzen (*Cerastium, Hornungia, Thlaspia*), und die Pflanzendecke lichtet sich, der Untergrund tritt dann an vielen Stellen zutage.

Die den Untersuchungsbiotop begrenzende Hecke zählt zu den an Rosengewächsen und Hasel reichen Gebüschen. In ihr ist die Hasel die weitaus häufigste Art, daneben finden sich besonders am Hangfuß Weißdorn, Hartriegel, Liguster, Schlehe und Heckenrose.

Im Verlaufe der Monate Mai bis Oktober 1971 wurden die Probeflächen wie bei dem vorherigen Beispiel besammelt und ergaben für den Trockenhang insgesamt 17 Gastropoden-Arten. Das sind 4 Arten weniger als unsere eigenen Untersuchungen ergeben haben, die auch den Hangfuß miteinbezogen hatten, was bei der Verteilung der Sammelflächen bei FISCHER (1972) unterblieb.

Quantitative Übersicht:	Individuen in den		Gesamt
	Sammelquadraten	Bodenproben	
1. *Helicella itala*	2.944	437	3.381
2. *Zebrina detrita*	1.354	107	1.461
3. *Abida frumentum*	565	210	775
4. *Candidula unifasciata*	52	14	66
5. *Helicigona lapicida*	45	–	45
6. *Clausilia parvula*	36	27	63
7. *Cepaea nemoralis*	33	2	35
8. *Helix pomatia*	29	1	30
9. *Laciniaria biplicata*	26	1	27
10. *Pupilla muscorum*	24	32	56
11. *Ena obscura*	16	1	17
12. *Helicodonta obvoluta*	13	2	15
13. *Cochlodina laminata*	8	–	8
14. *Cepaea hortensis*	5	–	5
15. *Cecilioides acicula*	4	108	112
16. *Discus rotundatus*	2	–	2
17. *Vitrina pellucida*	–	3	3

(die Arten sind wieder nach der Häufigkeit in den Sammelquadraten aufgeführt; die einzige wesentliche Verschiebung durch die Addition mit den Werten der Bodenproben ergibt sich für *Cecilioides acicula*, die als reine Bodenschnecke gilt).

Wie bei der Coenose im Bruchwald beherrschen zwei Arten, *Helicella itala* und *Zebrina detrita*, die Gastropengesellschaft eindeutig:

Konstanz
Eukonstante Arten (100-75%):
Helicella itala, Zebrina detrita, Abida frumentum
Konstante Arten (75-50%):
Cepaea nemoralis, Cecilioides acicula
Akzessorische Arten (50-25%):
Candidula unifasciata, Clausilia parvula, Pupilla muscorum, Helix pomatia, Helicigona lapicida
Akzidentielle Arten (25-0%):
Laciniaria biplicata, Ena obscura, Helicodonta obvoluta, Cochlodina laminata, Cepaea hortensis, Vitrina pellucida, Discus rotundatus

Dominanz
Dominante Arten (100-15%):
Helicella itala, Zebrina detrita
Subdominante Arten (15-6%):
Abida frumentum
Rezedente Arten (6-1%):
Cepaea nemoralis, Cecilioides acicula, Candidula unifasciata, Clausilia parvula
Subrezedente Arten (1-0%):
Pupilla muscorum, Helicigona lapicida, Helix pomatia, Laciniaria biplicata, Ena obscura, Helicodonta obvoluta, Cochlodina laminata, Cepaea hortensis, Vitrina pellucida, Discus rotundatus

Aus den beiden Übersichten wird die beherrschende Position der beiden thermophilen Leitarten dieser Coenose deutlich; insgesamt zählen 14 der nachgewiesenen 17 Arten zu den wärmeliebenden Formen:

Ökologische Gruppen:
Thermophile Arten: (7 = 41,2%)
Pupilla muscorum, Clausilia parvula, Candidula unifasciata, Helicella itala, Zebrina detrita, Cecilioides acicula, Abida frumentum
Subthermophile Arten: (7 = 41,2%)
Vitrina pellucida, Ena obscura, Helicigona lapicida, Cepaea nemoralis, Cepaea hortensis, Helicodonta obvoluta, Helix pomatia
Waldarten: (3 = 17,6%)
Cochlodina laminata, Laciniaria biplicata, Discus rotundatus

Der Trockenhang „Weinberg" bei Kressenbach kann wegen seiner gleichartigen morphographischen Eigenschaften als Morphotop aufgefaßt werden, der zwei verschiedene Vegetationsformationen aufweist, die nahezu als zwei unterschiedliche Phytotope anzusprechen sind. Sie beherbergen unterschiedliche Pflanzenarten; auch bei den Landschnecken läßt sich diese Zweiteilung beobachten. Während die thermophilen und subthermophilen Arten die weite Hangfläche des Festuco-Brometea besiedeln, finden sich die drei Waldarten nicht in gleicher Weise verteilt. *Discus rotundatus* wurde nur in der Hecke gefunden, wohin sich offenbar auch die adulten Tiere von *Helix pomatia* zurückziehen. Die beiden anderen Waldarten,

Cochlodina laminata und *Laciniaria biplicata*, suchen kleinräumig gesehen schattige Habitate auf, wie z.B. Grasbüschel, wo sie sich in den Boden eingraben können oder kleine Ligusterbüsche, in deren Fallaubschicht sie Verdunstungsschutz genießen. Aus den wenigen gefundenen Individuen dieser drei Arten (s. Quantitative Übersicht) wird deutlich, daß sie sich an diesem Trockenhang wahrscheinlich nur auf Grund der Hecke halten können und eigentlich nicht zu dieser Coenose gehören, die für das Festuco-Brometea charakteristisch sein dürfte. So konnten die beiden Leitarten, *Helicella itala* und *Zebrina detrita*, während der Untersuchungen, die sich insgesamt über zwei Vegetationsperioden erstreckten, nicht in der Hecke oder deren unmittelbarer Nähe nachgewiesen werden.

Es bleibt für diese Coenose abschließend festzustellen, daß ihre Ausdehnung gut mit der Vegetationsformation übereinstimmt, die an den südlich exponierten Hang auf Kalk gebunden ist.

Ähnliche Ergebnisse konnte KOEBERLIN (1976) für eine aufgelassene Abraumhalde bei Dossenheim nördlich Heidelberg ermitteln. Mit der Untersuchungsmethodik wie sie von FISCHER (1972) und MARCUS (1972) angewandt wurde, ergänzt durch Barberfallen, sammelte er für diesen Biotop, der als Glatthaferwiese (Arrhenatherion) anzusprechen ist, insgesamt 20 Gastropodenarten. Die niedrigen Individuenzahlen (für alle Arten zusammen 719, dazu 300 in den Bodenfallen) zeigen, daß es sich hier um eine Coenose in der Aufbauphase handelt, die den Biotop erst langsam von den umliegenden Gebieten her besiedelt. Nach den Ergebnissen der Aufsammlungen und der ausgewerteten Bodenproben wäre die Coenose als *Discus rotundatus-Zebrina detrita*-Coenose zu charakterisieren (*D. rotundatus:* 163, *Z. detrita:* 153 Individuen). Durch die Werte der Bodenfallen rückt *Arion hortensis* mit insgesamt 310 Individuen (in den Sammelproben 97) an die erste Stelle der Arten. Der hohe Individuenanteil von *D. rotundatus* ist auf die Nähe des Waldes zurückzuführen. Insgesamt dominieren im offenen und südwestlich exponierten Biotop die thermo- und subthermophilen Arten mit 61,1%, während der Anteil der Waldarten (38,9%) den Einfluß des benachbarten Waldes deutlich macht. Es ist anzunehmen, daß sich diese Coenose eines anthropogenen Morphotopes stabilisiert, da auf Grund des Abraumschuttes bodenbildende Prozesse nur langsam einsetzen werden.

3. Die *Nesovitrea hammonis-Euconulus fulvus-* Coenose des wärmeliebenden Kiefern-Laubmischwaldes bei Pfungstadt

Die hier dargestellten Ergebnisse fußen auf umfangreichen Aufsammlungen über einen längeren Zeitraum hinweg, die KARAFIAT (1970) bei seinen Untersuchungen an Bodenarthropoden durchgeführt hat. Die Auswertung der Gastropodenfunde wurde uns übertragen. Durch die gute pflanzensoziologische Bearbeitung der Flugsandgebiete, in denen die Probenentnahmen erfolgten, wird der Einfluß der Vegetation auf die Zusammensetzung der Gastropodencoenose deutlich. KARAFIAT (l.c.) hat bei seinen Untersuchungen eine modifizierte Aufnahmetechnik gewählt: die Probenquadrate hatten die Maße 0,5 x 0,5 m, in diesen wurde die Laubschicht und eine Bodenschicht bis zu 5 cm Tiefe ausgelesen (s. hierzu KARAFIAT l.c.). Je zehn solcher Probenquadrate wurden in den betreffenden Pflanzengesellschaften auf typische Flächen verteilt, je Bestand wurden mindestens drei aus zehn Probeflächen bestehende Aufnahmen ausgeführt.

Die Flugsandgebiete der Bergstraße bestehen aus älteren, pleistozänen Sanden, die im Holozän von jüngeren Sanden überlagert wurden. Die Bodenbildungsreihe beginnt hier mit den Humus-Carbonat-Böden (mit wärmeliebendem Kiefern-Laub-Mischwald bestanden) und endet mit mäßig podsolierten, völlig entkalkten Böden mit Heidekraut-Moos-Kiefernwald. Aus den ausgewerteten Daten wird hier ein Beispiel vorgestellt, weitere wurden von KLUMPP (1975) bearbeitet; Untersuchungsstellen mit gleichen Pflanzenformationen wurden dabei zusammengefaßt und nach der Ausbildung der Krautschicht unterschieden.

Für das nachfolgende Beispiel wurden die Ergebnisse von drei Sammelstellen zusammengefaßt: I Pfungstädter Düne/Nordhang; III Odenwald/Westhang an der alten Dieburger Straße und IV Odenwald/Westhang südlich von Malchen, jeweils mit und ohne ausgebildete Krautschicht. Für die Sammelstelle I Riedberg/Nordosthang wurden gut vergleichbare Ergebnisse aus dem gleichen Biotop ermittelt.

| *Quantitative Übersicht:* | Zahl der gesammelten Indi- |
| *(I, III, IV mit Krautschicht)* | viduen (insgesamt 979) |

1.	*Nesovitrea hammonis*	321
2.	*Vitrina pellucida*	232
3.	*Aegopinella pura*	141
4.	*Perforatella incarnata*	59
5.	*Vallonia costata*	48
6.	*Euconulus fulvus*	48
7.	*Aegopinella nitidula*	27
8.	*Helicodonta obvoluta*	19
9.	*Cochlicopa lubricella*	17
10.	*Acanthinula aculeata*	15
11.	*Punctum pygmaeum*	10
12.	*Vallonia pulchella*	8
13.	*Pupilla muscorum*	8
14.	*Columella edentula*	5
15.	*Daudebardia brevipes*	5
16.	*Cecilioides acicula*	4
17.	*Trichia hispida*	3
18.	*Iphigena plicatula*	2
19.	*Oxychilus cellarius*	2
20.	*Vertigo pusilla*	1
21.	*Zebrina detrita*	1
22.	*Euomphalia strigella*	1
23.	*Candidula unifasciata*	1
24.	*Cepaea hortensis*	1

(diese Angaben enthalten sowohl die Individuen der oberflächlichen Absammlung als auch die aus den Bodenproben; eine Auftrennung war nicht mehr möglich, es wurden 54 Proben ausgewertet).

Die dominanten Arten dieser Coenose sind *Nesovitrea hammonis* und *Vitrina pellucida*, bei den übrigen Arten liegt die Individuenzahl, mit Ausnahme der subdominanten *Aegopinella pura*, jeweils deutlich niedriger.

Konstanz

Eukonstante Arten (100-75%):
–

Konstante Arten (75-50%):
Nesovitrea hammonis, Aegopinella pura
Akzessorische Arten (50-25%):
Perforatella incarnata, Vitrina pellucida, Euconulus fulvus
Akzidentielle Arten (25-0%):
Aegopinella nitidula, Acanthinula aculeata, Helicodonta obvoluta, Cochlicopa lubricella, Vallonia costata, Punctum pygmaeum, Pupilla muscorum, Cecilioides acicula, Vallonia pulchella, Columella edentula, Daudebardia brevipes, Trichia hispida, Iphigena plicatula, Oxychilus cellarius, Vertigo pusilla, Zebrina detrita, Euomphalia strigella, Candidula unifasciata, Cepaea hortensis

Dominanz:

Dominante Arten (100-15%):
Nesovitrea hammonis, Vitrina pellucida
Subdominante Arten (15-6%):
Aegopinella pura
Rezedente Arten (6-1%):
Perforatella incarnata, Vallonia costata, Euconulus fulvus, Aegopinella nitidula, Helicodonta obvoluta, Cochlicopa lubricella, Acanthinula aculeata
Subrezedente Arten (1-0%):
Punctum pygmaeum, Vallonia pulchella, Pupilla muscorum, Columella edentula, Daudebardia brevipes, Cecilioides acicula, Trichia hispida, Iphigena plicatula, Oxychilus cellarius, Vertigo pusilla, Zebrina detrita, Euomphalia strigella, Candidula unifasciata, Cepaea hortensis

Zur Wertung und zum Vergleich werden die Ergebnisse aus den Biotopen ohne ausgebildete Krautschicht gegenüber gestellt:

Quantitative Übersicht: Zahl der gesammelten Indi-
(I, III, IV ohne Krautschicht) viduen (insgesamt 451)

1.	*Nesovitrea hammonis*	144
2.	*Aegopinella pura*	99
3.	*Vallonia costata*	52
4.	*Vitrina pellucida*	30
5.	*Euconulus fulvus*	25
6.	*Candidula unifasciata*	16
7.	*Cochlicopa lubricella*	14
8.	*Perforatella incarnata*	11
9.	*Helicodonta obvoluta*	10
10.	*Pupilla muscorum*	9
11.	*Aegopinella nitidula*	8
12.	*Vallonia pulchella*	6
13.	*Oxychilus cellarius*	6

Quantitative Übersicht (I, III, IV ohne Krautschicht)	Zahl der gesammelten Individuen (insgesamt 451)
14. Punctum pygmaeum	6
15. Acanthinula aculeata	4
16. Truncatellina cylindrica	2
17. Iphigena plicatula	2
18. Daudebardia brevipes	2
19. Eucobresia diaphana	2
20. Helicella itala	2
21. Ena obscura	1

(für die Angaben gilt das Gleiche wie für die Daten aus den Waldbeständen mit ausgebildeter Krautschicht; hier wurden 32 Proben ausgewertet).

Wie in den Biotopen mit Krautschicht dominiert *Nesovitrea hammonis*, an die zweite Stelle tritt jedoch *Aegopinella pura:*

Konstanz
Eukonstante Arten (100-75%):
—
Konstante Arten (75-50%):
—
Akzessorische Arten (50-25%):
Nesovitrea hammonis, Euconulus fulvus, Perforatella incarnata, Aegopinella pura
Akzidentielle Arten (25-0%):
Vitrina pellucida, Cochlicopa lubricella, Pupilla muscorum, Helicodonta obvoluta, Punctum pygmaeum, Aegopinella nitidula, Candidula unifasciata, Oxychilus cellarius, Truncatellina cylindrica, Iphigena plicatula, Daudebardia brevipes, Eucobresia diaphana, Acanthinula aculeata, Vallonia pulchella, Vallonia costata, Ena obscura, Helicella itala

Dominanz
Dominante Arten (100-15%):
Nesovitrea hammonis, Aegopinella pura
Subdominante Arten (15-6%):
Vallonia costata, Vitrina pellucida
Rezedente Arten (6-1%):
Euconulus fulvus, Candidula unifasciata, Cochlicopa lubricella, Perforatella incarnata, Helicodonta obvoluta, Pupilla muscorum, Aegopinella nitidula, Vallonia pulchella, Oxychilus cellarius, Punctum pygmaeum
Subrezedente Arten (1-0%):
Acanthinula aculeata, Truncatellina cylindrica, Iphigena plicatula, Daudebardia brevipes, Eucobresia diaphana, Helicella itala, Ena obscura

Der untersuchte wärmeliebende Kiefern-Laub-Mischwald (nach KNAPP l.c.: Dictamno-Sorbetum mogontiacense var. v. Peucedanum oreoselinum) stockt auf Humus-Karbonat-Boden mit $A_1 C$-Schichtung. Der A-Horizont ist etwa 25 cm mächtig, dunkelgrau, humos, stark durchwurzelt und geht gleitend in den C-Horizont (hellgrau) über. Wahrscheinlich handelt es sich hier um die Reste des wärmeliebenden Eichen-Kiefern-Mischwaldes (s. hierzu KARAFIAT 1970). Durch Nutzung und Raubbau wird die Sanddecke immer wieder frei gelegt, so daß es lokal zu Überwehungen kommt, die Veränderungen der Vegetation bedingen. So ist auch das Fehlen oder Vorhandensein der Krautschicht teilweise zu erklären.

Der leicht alkalische Boden dieses Waldes ist durchgehend kalkhaltig und bietet so für das Vorkommen von Gastropoden gute Voraussetzungen. In den Biotopen mit Krautschicht werden höhere Arten- und Individuenzahlen erreicht als in denen ohne Krautschicht, die ein leichtes Absinken der Artenzahlen und ein deutliches Absinken der Individuenzahlen ergaben:

	Biotop mit Krautschicht		*Biotop ohne Krautschicht*	
I, III, IV	Arten:	24	Arten:	21
	Individuen:	979	Individuen:	451
II (Riedberg)	Arten:	22	Arten:	20
	Individuen:	1.308	Individuen:	448

Auch bei der Umrechnung dieser Zahlenangaben auf die gleiche Anzahl von Sammelflächen bleiben die Unterschiede deutlich erhalten, bei geringfügig verringerter Artenzahl erreichen die Gastropoden in den Biotopen ohne Krautschicht kaum noch 50% der Individuenzahlen im Vergleich zu den Biotopen mit ausgebildeter Krautschicht. Dieser erhebliche Rückgang ist auf den Einfluß der hier fehlenden oder vorhandenen, das Mikroklima beeinflussenden Krautschicht zurückzuführen. Diese setzt die Insolation herab, spendet Schatten und erhöht die Feuchtigkeit und verbessert damit die Milieuverhältnisse für die Gastropoden. Bemerkenswert ist in diesem Zusammenhang, daß die Artenzahl nur geringfügig absinkt, dies bedarf einer weiteren Klärung.

Insgesamt überwiegen erwartungsgemäß die Waldarten; *Nesovitrea hammonis, Euconulus fulvus* und *Aegopinella pura* machen dabei etwa 60% der Individuen aus. Von den hygrophilen Arten ist nur *Vitrea cristallina* häufiger, während die xero- und thermophilen Arten nach Arten- und Individuenzahl nur schwach vertreten sind.

Für die beiden vorgestellten Beispiele von Gastropoden-Coenosen aus dem wärmeliebenden Kiefern-Laub-Mischwald bleibt festzuhalten, daß die Coenosen ganz deutlich von der Vegetation beeinflußt werden. Sie scheinen hier mit den Vegetationsformationen in etwa flächenmäßig übereinzustimmen und zeigen in Relation zur ausgebildeten oder fehlenden Krautschicht deutliche Differenzen beim Vergleich der mittleren Individuendichte: 29,8 gegenüber 15,7 (Krautschicht fehlend). Dies stimmt mit den Ergebnissen für die von KARAFIAT (l.c.) untersuchten Arthropodengruppen gut überein.

c. Die Bedeutung der tierökologischen Ergebnisse

Anhand der vorgelegten Beispiele wird deutlich, daß tierökologische Untersuchungen einen ähnlich hohen, wenn nicht höheren Zeitaufwand wie die Arbeiten innerhalb der topologischen Dimension erfordern, wenn befriedigende Ergebnisse erzielt werden sollen. Auf diesem Weg kann allerdings die zoologische Substanz gut erfaßt und in die landschaftsökologische Betrachtungsweise eingebracht werden; das heißt, tierökologische Ergebnisse ermöglichen eine adaequate Berücksichtigung des zoologischen Partialkomplexes. Für die Landgastropoden sind die mikroklimatischen Bedingungen von besonderer Bedeutung, sind sie doch in hohem Maße von der jeweils ausgebildeten Vegetation abhängig. Dies konnte mit den Beispielen aus dem Darmstädter Flugsandgebiet in Biotopen mit ausgebildeter und fehlender Krautschicht belegt werden. Über diese Abhängigkeit von der Vegetation erfolgt im topologischen Bereich eine Annäherung der Gastropodencoenose an die Areale von Pflanzenformationen, die wiederum eine mehr oder weniger direkte Beziehung zum Bodentyp wiederspiegeln (so auch im Darmstädter Flugsandgebiet), so kann es zur Übereinstimmung von Pedotop, Phytotop und Zootop (bezogen auf die Mollusken- Coenosen) kommen.

Neben dieser guten Verwertbarkeit der tierökologischen Daten für die ökologische Landschaftsforschung haben die Beispiele gezeigt, daß beide Wege, der über die Untersuchung einer einzelnen Art und der über die Untersuchung der Coenose, mit Erfolg begangen werden können. Allerdings bleibt die Bewertung der Wassermollusken problematisch, da diese nur als Bestandteil ihres Milieus zu werten sind. Das Beispiel *Bythinella d. compressa* hat jedoch für den Vogelsberg gezeigt, daß auch Wassermollusken, durch das jeweilige Gewässernetz bedingt, als Charaktertiere eines Gebietes aufgefaßt werden können.

V. ZUSAMMENFASSUNG

1. Um die Voraussetzungen für eine gleichwertige Berücksichtigung des zoologischen Partialkomplexes in der ökologischen Landschaftsforschung eher zu ermöglichen, wird der theoretische Überbau der klein- und großräumigen Arbeitsweise in der Geographie und in der Zoologie dargestellt. Besonderes Gewicht wird dabei auf die Gegenüberstellung der Begriffsapparate beider Disziplinen gelegt, um hier Mißverständnisse zu klären oder zu vermeiden, wenn Geographen und Zoologen am gleichen Standort miteinander Untersuchungen vor Ort durchführen. Zur Verdeutlichung von Terminologie und Dimensionen werden diese tabellarisch gefaßt, um den Zugang zur komplexen, interdisziplinären Materie zu erschließen. Dabei wurde das Augenmerk des Geographen besonders auf die Komplexität und die Vielgestaltigkeit des zoologischen Partialkomplexes gelenkt. Weiter werden der mögliche Anteil der Zoologie an der ökologischen Landschaftsforschung und ihr konkreter Beitrag erörtert.

2. Als systematische Gruppe werden aus der Zoologie die Weichtiere (Mollusken) gewählt. Ihre biogeographischen Daten werden für Hessen auf der Basis des UTM-Grids auf ihre Wertigkeit für die naturräumliche Gliederung untersucht. Dabei werden insgesamt 204 Land-, Wasserschnecken und Muscheln mit zusammen 18.504 Fundortangaben berücksichtigt. Dieses chorologische Datenmaterial wird durch kleinräumige ökologische Untersuchungen ergänzt. Die unterschiedliche Wertung aut- und synökologischer Ergebnisse wird diskutiert und die jeweils anzuwendende Untersuchungsmethodik angesprochen, wobei Wasser- und Landmollusken getrennt abgehandelt werden.

3. Bei der tiergeographischen Auswertung anhand der UTM-Gitternetz-Karten im Vergleich mit der Karte der naturräumlichen Gliederung wird die größere Bedeutung der Arten des fließenden Wassers gegenüber denen des stehenden Wassers deutlich. Stehende Gewässer spielen insgesamt gesehen im Untersuchungsgebiet keine Rolle, da mit Ausnahme des Edersees keine größeren vorhanden sind. Über den Edersee liegen nur wenige Angaben zur Molluskenfauna vor, so daß eine wertende Betrachtung unterbleiben muß. Die Arten der großen Fließgewässer treten über ihren Biotop — als dessen Bestandteile — in Erscheinung. Für die von diesen Gewässern durchflossenen naturräumlichen Einheiten ergeben sich so typische Artenkonstellationen. Weitere, kleinräumige Untersuchungen sollten hier zeigen, daß die Artenvergesellschaftungen zur Abgrenzung von Räumen Verwendung finden können. Einzelne Arten, so die Muschel *Unio tumidus*, prägen über ihre ökologischen Ansprüche, hier die Mindestgröße des Fließgewässers, das Artenbild

94

und die Coenosen, da sie in die kleiner werdenden und höher aufsteigende Bäche nicht mehr vordringen.

Die UTM-Gitternetz-Karten führen bei flächendeckender Bearbeitung zur genauen Kenntnis des Areals der Einzelarten, wie dies für *Bythinella dunkeri compressa* und die Flußperlmuschel *Margaritifera margaritifera* im Untersuchungsgebiet belegt werden konnte. Sie kristallisieren weiter die Verbreitungsgrenzen geographischer Rassen, so bei *Unio crassus*, heraus. Allgemein verbreitete Arten bleiben im Augenblick noch ohne übersehbare Wertigkeit für die naturräumliche Gliederung, da nicht für alle Fälle flächendeckende Kartierungen vorliegen.

Über die ökologischen Ansprüche einzelner Landschneckenarten lassen sich großräumig Übereinstimmung zwischen Verbreitung und Gunstklima oder bestimmten geologischen Formationen zumindest im Ansatz erkennen (*Pomatias elegans* = calciphil, *Eucobresia diaphana* = hygrophil seien als Beispiele erwähnt).

Einige Landschnecken lassen durch die UTM-Gitternetz-Karte im Untersuchungsgebiet ihre Verbreitungsgrenzen erkennen, so *Azeca menkeana, Clausilia pumila, Discus ruderatus* etc. Andere sind entlang tektonischer Brüche oder anderer geologischer Leitlinien verbreitet oder wandern hier ein (im Oberrheingraben beispielsweise *Monacha cartusiana* oder *Trichia villosa*). Schließlich fällt auf, daß Arten in ihrer Verbreitung auf die tieferen Lagen begrenzt sind und in den höheren Lagen der Mittelgebirge selten sind oder ganz fehlen (*Helix pomatia, Cepaea nemoralis* und *Cepaea hortensis*), ohne daß in den genannten Fällen ein Bezug zur naturräumlichen Gliederung evident wäre. Die zoogeographische Methode erscheint so bei den Mollusken nur ausnahmsweise für eine Ergänzung der naturräumlich abgegrenzten Einheiten geeignet zu sein.

4. Die kleinräumigen ökologischen Untersuchungen ergaben hingegen gute Ergebnisse und Ansätze für ihre Berücksichtigung im Rahmen der naturräumlichen Gliederung und auch in der topologischen Dimension.

Die flächendeckende Kartierung der Quellschnecke *Bythinella dunkeri compressa* — auf Grund der Kenntnis ihrer Ökologie — ergab eine höhen- und weitgehend vegetationsgebundene Verbreitung, obwohl die Art eine Wasserschnecke ist. Sie gilt als die Charakterart der Quellen und Quellbäche für die quellreiche naturräumliche Einheit des Hohen Vogelsberges und ist die typische Schnecke der Quellen des ursprünglichen Laubwaldes. Wahrscheinlich war sie früher sehr viel weiter verbreitet, als es uns die veränderten Waldgebiete des Vogelsberges heute widerspiegeln.

Die Flußperlmuschel charakterisiert, substratabhängig und verbreitungsgeschichtlich bedingt, zwei Bachabschnitte nach ihrem Eintritt in den Unteren Vogelsberg, soweit diese den Basalt durchfließen. Ihre Verbreitung endet dort abrupt, wo die Fließgewässer die Basaltformation verlassen und weiter durch den Buntsandstein abfließen.

Noch deutlicher und für topologische Einheiten typisch vermögen Landschnecken zu singulären Coenosen zusammenzutreten, die sonst in keinem anderen Naturraum vorkommen. Daß nicht alle Naturräume mit gleichem abiotischem

Inventar von ein und derselben Schneckenvergesellschaftung besiedelt werden, hat zum Teil verbreitungshistorische Ursachen, die in diesem Rahmen aber nicht im Detail diskutiert werden können. Anhand von einigen über mindestens eine Vegetationsperiode hin untersuchten Coenosen konnte deren weitgehende, flächenmäßige Übereinstimmung mit den jeweiligen Pflanzenformationen bzw. den Pedotopen belegt werden. So beschränkt sich die *Clausilia pumila-Azeca menkeana*-Coenose auf einen feuchtkühlen Bruchwald, der von Fichten- und Buchenmischwald umgeben ist, die Leitarten der Coenose treten dort nicht mehr auf.

Die *Helicella itala-Zebrina detrita*-Coenose am Weinberg bei Kressenbach erstreckt sich in etwa über diesen xerothermen Kalkhang mit südlicher Exponierung. Wir können hier von einem Morphotop sprechen, der von Trockenrasen (Festuco-Brometea) bestanden ist. Die Coenose ist typisch für Trockenhänge auf Kalkuntergrund. An einer Hecke strahlen an diesem Hang drei Waldarten ein, die jedoch nur geringe Individuenzahlen erreichen und sonst auf dem Hang nicht anzutreffen sind.

Noch deutlicher wirkte der Boden über Ausbildung oder Unterdrückung der Krautschicht auf die *Nesovitrea hammonis-Euconulus fulvus*-Coenose in den Darmstädter Flugsandgebieten ein. Langjährig gesammeltes Material ließ den Einfluß der Krautschicht deutlich erkennen: die Individuendichte derselben Coenose war in den Biotopen mit Krautschicht doppelt so hoch wie in denen ohne diese Schicht auf gleichen Böden. Die Artenzahl lag dagegen erstaunlicher Weise im zuletzt genannten Biotop nur geringfügig niedriger; warum dies so ist, konnte noch nicht geklärt werden.

VI. SUMMARY

The object of the ecological study of the landscape is to obtain a survey of the landscape as a whole (ALEXANDER von HUMBOLDT: 'Charakter einer Erd-gegend'[1], cf. SCHMITHÜSEN 1976). In pursuing this aim in the aggregate it avails itself both of the **elemenatary analysis** and the **complex analysis** (NEEF 1965). The method used by the expert can either be deductive or inductive, depending on his views and state of knowledge. This method-conditioned difference is re-flected by the two divergent concepts of the 'division of natural regions' (in the BRD; see SCHMITHÜSEN 1943, 1947, 1948 and later; MÜLLER-MINY 1958, 1962; BÜRGENER 1949; LAUTENSACH 1938, 1952 and others) and the divi-sion into 'nature-conditioned landscapes' (in the DDR; SCHULTZE 1955; SCHULTZE et al. 1955). These two concepts, however, represent programmes which complement each other rather than forming a contrast. They are both being continued today in the works on the 'arrangement of natural regions' (see RICH-TER 1967 and others), to be precise its detailed study with the adequate analyti-cal methods in the smallest, i.e. the topological dimension.

The methods of field and laboratory analysis as developed so far enable data to be ascertained of the smallest units, the **topes** (partial complexes). These fall into the two groups of the smallest partial units characterized by the geofactors of the vital and inorganic category respectively; depending on the respective character-izing geofactors, the smallest partial units are called **zoo-, phyto-, morpho-, pedo-, climatic** or **hydrotopes**. They can be defined on unstable or stable features or on the 'ecological variance' as a whole (NEEF 1963). The data obtained for the different topes permit their characterizing and stock-taking and lead to the separa-tion of types. In the field of the inorganic (abiotic) category, the synthesis of the results thus obtained in smallest areas leads to the **physiotope**. It is the central concept of the 'Complex Physical Geography' and has been defined by NEEF, SCHMIDT & LAUCKNER (1961) as follows: '... The physiotope is the representa-tion of the basic unit of the ecological landscape by means of the relatively stable abiotic elements and components which, by law of nature, are correlated to each other and are showing similar qualities on the grounds of the development which has hitherto taken place. It, therefore, shows definable forms of recycling which determine its ecological importance (ecological potential). As a homogeneous basic unit it can be represented as a type as well as a range unit ...'. Its biotic equivalent is the sum of the geofactors of the vital category which represents the

---

[1]   'Nature of a region of the earth'.

cover as flora and fauna. Looked upon in the aggregate, the **ecotope**, therefore, implies the integration of all partial topes (complexes; figs. 1, 4; tables 1-4). The data obtained from analytic field and laboratory methods render the abiotic characterizing and stock-taking possible, whereas the data for the biotic inventory have to be supplied by the biosciences. In a **holographic** consideration (fig. 3), the synthesis of the biota and abiota also reflects the ecosystem, beyond the ecotope. In conclusion, it should be mentioned that studies in the BRD with the aid of the deductive division of natural regions have been brought to the very conclusion which could be reached within the framework of this working programme. Subsequent results can only be obtained inductively within the topological dimension (CZAJKA 1965, KLINK 1964, 1966a and later, and others). The procedures and methods are identical with those applied in the arrangement of natural regions (HAASE 1964, RICHTER 1967 and others). Owing to their indicator properties, the biota play a particular role in the ecological study of landscapes. In spite of their close connections with the study of landscape since ALEXANDER von HUMBOLDT it has for the most part only been the flora that was considered. HAASE (1967) pointed out that the analysis of both flora and fauna (especially the edaphon) gives an important insight into the effective structure of the geocomplex, that, however '... the appreciation of the fauna and its close connections with the geocomplex is still in its early stages ...' and, further, that '... investigations must be restricted to the sedentary smallest living organisms in order to supply close correlations between the environment and the organisms and zoocoenosis respectively. In this vast field, there is still a rich harvest to be gathered also with regard to the analysis of landscape ecology...'. KLINK (1966), too, emphasized this lack of an adequate consideration of the zoological partial complex, demanding its consideration for a judgement of the interdependence of causes and effects within the geocomplex (**functionally**: ecosystem). Direct contributions by zoology to the ecological study of landscapes have so far only been made in some few approaches (MERTENS 1961; KOEPCKE 1961; MÖRZER BRUIJNS, VAN REGTEREN ALTENA & BUTOT 1959; ANT 1971; DRECHSEL 1973 and JUNGBLUTH 1975), a fact which must be explained by the great variety of forms and their intricate connections with the rest of the animate (vegetation) and inanimate complex. Often, an important obstacle to properly considering the fauna must be seen in the lacking knowledge of the 'ecological valency' (HESSE 1924) of the objects whose vagility entails further methodical problems. Thus, a multiple approach appears to be called for in the drift: for the deductive approach biogeographical (chorological) methods are available, and for the inductive approach, there are those of zoo-ecology. Only a comprehensive appreciation of both partial aspects, however, will permit an equal and adequate consideration of the zoological potential in the ecology of landscapes. In Czechoslovakia, this led to the introduction of a branch of its own, the biology of landscapes, which according to RUŽIČKA (1967) 'as a branch of science' deals 'with the vital manifestations of the landscape and the processes taking place in the landscape and, especially, its biological component ...'.

The present contributions to the study of the ecology of landscapes are based on many years' biogeographical and ecological studies of the molluscs in Hesse. The collections in museums and of private collectors as well as verifiable data from literature enabled the gathering of a comprehensive data material (nearly 19.000 locality data) for the biogeographical part. In order to represent the current state of survey, these data have been separated as to origin and time and marked down on grid maps with different symbols, the 10-km-square being the basic unit used. The chosen type of representation enables both a qualitative and a quantitative survey of the distribution of the species; furthermore, the data can be electronically processed without difficulty. The chosen square size enables the distribution data to be checked within the framework of the division of natural landscapes on the fourth and fifth level of arrangement (table 1). — The data on the ecology of molluscs have to be compiled aut- or synecologically with respective methods, in which case water and land biotopes have to be separated. In this context, the methods for the study of mollusc associations dates back to ÖKLAND (1929, 1930), but has since then approached that of plant sociology, as shown by the works of MÖRZER BRUIJNS (1950), HÄSSLEIN (1960, 1966), SCHMID (1966) or ANT (1968, 1969). So far, hardly any synecological mapping has been carried through in zoology (SCHMÖLZER 1953), and the problem of conformity of floristic and faunistic coenoses is another question calling for closer attention in the future. Collecting, examining the material and the evaluation of literature entries resulted in the proof and mapping of the ranges of a total of 204 mollusc species in the area of Hesse. The fact that neither all species nor all established distribution patterns are suitable for supplying a useful contribution to the ecological study of the landscape, calls for no further explanation. For the sake of completeness, it should be remarked that species of unclarified systematic status cannot be considered either. Likewise, isolated occurrences can not always be considered as indicators, as long as a **small-range survey** truly **covering the area** is lacking or as long as our knowledge of species ranges is fragmentary. Finally, species whose migrations and range expansions can be presently observed and which occur either naturally or have been exposed or introduced by man — which could survive in more or less great populations over prolonged periods of time (such as *Delima itala f. brauni* at the Heidelberg Castle and near Weinheim/Bergstraße since the first half of the 19th century) — might be of particular zoo-ecological interest, yet their importance for the ecological study of landscapes must always be examined in detail. In present cases, such cases normally proved to have little power of evidence, whereby aquatic molluscs take an exceptional position in that their possibilities of expansion are determined by the water systems. Last not least, generally distributed species might, by their presence or absence, well help to characterize and complete the whole inventory of occurring species in a comparative study of two natural regions, but they can only be of exceptional importance in illustrating the contrast between these regions.

Zoogeographical results

Aquatic molluscs are primarily adapted to the movement of their environment: the rheophile species which prefer the fast flowing waters are opposed by those living in the slowly running and stagnant waters. Furthermore, the size of the water habitats is of importance. Through their autozoic dimension, aquatic molluscs are elements of the natural region in which a respective water habitat exists. Thus, as characteristic partial faunal components they reflect similar ecious dimensions (environment conditions) and also become ecological indicators which point to specific qualities of the area, in this case the biological conditions prevailing in the water habitats. In the area under investigation, quite a large number of rheophile species live only in those types of natural regions through which larger running waters flow (e.g. *Theodoxus fluviatilis, Viviparus viviparus*). Other species are confined to the dead channels of these rivers (*Viviparus contectus, Valvata pulchella, Aplexa hypnorum* and others). Another group of species shows distribution patterns which, even though following the rivers and streams of Rhine, Fulda, Lahn, Main and Neckar, are diffusely distributed beyond the immediate drainage areas of these water systems (*Bithynia tentaculata, Lymnaea stagnalis, Bathyomphalus contortus, Gyraulus acronicus, Planorbarius corneus* and others). The two following species *Bithynia leachii* and *Galba glabra* contrast strongly with the aforementioned distribution pattern. While being evenly spread, both species are restricted to a small number of specific natural regions of the Rhine-Main lowlands, connecting again with the over-all range outside Hesse only. As for the immigrated Pontic species (*Lithoglyphus naticoides, Potamopyrgus jenkinsi*) it is worth mentioning that they migrated upwards along the great streams, normally avoiding smaller running waters. Thus, *P. jenkinsi* is missing in the river Fulda and *L. naticoides* in the rivers Weser and Fulda/Werra. The distribution of the species *Bythinella dunkeri, Unio crassus* and *Margaritifera margaritifera* within the species ranges could be cleared up more precisely, which also goes for *Unio tumidus* on a small-range level. In the specific natural regions of the Vogelsberg the spring snail *B. dunkeri* is characteristic of the Hohe Vogelsberg with its subspecies *B.d. compressa* (fig. 31); it is there the characterizing species of the springs and sources. The river-mussel *Unio crassus* goes upward the brooks as far as to the upper parts of the Uplands; its northern and Rhine races subdivide the specific natural regions of the Vogelsberg, where their distribution ranges are limited by the water-sheds of the Weser and Rhine. In this context it is worth mentioning that, obviously, *Unio tumidus* is limited in its vertical distribution by the size of the populated water habitats (figs. 22, 23). It does not go as far upwards in the running waters as do the *crassus*-species and is, thus, restricted to the large rivers with their immediate tributary creeks. As for *M. margaritifera*, a similar distribution pattern could be mapped in close connection with the substratum. In the Vogelsberg area for instance, this mussel inhabits two brooks in the specific natural region of the Untere Vogelsberg just as far as those brooks are flowing through the basalt. Its occurrence in the running water system comes to

100

an end at the site where the basalt enters the formation of variegated sandstone. As for the terrestrial snails, humidity, temperature and the properties of the substratum are factors which limit their distribution. Thus, in the case of calciphile species for instance (*Zebrina detrita, Pomatias elegans*), a strong correspondence of their distribution with the respective plant associations and, through the latter, with the corresponding soil types (pedotopes) can be observed. The chorological results in the case of hygrophile, southern and eastern species as well as species with a restricted vertical distribution show similar correspondences with specific natural regions, at least on a rudimentary level. In a comparison with the natural regions, the zoogeographical examples illustrate very clearly the problems of an adequate consideration of the zoological component in the ecological study of landscapes. In spite of the fact that a relatively well studied animal group had been chosen and that, certainly, thorough collecting had been done in the area under investigation, only a few number of examples appear to be usable for the general characterization of a region with regard to the ecology of landscapes. In the individual case, a mapping covering the whole area must be postulated, a demand which could so far only be satisfied in exceptional cases in view of the great amount of work involved. Furthermore, the available data material must be scrupulously checked systematically and otherwise; this may lead to a considerable reduction of the data which then partly do not longer fulfil the demands for a reasonable integration.

Zooecological results

At this point again, aquatic and terrestrial molluscs call for a separate discussion in view of their different ecological demands and the varying degree in which the abiotic factors become effective. Since, so far, only some few species can be considered well studied ecologically, we shall confine ourselves at this point to a few examples from our own investigations. Basically, two methods are available: either the study of the range of a species or that of a coenosis. From the aquatic molluscs, one snail and one mussel have been chosen as examples. The spring snail *Bythinella dunkeri compressa* has been investigated during several years with regard to its distribution and ecology in the specific natural regions of the Vogelsberg. It can, at the same time, be presented as an instance of a species mapping that covers the whole area (figs. 14, 29, 31) passing beyond the limit between the topological and the chorological dimensions (fig. 21). From the mapping it results that this snail is mainly distributed in the springs of the specific natural region of the Hohe Vogelsberg (fig. 31) and here again especially in the original deciduous forest. In accordance with its ecological demands, this species hardly passes beyond the spring area into the upper course of the brooks. Here, its distribution is limited by the temperature amplitude, an observation which is well in line with the vertical distribution in the area under investigation. The 500-m-isohypse appeared here to be an **isobiological line** (JAKUBSKI 1926). Below this line only some few populations were found in the adjacent area towards the Rhön. *Bythi-*

nella dunkeri compressa is considered as the characterizing animal of the springs in the area of the Hohe Vogelsberg. For ecological reasons and reasons of vegetation history it is now restricted to the springs of this specific natural region. – As mentioned above, the distribution of *Margaritifera margaritifera* in the Untere Vogelsberg was found to be bound up with the substratum. Here, the mussel characterizes the coenosis of the fast running brooks of the Uplands, reaching a high degree of steadiness (HÄSSLEIN 1966: nearly 100% in the brooks of the Bayerische Wald). The limit between its distribution range and the upper parts of the Vogelsberg is marked by the upper forest limit of the Hohe Vogelsberg.

As for the terrestrial snails, they appear to be a zoological component well suited for consideration in the ecology of landscapes on the grounds of the connection of their coenoses with the vegetation formations. However, only some few studies on the problem of correspondence between snail and plant coenoses have so far been undertaken (MÖRZER BRUIJNS 1950; HÄSSLEIN 1960, 1966; ANT 1968, 1969). In the Vogelsberg and the Odenwald, several snail coenoses and their influencing abiotic factors have been investigated each during one vegetation period. As characterizing forms, *Clausilia pumila* and *Azeca menkeana* are significant of the snail coenosis of a humid-cool bog forest on pseudogley in the northern Hohe Vogelsberg, which, in contrast to a herb layer of a high degree of coverage, showed only a weakly developed shrub layer. The size of this coenosis corresponds roughly to that of the bog forest which as a phytotope contrasted strongly with the surrounding vegetation not growing on the pseudogley. The *Cl. pumila-A. menkeana* coenosis identified in this place indicates its high demand of humidity by the occurrence of slugs and Vitrinidae (totalling 25% of the species inventory). The *Helicella itala-Zebrina detrita* coenosis of a calcareous slope in the southern Vogelsberg area can be regarded as the xerothermic opposite of the former coenosis. Owing to its homogeneous morphographic features, the 'Weinberg' near Kressenbach can be considered as a morphotope showing two different plant associations. The largest part of the south-exposed slope is covered by mesobrometum, laterally followed by a shrubbery rich in Rosaceae and hazel. Here, four forest species were found to live, whereas otherwise only thermophile and subthermophile species occurred. Of the forest species, *Cochlodina laminata* and *Laciniaria biplicata* occurred sporadically also on the open surface of the mesobrometum, where they appear to survive in shady habitats or regenerate their population from the shrubbery area. In contrast to this, the characterizing species of the coenosis, *H. itala* and *Z. detrita*, do not inhabit the bushy strip. The snail coenosis and the vegetation formation show strong accordance with regard to their close connection with the south-exposed calcareous slope. Similar results were obtained from the study of a coenosis of the Arrhenatherion on a slope of the southern West-Odenwald. There remains to be mentioned the study of a *Nesovitrea hammonis-Euconulus fulvus* coenosis in a thermophile pine and mixed-deciduous forest near Pfungstadt. Here, the clearly varying influence of the microclimate could be demonstrated on survey plots with and without a herb layer. Through the decreased insolation and, hence, the increased humidity, the herb

102

layer improved the environment conditions for the snail association quite considerably. It was a remarkable observation that in the populations without a herb layer, the number of species decreased only slightly, whereas the number of individuals dropped considerably. This result corroborates those obtained from the study of arthropods (KARAFIAT 1970).

The described examples clearly demonstrate the great amount of work required for obtaining ecological results within the topological dimension. By this way, however, the zoological component can be well registered and included in the study of the ecology of landscapes. The zoo-ecological results seem to permit the adequate consideration of the zoological partial complex. With that, both methods, i.e. the study and survey of the signs and expressions of living of an individual species as well as those of the coenosis, are practicable and necessary in that they are complementary one to the other. However, for the time being, the valuation of aquatic molluscs remains problematic, since they come to view and must be appraised only as constituents of their environment.

VII. LITERATURVERZEICHNIS

1. Kartennachweis

1. Topographische Karten (U.T.M.-Projektionen)

a. TK   1: 50.000   Serie M 745; Ausgaben 1 – bis 3 – DMG
                            Blätter: L 4322
                                        L 4516 – 4524
                                        L 4716 – 4726
                                        L 4916 – 4926
                                        L 5114 – 5126
                                        L 5314 – 5326
                                        L 5512 – 5526
                                        L 5712 – 5724
                                        L 5912 – 5922
                                        L 6112 – 6120
                                        L 6316 – 6320
                                        L 6516 – 6520

b. TK   1: 200.000   Deutscher Generalatlas; Mairs Geographischer Verlag Stuttgart, 1974

c. TK   1: 250.000   Serie 1501; Ausgaben 1 – bis 2 – DMG
                            Blätter: NM 32/1 – 32/9

d. TK   1: 500.000   Serie M 444; Ausgabe 4 – DMG
                            Blätter 7 und 9

2. Thematische Karten

a. Übersicht des Reliefs von Hessen. In: Klimaatlas von Hessen. – Deutscher Wetterdienst in der US-Zone; Bad Kissingen 1949/50. Karte 1, Maßstab 1:1.000.000.

b. Die Klimabezirke von Hessen. In: Klimaatlas von Hessen. – Deutscher Wetterdienst in der US-Zone; Bad Kissingen 1949/50. Karte 75, Maßstab 1:1.000.000.

c. Der mittlere Jahresniederschlag in Hessen. Beobachtungszeitraum 1891-1930. In: E. SCHÖNHALS (1954): Die Böden Hessens und ihre Nutzung. – Abh. hess. L.-Amt Bodenforsch. 2: 1-288. Tafel 11, Maßstab 1:1.000.000.

d. Die Waldverbreitung in Hessen. In: E. SCHÖNHALS (1954) Die Böden Hessens und ihre Nutzung. – Abh. hess. L.-Amt Bodenforsch. 2: 1-288. Tafel 14, Maßstab 1:1.000.000.

e. Karte der naturräumlichen Gliederung Deutschlands. – Hrsg. E. MEYNEN & J. SCHMIT-HÜSEN et al.; Remagen 1960, Maßstab 1:1.000.000.

2. Literatur

ANONYMUS (1903): Mollusca, Weichtiere. – In: Die Residenzstadt Cassel am Anfang des 20. Jhs., Festschr. 75. Vers. dt. Naturf. Ärzte Cassel p. 224-229.

ANT, H. (1963): Faunistische, ökologische und tiergeographische Untersuchungen zur Verbreitung der Landschnecken Nordwestdeutschlands. – Abh. Landesmus. Naturk. Münster *25* (1), 125 S.

ANT, H. (1968): Quantitative Untersuchungen der Landschneckenfauna in einigen nordwest-deutschen Pflanzengesellschaften. – Int. Symp. Pflanzensoziol. Stolzenau/Weser *1963*: 141-150.

ANT, H. (1969): Die malakologische Gliederung einiger Buchenwaldtypen in Nordwest-deutschland. – *Vegetatio 18*: 374-386.

ANT, H. (1971): Coleoptera Westfalica. – *Abh. Landesmus. Naturk. Münster 33* (2), 64 S.

ANT, H. (1973): Erfassung der Europäischen Wirbellosen. Kartierungsanweisungen, (zusammengest. v. J. HEATH, deutsche Bearb. v. H. ANT), Hamm, 23 S.

BACMEISTER, A. (1942): Beiträge zum allgemeinen ökologischen Begriffsapparat. – *Biol. gen. 16*: 476-492.

BRÖMME, CHR. (1890): *Lithoglyphus naticoides* am Rhein. – *Nachr. Bl. dt. malak. Ges. 22*: 142.

BÜRGENER, M. (1949): Zur geographischen Landesaufnahme Deutschlands. Naturräumliche Gliederung. – *Geogr. Taschenb. 1949*: 121-128.

BÜRGENER, M. (1953): Zur naturgeographischen Gliederung Nordostmitteleuropas. – *Ber. dt. Landesk. 12*: 224-233.

BÜRGENER, M. Die naturräumlichen Einheiten auf Blatt 111 Arolsen. Bad Godesberg.

BÜRGENER, M. (1967): Die geographische Landesaufnahme 1:200.000 – Naturräumliche Gliederung Deutschlands – Stand des Werkes. – *Ber. dt. Landesk. 39*: 132-137.

BÜRGENER, M. (1969): Die naturräumlichen Einheiten auf Blatt 110 Arnsberg. Bad Godesberg.

CASPERS, H. (1950): Der Biozönose- und Biotopbegriff vom Blickpunkt der marinen und limnischen Synökologie. – *Biol. Zentralbl. 69*: 43-63.

CZAJKA, W. (1965): Aufnahme der naturräumlichen Gliederung. – Method. Hdb. Heimatforsch. Niedersachs. *Hildesheim 1*: 182-195.

DAHL, F. (1921): Grundlagen einer ökologischen Tiergeographie. 2 Bde. Jena.

DIERSCHKE, H. (1969): Die naturräumliche Gliederung der Verdener Geest. (Landschaftsökologische Untersuchungen im norddeutschen Altmoränengebiet). – *Forsch. dt. Landesk. 177*, 113 S.

DRECHSEL, U. (1973): Faunistik der hessischen Koleopteren. Erster Beitrag. – *Mitt. int. ent. Ver. Frankfurt 2* (5): 57-71.

DRECHSEL, U. (1973a): Faunistik und Systematik der hessischen Heteroceridae. Zweiter Beitrag zur Faunistik der hessischen Coleopteren. – *Ent. Z. 83*: 177-184.

EHRMANN, P. (1933): Mollusca. – Die Tierwelt Mitteleuropas II (1), 264 S. (Nachdruck 1956) Leipzig.

ELLENBERG, H. (1950/54): Landwirtschaftliche Pflanzensoziologie. 3 Bde. Stuttgart.

ELLENBERG, H. (1973): Die Ökosysteme der Erde. Versuch einer Klassifikation der Ökosysteme nach funktionalen Gesichtspunkten. – In: Okosystemforschung, Hrsg. H. ELLENBERG, Heidelberg p. 235-265.

ELTON, CH. (1927): Animal Ecology. London.

FINKE, L. (1972): Die Bedeutung des Faktors „Humusform" für die Landschaftsökologische Kartierung. – Biogeographica *1*: 183-192.

FISCHER, B. (1972): Die Gastropodengesellschaft eines xerothermen Kalkhanges im südlichen Vogelsberg. Staatsexamensarbeit Giessen.

FISCHER, H. (1972): Die naturräumlichen Einheiten auf Blatt 124 Siegen. Bonn – Bad Godesberg.

FORCART, L. (1966): Alpine und nordische Arten der Gattung *Lehmannia* HEYNEMANN (Limacidae). – *Arch. Moll. 95*: 225-236.

FRANZ, H. (1950): Bodenzoologie als Grundlage der Bodenpflege. Mit besonderer Berücksichtigung der Bodenfauna in den Ostalpen und im Donaubecken. Berlin.

FRANZ, H. (1975): Die Bodenfauna der Erde in biozönotischer Betrachtung. – *Erdwiss. Forsch. 10*, 2 Bde. Wiesbaden.

FRIEDERICHS, K. (1930): Gedanken zur Biozönologie, insbesondere über die soziale Frage im Tierreich. – *Sitzber. Abh. Naturf. Ges. Rostock* III/2 (1927-29): 47-57.

FRIEDERICHS, K. (1943): Über den Begriff „Umwelt" in der Biologie. – *Acta biotheoretica Sér. A* 7: 148-162.

FRIEDERICHS, K. (1957): Der Gegenstand der Ökologie. – Stud. Gen. *10*: 112-144.

GRANÖ, J.G. (1952): Régions Géographiques et une méthode pour les deslimiter. – Compt. Rend. Congr. int. Géogr. Lisbonne, *XVIe, 1949*: 322-331.

GÜNTHER, K. (1949): Über Evolutionsfaktoren und die Bedeutung des Begriffs „ökologische Lizenz" für die Erklärung von Formenerscheinungen im Tierreich. In: Ornithologie als biologische Wissenschaft. Festschr. E. STRESEMANN, Heidelberg p. 23-54.

GÜNTHER, K. (1950): Ökologische und funktionelle Anmerkungen zur Frage des Nahrungserwerbs bei Tiefseefischen, mit einem Exkurs über die ökologischen Zonen und Nischen. In: Moderne Biologie. Festschr. NACHTSHEIM, Berlin p. 55-93.

HAASE, G. (1961): Hanggestaltung und ökologische Differenzierung nach dem Catena-Prinzip. – *Peterm. Geogr. Mitt. 105*: 1-8.

HAASE, G. (1964): Landschaftsökologische Detailuntersuchung und naturräumliche Gliederung. – *Peterm. Geogr. Mitt. 108*: 8-30.

HAASE, G. (1967): Zur Methodik großmaßstäbiger landschaftsökologischer und naturräumlicher Erkundung. – *Wiss. Abh. Geogr. Ges. DDR* 5: 35-128.

HAECKEL, E. (1870): Über Entwicklungsgang und Aufgabe der Zoologie. – *Jen. Z. med. Naturwiss.* 5: 353-370.

HÄSSLEIN, L. (1948): Molluskengesellschaften alpiner Rasen im Allgäu. – *Ber. naturf. Ges. Augsburg 1*: 100-111.

HÄSSLEIN, L. (1956): Mollusken und Molluskengesellschaften der Gewässer des Nördlinger Rieses. – *Jh. Ver. Naturk. Württ. 111*: 174-199.

HÄSSLEIN, L. (1960): Weichtierfauna der Landschaften an der Pegnitz. Ein Beitrag zur Ökologie und Soziologie niederer Tiere. – *Abh. naturh. Ges. Nürnberg 29* (2), 148 S.

HÄSSLEIN, L. (1966): Die Molluskengesellschaften des Bayerischen Waldes und des anliegenden Donautales. – *Ber. naturf. Ges. Augsburg 110*: 117 S.

HAGEN, B. (1952): Die bestimmenden Umweltsbedingungen für die Weichtierwelt eines süddeutschen Flußufer-Kiefernwaldes. – Veröff. zool. Staatssamml. München 2: 161-276.

HEATH, J. (1971): The European Invertebrate Survey. – *Acta Ent. fenn.* 28: 27-29.

HEATH, J. (1971a): The Biological Records Centre a data centre. – *Biol. J. Linn. Soc.* 3: 237-243.

HEATH, J. & J. LECLERCQ (1970): Erfassung der europäischen Wirbellosen. – *Ent. Z. 80*: 195-196.

HEMMEN, J. (1973): Die Mollusken-Fauna der Rheininsel Kühkopf. – *Jb. nassau. Ver. Naturk. 102*: 175-207.

HERRMANN, R. (1965): Vergleichende Hydrogeographie des Taunus und seiner südlichen und südöstlichen Randgebiete. – *Giessener Geogr. Schr. 5*, 152 S.

HERZ, K. (1968): Großmaßstäbliche und kleinmaßstäbliche Landschaftsanalyse im Spiegel eines Modells. – Landschaftsforsch. Beitr. Theorie u. Anwendung. NEEF-Festschr., Erg. H. *Peterm. Geogr. Mittel 271*: 49-56.

HESSE, R. (1924): Tiergeographie auf ökologischer Grundlage. Jena.

HEUSS, K. (1966): Beitrag zur Fauna der Werra, einem salinaren Binnengewässer. – *Gewäss. Abwäss. 43*: 48-64.

HEYDEMANN, B. (1956): Die Frage der topographischen Übereinstimmung des Lebensraumes von Pflanzen- und Tiergesellschaften. – *Verh. dt. zool. Ges. 1955*: 444-452.

HÖVERMANN, J. (1963): Die naturräumlichen Einheiten auf Blatt 99 Göttingen. Bad Godesberg.

HUBRICH, H. (1965): Mikrochoren in Nordwest-Sachsen. Ein Beitrag zur regional-geographischen Forschung. – Leipziger Geogr. Beitr. (Festschr. E. LEHMANN zum 60. Geburtstag) *1965*: 93-100.

HUTTENLOCHER, F. (1949): Die naturräumliche Gliederung. – *Geogr. Rdsch. 1*: 41-46.

ILLIES, J. (1967): Limnofauna Europaea. Stuttgart.

ILLIES, J. & L. BOTOSANEANU (1963): Problèmes et méthodes de la classification et la zonation écologique des eaux courantes considérées surtout du point de vue faunistique. – *Mitt. int. Verein. Limnol. 12*: 57 S.

JAECKEL, S.G.A. (1962): Ergänzungen und Berichtigungen zum rezenten und quartären Vorkommen der mitteleuropäischen Mollusken. In: BROHMER, EHRMANN & ULMER, Die Tierwelt Mitteleuropas 2 (1), Ergänzungen, p. 25-294.

JAKUBSKI, A. (1926): New methods and tendencies in zoogeographical cartography. – *Trav. Inst. géogr. Univ. Cracovie 8*: 1-27 (poln., engl. summary).

JUNGBLUTH, J.H. (1971): Die systematische Stellung von *Bythinella compressa montisavium* HAAS und *Bythinella compressa* (FRAUENFELD). (Mollusca: Prosobranchia: Hydrobiidae). – *Arch. Moll. 101*: 215-235.

JUNGBLUTH, J.H. (1972): Die Verbreitung und Ökologie des Rassenkreises *Bythinella dunkeri* (FRAUENFELD, 1856). (Mollusca: Prosobranchia). – *Arch. Hydrobiol. 70*: 230-273.

JUNGBLUTH, J.H. (1973): Revision, Faunistik und Zoogeographie der Mollusken von Giessen und dessen Umgebung. – *Jb. nassau. Ver. Naturk. 102*: 73-126.

JUNGBLUTH, J.H. (1975): Die Molluskenfauna des Vogelsberges unter besonderer Berücksichtigung biogeographischer Aspekte. – Biogeographica 5: VIII, 1-138.

JUNGBLUTH, J.H. (1976): Der zoologische Partialkomplex in der ökologischen Landschaftsforschung: malakozoologische Beiträge zur Naturräumlichen Gliederung. – Dissertation Saarbrücken, 134 S.

KARAFIAT, H. (1970): Die Tiergemeinschaften in den oberen Bodenschichten schutzwürdiger Pflanzengesellschaften des Darmstädter Flugsandgebietes. – *Schr. R. Inst. Naturschutz Darmstadt 9* (4), 128 S.

KILIAN, E.F. (1951): Untersuchungen zur Biologie von *Pomatias elegans* (MÜLLER) und ihrer „Konkrementdrüse". – *Arch. Moll. 80*: 1-15.

KINZELBACH, R. (1972): Einschleppung und Einwanderung von Wirbellosen in Ober- und Mittelrhein. – *Mz. naturw. Arch. 11*: 109-150.

KLAUSING, O. (1967): Die naturräumlichen Einheiten auf Blatt 151 Darmstadt. Bad Godesberg.

KLAUSING, O. (1974): Die Naturräume Hessens mit einer Karte der naturräumlichen Gliederung im Maßstab 1:200.000. – Hess. Landesamt Umwelt, Wiesbaden.

KLEMM, W. (1974): Die Verbreitung der rezenten Land-Gehäuseschnecken in Österreich. – Denkschr. österr. *Akad. Wiss. math. nat. Kl. 117*, 503 S. (Suppl. 1 Cat. Faunae Austriae).

Klimaatlas von Hessen. Deutscher Wetterdienst i.d. US-Zone. Bad Kissingen 1949/50.

KLINK, H.-J. (1964): Landschaftsökologische Studien im südniedersächsischen Bergland. – *Erdkunde 18*: 267-284.

KLINK, H.-J. (1966): Naturräumliche Gliederung des Ith-Hils-Berglandes. Art und Anordnung der Physiotope. – *Forsch. dt. Landesk. 159*, 257 S.

KLINK, H.-J. (1966a): Die naturräumlichen Einheiten auf Blatt 112 Kassel. Bonn – Bad Godesberg.

KLINK, H.-J. (1967): Die naturräumliche Gliederung als ein Forschungsgegenstand der Landeskunde. In: Inst. f. Landesk., 25 Jahre Amtl. Landesk., Bad Godesberg *1967*: 195-219.

KLINK, H.-J. (1969): Das naturräumliche Gefüge des Ith-Hils-Berglandes. Begleittext zu den Karten. – *Forsch. dt. Landesk. 187*, 57 S.

KLINK, H.-J. (1972): Geoökologie und naturräumliche Gliederung – Grundlagen der Umweltforschung. – *Geogr. Rdsch. 1972*: 7-19.

KLINK, H.-J. (1975): Geoökologie – Zielsetzung, Methoden und Beispiele. – Verh. Ges. Ökologie Erlangen *1974*: 211-223.

KLUMPP, G. (1975): Gastropodengesellschaften des Darmstädter Flugsandgebietes. Staatsexamensarbeit Heidelberg.

KNAPP, R. (1948): Einführung in die Pflanzensoziologie. Stuttgart.

KNAPP, R. (1958): Pflanzengesellschaften des Vogelsberges unter besonderer Berücksichtigung des Naturschutzparkes „Hoher Vogelsberg". – *Schr. R. Inst. Naturschutz Darmstadt 4* (3): 161-220.

KNAPP, R. (1971): Einführung in die Pflanzensoziologie. 3. Aufl., Stuttgart.

KOEBERLIN, W. (1976): Die Gastropodenfauna eines xerothermen Hanges und ihre Abhängigkeit von den ökologischen Faktoren ihrer Umgebung. Staatsexamensarbeit Heidelberg.

KOEPCKE, H.-W. (1961): Synökologische Studien an der Westseite der peruanischen Anden. – *Bonn. Geogr. Abh. 29*, 320 S.

KÖRNIG, G. (1966): Die Molluskengesellschaften des mitteldeutschen Hügellandes. – *Malak. Abh. 2*: 1-112.

KONDRACKI, J. (1966): Das Problem der Taxonomie der naturräumlichen Einheiten. – *Wiss. Veröff. Dt. Inst. Länderk. Leipzig 23/24*: 15-21.

KONDRACKI, J. (1967): Landschaftsökologische Studien in Polen. – *Wiss. Abh. Geogr. Ges. DDR 5*: 216-231.

KORNRUMPF, M. & E. BRÜCKNER (1943): Landschaftskundliche Raumgliederung Großdeutschlands. 1:1.000.000. In: Reichsatlaswerk d. Reicharbeitsgem. Raumforsch. Bl. 1 (Beil. Raumforsch. Raumordnung *6/8*).

KÜHNELT, W. (1943): Die Leitformenmethode in der Ökologie der Landtiere. – *Biol. gen. 17*: 106-146.

KÜHNELT, W. (1943a): Über die Beziehungen zwischen Tier- und Pflanzengesellschaften. – *Biol. gen. 17*: 566-593.

LAIS, R. (1943): Die Beziehungen der gehäusetragenden Landschnecken Südwestdeutschlands zum Kalkgehalt des Bodens. – *Arch. Moll. 75*: 283-306.

LAUTENSACH, H. (1938): Über die Erfassung und Abgrenzung von Landschaftsräumen. – Compt. Rend. Congr. int. Géogr. Amsterdam II, Sect. 5, *1938*: 12-26.

LAUTENSACH, H. (1955): Der geographische Formenwandel. Studien zur Landschaftssystematik. – *Coll. geogr. 3*, 191 S.

LECLERCQ, J. (1973): Participation Belge à la Cartographie des Invertébrés Européens. – Mitt. Biogeogr. Abt. Geogr. Inst. Univ. Saarl. *5*, 18 S.

LEHMANN, E. (1967): Regionale Geographie und Naturräumliche Gliederung. – *Wiss. Abh. Geogr. Ges. DDR 5*: 1-21.

LESER, H. (1972): Das Problem der Anwendung von quantitativen Werten und Haushaltsmodellen bei der Kennzeichnung naturräumlicher Raumeinheiten mittlerer und großer Dimension. – Biogeographica *1*: 133-164.

LIEBMANN, H. (1962): Handbuch der Frisch- und Abwasser-Biologie. Bd. I, 2. Aufl., München.

MALKMUS, R. (1974): Die Verbreitung der Amphibien und Reptilien im Spessart. – *Nachr. naturw. Mus. Aschaffenb. 82*: 23-38.

MANIG, M. (1950): Die naturräumlichen Landschaften Hessens. Maßstab 1:1.000.000. In: Klimaatlas von Hessen. Dt. Wetterdienst i.d. US-Zone. Bad Kissingen *1949/50*.

MARCUS, B. (1972): Die terrestrischen Gastropoden eines Bruchwaldes in der montanen Region des Naturparks Hoher Vogelsberg. Staatsexamensarbeit Giessen.

MEISEL, S. (1959): Die naturräumlichen Einheiten auf Blatt 98 Detmold. Remagen.

MENSCHING, H. & G. WAGNER (1963): Die naturräumlichen Einheiten auf Blatt 152 Würzburg. Bad Godesberg.

MENZEL, H. (1907): Über das Vorkommen von *Cyclostoma elegans* MÜLLER in Deutschland seit der Diluvialzeit. – Jb. königl. preuss. Geol. Landesanst. Bergakad. *24* (1903): 381-390.

MERTENS, R. (1961): Tier und Landschaft. Zoologische Unterlagen zur Landschaftskunde. – *Frankfurter Geogr. H. 37*: 31-85.

MEYNEN, E. & J. SCHMITHÜSEN et al. (1953-62): Handbuch der naturräumlichen Gliederung Deutschlands. Bd. I, Bad Godesberg.

MÖRZER BRUIJNS, M.F. (1950): On biotic communities. – Stat. int. Géobot. Med. Alpine Montpellier *96*, 59 S.

MÖRZER BRUIJNS, M.F.; C.O. VAN REGTEREN ALTENA & L.J.M. BUTOT (1959): The Netherlands as an environment for land Mollusca. – Basteria *23*/Suppl.: 132-162.

MÜLLER, P. (1972): Biogeographie und die „Erfassung der Europäischen Wirbellosen". – *Ent. Z. 82*: 9-14.

MÜLLER, P. (1974): Erfassung der westpalaearktischen Invertebraten. – Fol. Ent. Hung. *27*/Suppl.: 405-430.

MÜLLER, P. (1976): Faunistik und Landesplanung. – *Mitt. Landesanst. Ökologie, Landschaftsentwicklung Nordrhein-Westfalen 1*: 149-157.

MÜLLER, P. & H. SCHREIBER (1972): Erfassung der europäischen Wirbellosen. – *Mitt. Biogeogr. Abt. Geogr. Inst. Univ. Saarl. 2*, 12 S.

MÜLLER-MINY, H. (1958): Grundfragen zur naturräumlichen Gliederung am Mittelrhein. – *Ber. dt. Landesk. 21*: 247-266.

MÜLLER-MINY, H. (1960): Die Großregionen als naturräumliche Erscheinungen Deutschlands. – *Geogr. Taschenb. 1960*: 267-286.

MÜLLER-MINY, H. (1962): Betrachtungen zur Naturräumlichen Gliederung. – *Ber. dt. Landesk. 28*: 258-279.

MÜLLER-MINY, H. & M. BÜRGENER (1971): Die naturräumlichen Einheiten auf Blatt 138 Koblenz. Bonn – Bad Godesberg.

NAGEL, P. (1975): Studien zur Ökologie und Chorologie der Coleopteren (Insecta) xerothermer Standorte des Saar-Mosel-Raumes mit besonderer Berücksichtigung der die Bodenoberfläche besiedelnden Arten. Diss. Saarbrücken.

NEEF, E. (1956): Einige Grundfragen der Landschaftsforschung. – *Wiss. Z. Univ. Leipzig math.-nat. Rh. 5*: 531-541.

NEEF, E. (1960): Bodenwasserhaushalt als ökologischer Faktor. – *Ber. dt. Landesk. 25*: 272-282.

NEEF, E. (1962): Die Stellung der Landschaftsökologie in der Physischen Geographie. – *Geogr. Ber. 25*: 349-356.

NEEF, E. (1963): Topologische und chorologische Arbeitsweisen in der Landschaftsforschung. – *Peterm. Geogr. Mitt. 107*: 249-259.

NEEF, E. (1964): Zur großmaßstäbigen Landschaftsökologischen Forschung. – *Peterm. Geogr. Mitt. 108*: 1-7.

NEEF, E. (1965): Elementaranalyse und Komplexanalyse in der Geographie. – *Mitt. österreich. Geogr. Ges. 107*: 177-189.

NEEF, E. (1967): Entwicklung und Stand der landschaftsökologischen Forschung in der DDR. – *Wiss. Abh. Geogr. Ges. DDR 5*: 22-34.

NEEF, E. (1968): Der Physiotop als Zentralbegriff der Komplexen Physischen Geographie. – *Peterm. Geogr. Mitt. 112*: 15-23.

NEEF, E., G. SCHMIDT & M. LAUCKNER (1961): Landschaftsökologische Untersuchungen an verschiedenen Physiotopen in Nordwestsachsen. – *Abh. Sächs. Akad. Wiss. math.-nat. Kl. 47* (1), 112 S.

NOWAK, E. (1975): Ausbreitung der Tiere, dargestellt an 28 Arten in Europa. – *Neue Brehm Bücherei 480*, 144 S.

ÖKLAND, F. (1929): Methodik einer quantitativen Untersuchung der Landschneckenfauna. – *Arch. Moll. 61*: 121-136.

ÖKLAND, F. (1930): Quantitative Untersuchungen der Landschneckenfauna Norwegens I. – *Z. Morph. Ökol. Tiere 16*: 748-804.

ÖKLAND, F. (1966): Tiergeographie – Ökologie. – *Biol. Zbl. 75*: 83-85.

OTREMBA, E. (1948): Die Grundsätze der naturräumlichen Gliederung Deutschlands. – *Erdkunde 1*: 156-167.

PAFFEN, K.H. (1948): Ökologische Landschaftsgliederung. – *Erdkunde 2*: 167-173.

PAFFEN, K.H. (1953): Die natürliche Landschaft und ihre räumliche Gliederung. – *Forsch. dt. Landesk. 68*, 196 S.

PALMGREN, P. (1928): Zur Synthese pflanzen- und tierökologischer Untersuchungen. – *Acta zool. fenn. 6*: 1-51.

PEMÖLLER, A. (1969): Die naturräumlichen Einheiten auf Blatt 160 Landau i.d. Pfalz. Bad Godesberg.

PEUS, F. (1954): Auflösung der Begriffe „Biotop" und „Biozönose". – *Dt. ent. Z.* (N.F.) *1*: 271-308.

RABELER, W. (1937): Die planmäßige Untersuchung der Soziologie, Ökologie und Geographie der heimischen Tierwelt, besonders der land- und forstwirtschaftlich wichtigen Arten. *Jber. nat. hist. Ges. Hannover 81-87*: 236-247.

RABELER, W. (1947): Die Tiergesellschaft der trockenen *Calluna*-heiden in Nordwestdeutschland. – *Jhber. nat. hist. Ges. Hannover 94-98*: 357-375.

RABELER, W. (1952): Die Tiergesellschaft der hannoverschen Talfettwiesen (Arrhenateretum elatioris). – *Mitt. florist.-soziol. Arbeitsgem. Stolzenau/Weser* (N.F.) *3*: 130-140.

RAMMER, W. (1936): Das Tier in der Landschaft. Die deutsche Tierwelt in ihren Lebensräumen. Leipzig.

REMANE, A. (1943): Die Bedeutung der Lebensformtypen für die Ökologie. – *Biol. gen. 17*: 165-182.

RICHTER, H. (1965): Die naturräumliche Ordnungsstufe der Landschaftszonen. – Leipziger Geogr. Beitr. (Festschr. E. LEHMANN zum 60. Geburtstag) *1965*: 153-158.

RICHTER, H. (1967): Naturräumliche Ordnung. – *Wiss. Abh. Geogr. Ges. DDR 5*: 129-160.

RICHTER, H. (1968): Beitrag zum Modell des Geokomplexes. – Landschaftsforsch. Beitr. Theorie u. Anwendung: NEEF-Festschr. *Erg. H. Peterm. Geogr. Mitt. 271*: 39-48.

RÖLL, W. (1969): Die naturräumlichen Einheiten auf Blatt 126 Fulda. Bad Godesberg.

RUŽIČKA, M. (1965): Probleme der Landschaftsbiologie in der Slowakischen Akademie der Wissenschaften. – *Arch. Naturschutz u. Landschaftsforsch. 5*: 213-215.

RUŽIČKA, M. (1967): Die Stellung der Landschaftsbiologie in der Biologie und Geographie. – *Wiss. Abh. Geogr. Ges. DDR 5*: 241-250.

SANDNER, G. (1960): Die naturräumlichen Einheiten auf Blatt 125 Marburg. Bad Godesberg.

SAUER, K.P. (1970): Zur Monotopbindung einheimischer Arten der Gattung *Panorpa* (Mecoptera) nach Untersuchungen im Freiland und im Laboratorium. – *Zool. Jb. Syst. 97*: 201-284.

SAUER, K.P. (1973): Untersuchungen zur Habitatselektion bei *Panorpa communis* L. mit einem Beitrag zur Theorie des Begriffs Monotop und seiner Beziehung zur ökologischen Nische. – *Zool. Jb. Syst. 100*: 477-496.

SCHINDLER, O. (1953): Unsere Süßwasserfische. Kosmos-Naturführer. Stuttgart.

SCHMID, G. (1966): Die Mollusken des Spitzbergs. Der Spitzberg bei Tübingen. In: *Die Natur- und Landschaftsschutzgebiete Baden-Württ. 3*: 595-701.

SCHMID, G. (1966): Mollusken aus dem Schwenninger Moos. Das Schwenninger Moos. In: *Die Natur- und Landschaftsschutzgebiete Baden-Württ. 5*: 332-362.

SCHMIDT, J. (1969): Physiotope und Mikrochoren am Ostrand des Lausitzer Berglandes – ein Beitrag zur Naturraumordnung. – *Abh. Ber. Naturkundemus. Görlitz 44* (3): 7-10.

SCHMITHÜSEN, J. (1943): Landeskundliche Darstellungen zu den Blättern der Topographischen Übersichtskarte des Deutschen Reiches 1:200.000. – *Ber. dt. Landesk. 3*: 1-7.

SCHMITHÜSEN, J. (1947): Fliesengefüge der Landschaft und Ökotop. – *Ber. dt. Landesk. 5*: 74-83.

SCHMITHÜSEN, J. (1948): Grundsätze und Richtlinien für die Untersuchung der naturräumlichen Gliederung von Deutschland und ihre Darstellung im Maßstab 1:200.000. – *Richtl. u. Mitt. Amt f. Landesk. Scheinfeld 1*: 4 S.

SCHMITHÜSEN, J. (1949): Grundsätze für die Untersuchung und Darstellung der naturräumlichen Gliederung von Deutschland. – *Ber. dt. Landesk. 6*: 8-19.

110

SCHMITHÜSEN, J. (1952): Die naturräumlichen Einheiten auf Blatt 161 Karlsruhe. Stuttgart.

SCHMITHÜSEN, J. (1953): Grundsätzliches und Methodisches. Einleitung. In: Hdb. Naturräumlichen Gliederung Deutschlands, Hrsg. E. MEYNEN & J. SCHMITHÜSEN et al., Bad Godesberg, *I*: 1-44.

SCHMITHÜSEN, J. (1967): Naturräumliche Gliederung und landschaftsräumliche Gliederung. – *Ber. dt. Landesk. 39*: 125-131.

SCHMITHÜSEN, J. (1970): Begriff und Inhaltsbestimmung der Landschaft als Forschungsobjekt vom geographischen und biologischen Standpunkt aus. – *Quest. geobiol. 7*: 13-25.

SCHMITHÜSEN, J. (1976): Allgemeine Geosynergetik. In: Lehrbuch der Allgemeinen Geographie, Hrsg. E. OBST, Berlin.

SCHMÖLZER, K. (1953): Die Kartierung von Tiergemeinschaften in der Biozönotik. – *Österr. zool. Z. 4*: 357-362.

SCHÖNHALS, E. (1954): Die Böden Hessens und ihre Nutzung. – Abh. hess. L.-Amt Bodenforsch. *2*, 288 S.

SCHULTZE, J. (1955): Über Landschaften und ihre Gliederung. Grundlegung und Arbeitsverfahren. In: Die Naturbedingten Landschaften der Deutschen Demokratischen Republik. Hrsg. E. SCHULTZE et al. – Erg. H. Peterm. Geogr. Mitt. *257*: 1-64.

SCHULTZE, J. et al. (1955): Die Naturbedingten Landschaften der Deutschen Demokratischen Republik. – Erg. H. Peterm. Geogr. Mitt. *257*, 329 S.

SCHULZ, K.-H. (1972): Bodengeographischer Beitrag zur quantitativen Naturraumbewertung und ihre Anwendung in der Landesplanung. – Biogeographica *1*: 192-200.

SCHWENZER, B. (1967): Die naturräumlichen Einheiten auf Blatt 139 Frankfurt a. Main. Bad Godesberg.

SCHWENZER, B. (1968): Die naturräumlichen Einheiten auf Blatt 140 Schweinfurt. Bad Godesberg.

SCHWERDTFEGER, F. (1975): Synökologie. In: Ökologie der Tiere, Bd. III, Hamburg.

SEIBERT, H. (1869): Massenhaftes Vorkommen der *Tichogonia Chemnitzii* ROSSM. (*Dreissena polymorpha* van BEN.) im Neckar bei Eberbach. – *Nachr. Bl. dt. malak. Ges. 1*: 101-102.

SICK, W.-D. (1962): Die naturräumlichen Einheiten auf Blatt 162 Rothenburg ob der Tauber. Bad Godesberg.

STRENZKE, K. (1951): Grundfragen der Autökologie. – *Acta biotheoret. Sér. A 9*: 163-184.

STRENZKE, K. (1964): Die ökologische Umwelt. – *Ergeb. Biol. 27*: 79-97.

STUGREN, B. (1972): Grundlagen der allgemeinen Ökologie. Jena.

THIENEMANN, A. (1956) Leben und Umwelt. Hamburg.

TISCHLER, W. (1949): Grundzüge der terrestrischen Tierökologie. Braunschweig.

TISCHLER, W. (1950): Zur Synthese biozönotischer Forschung. – *Acta biotheoret. Sér. A 9*: 135-162.

TISCHLER, W. (1951): Der biozönotische Konnex. – *Biol. Zbl. 70*: 517-523.

TROLL, C. (1950): Die geographische Landschaft und ihre Erforschung. – *Stud. gen. 3*: 163-181.

TÜXEN, R. (1955): Das System der nordwestdeutschen Pflanzengesellschaften. – *Mitt. florist.-soziol. Arbeitsgemein.* (N.F.) *5*: 155-176.

UEXKÜLL, J. von (1921): Umwelt und Innenwelt der Tiere. 2. Aufl., Berlin.

UHLIG, H. (1964): Die naturräumlichen Einheiten auf Blatt 150 Mainz. Bad Godesberg.

UHLIG, H. (1967): Die naturräumliche Gliederung – Methoden, Erfahrungen, Anwendungen und ihr Stand in der Bundesrepublik Deutschland. – *Wiss. Abh. Geogr. Ges. DDR 5*: 161-215.

UHLIG, H. (1970): Naturraum und Kulturlandschaft im mittleren Hessen. In: Giessen und seine Landschaft in Vergangenheit und Gegenwart, Hrsg. G. NEUMANN, Giessen p. 221-268.

WAGNER, J. (1 (1951): Die Landschaftsgliederung des Landes Hessen. – *Geogr. Rdsch. 3*: 85-92.

WEBER, H. (1941): Zum gegenwärtigen Stand der allgemeinen Ökologie. – *Naturwiss. 29*: 756-763.

WOLTERECK, R. (1932): Grundzüge einer allgemeinen Biologie. Stuttgart.

VIII. REGISTERTEIL

1. Systematische Übersicht der durch UTM-Gitternetz-Karten erfaßten Mollusken in Hessen.

2. Kartenteil:
   1. Übersichtskarten (1. – 6.)
   2. Artverbreitungskarten (1–204) Stand: Juli 1977

3. Literaturnachweis zu den Karten (Stand: April 1977)

4. Autorenindex zu VIII.3.

VIII. 1. SYSTEMATISCHE ÜBERSICHT DER DURCH UTM-GITTERNETZ-KARTEN ERFAßTEN MOLLUSKEN IN HESSEN.

Classis : Gastropoda
Subclassis : Prosobranchia
Ordo : Archaeogastropoda

Familia : Neritidae
1. *Theodoxus fluviatilis* (L.)

Subclassis : Prosobranchia
Ordo : Mesogastropoda

Familia : Cyclophoridae
2. *Cochlostoma (Cochlostoma) septemspirale* (RAZOUMOWSKY 1789)

Familia : Viviparidae
3. *Viviparus contectus* (MILLET 1813)
4. *Viviparus viviparus* (L.)

Familia : Valvatidae
5. *Valvata (Valvata) cristata* O.F. MÜLLER 1774
6. *Valvata (Atropidina) pulchella* STUDER 1820
7. *Valvata (Cincinna) piscinalis piscinalis* (O.F. MÜLLER 1774)

Familia : Pomatiasidae
8. *Pomatias elegans* (O.F. MÜLLER 1774)

Familia : Hydrobiidae
9. *Bythiospeum clessini clessini* (WEINLAND 1883)
10. *Bythiospeum clessini moenanum* (FLACH 1886)
11. *Bythiospeum clessini spirata* (GEYER 1904)
12. *Bythiospeum clessini elongatum* (FLACH 1886)
13. *Bythiospeum clessini nolli* (BOLLING 1938)
14. *Bythiospeum clessini septentrionale* (SCHÜTT 1960)

15. *Bythiospeum flachi* (WESTERLUND 1886)
16. *Bythiospeum pürkhaueri gibbulum* (FLACH 1886)
17. *Bythinella dunkeri dunkeri* (FRAUENFELD, 1856)
18. *Bythinella dunkeri compressa* (FRFLD., 1856)
19. *Potamopyrgus jenkinsi* (E.A. SMITH 1889)
20. *Lithoglyphus naticoides* (C. PFEIFFER 1828)

Familia : Bithyniidae
21. *Bithynia tentaculata* (L.)
22. *Bithynia leachii* (SHEPPARD 1823)

Familia : Aciculidae
23. *Acicula (Acicula) lineata* (DRAPARNAUD 1801)
24. *Acicula (Platyla) polita* (HARTMANN 1840)

Subclassis : Euthyneura
Ordo : Basommatophora

Familia : Ellobiidae
25. *Carychium minimum* O.F. MÜLLER 1774
26. *Carychium tridentatum* (RISSO 1826)

Familia : Physidae
27. *Aplexa hypnorum* (L.)
28. *Physa fontinalis* (L.)
29. *Physa acuta* DRAPARNAUD 1805

Familia : Lymnaeidae
30. *Galba (Galba) truncatula* (O.F. MÜLLER 1774)
31. *Galba (Stagnicola) palustris* (O.F. MÜLLER 1774)
32. *Galba (Omphiscola) glabra* (O.F. MÜLLER 1774)

114

33. *Radix (Radix) auricularia* (L.)
34. *Radix (Radix) peregra* (O.F. MÜL-LER 1774)
35. *Lymnaea stagnalis* (L.)

Familia : Planorbidae
36. *Planorbis planorbis* (L.)
37. *Planorbis carinatus* O.F. MÜLLER 1774
38. *Anisus (Anisus) leucostomus* (MILLET 1813)
39. *Anisus (Anisus) spirorbis* (L.)
40. *Anisus (Disculifer) vortex* (L.)
41. *Anisus (Disculifer) vorticulus* (TROSCHEL 1834)
42. *Bathyomphalus contortus* (L.)
43. *Gyraulus albus* (O.F. MÜLLER 1774)
44. *Gyraulus laevis* (ALDER 1838)
45. *Gyraulus acronicus* (FÉRUSSAC 1807)
46. *Armiger crista* (L.)
47. *Hippeutis complanatus* (L.)
48. *Segmentina nitida* (O.F. MÜLLER 1774)
49. *Planorbarius corneus* (L.)

Familia : Ancylidae
50. *Ancylus fluviatilis* O.F. MÜLLER 1774

Familia : Acroloxidae
51. *Acroloxus lacustris* (L.)

Subclassis : Euthyneura
Ordo : Stylommatophora

Familia : Cochlicopidae
52. *Azeca menkeana* (C. PFEIFFER 1821)
53. *Cochlicopa lubrica* (O.F. MÜLLER 1774)
54. *Cochlicopa lubricella* (PORRO 1837)
55. *Cochlicopa nitens* (v. GALLENSTEIN 1852)
56. *Cochlicopa repentina* HUDEC 1960

Familia : Pyramidulidae
57. *Pyramidula rupestris* (DRAPAR-NAUD 1801)

Familia : Vertiginidae
58. *Columella edentula* (DRAPAR-NAUD 1805)

59. *Truncatellina cylindrica* (FÉRUSSAC 1807)
60. *Vertigo (Vertilla) angustior* JEFFREYS 1830
61. *Vertigo (Vertigo) pusilla* O.F. MÜL-LER 1774
62. *Vertigo (Vertigo) antivertigo* (DRAPARNAUD 1801)
63. *Vertigo (Vertigo) moulinsiana* (DUPUY 1849)
64. *Vertigo (Vertigo) pygmaea* (DRAPARNAUD 1801)
65. *Vertigo (Vertigo) substriata* (JEFFREYS 1833)
66. *Vertigo (Vertigo) heldi* (CLESSIN 1877)
67. *Vertigo (Vertigo) alpestris* ALDER 1838

Familia : Orculidae
68. *Orcula (Sphyradium) doliolum* (BRUGUIÈRE 1792)

Familia : Chondrinidae
69. *Abida secale* (DRAPARNAUD 1801)
70. *Abida frumentum* (DRAPARNAUD 1801)
71. *Chondrina avenacea* (BRUGUIÈRE 1792)

Familia : Pupillidae
72. *Pupilla muscorum* (L.)
73. *Pupilla bigranata* (ROSSMÄSSLER 1839)
74. *Pupilla sterri* (VOITH 1838)

Familia : Valloniidae
75. *Vallonia pulchella pulchella* (O.F. MÜLLER 1774)
76. *Vallonia pulchella enniensis* GREDLER 1856
77. *Vallonia costata* (O.F. MÜLLER 1774)
78. *Vallonia tenuilabris* (A. BRAUN 1843)
79. *Vallonia adela* WESTERLUND 1881
80. *Acanthinula aculeata* (O.F. MÜLLER 1774)

Familia : Enidae
81. *Chondrula (Chondrula) tridens* (O.F. MÜLLER 1774)

115

82. *Jaminia quadridens* (O.F. MÜLLER 1774)
83. *Ena montana* (DRAPARNAUD 1801)
84. *Ena obscura* (O.F. MÜLLER 1774)
85. *Zebrina detrita* (O.F. MÜLLER 1774)

Familia : Succineidae
86. *Succinea (Succinea) putris* (L.)
87. *Succinea (Succinella) oblonga* DRAPARNAUD 1801
88. *Succinea (Hydrotropa) elegans* RISSO 1826
89. *Succinea (Hydrotropa) sarsii* ESMARK 1886

Familia : Endodontidae
90. *Punctum pygmaeum* (DRAPARNAUD 1801)
91. *Discus ruderatus* (HARTMANN 1821)
92. *Discus rotundatus* (O.F. MÜLLER 1774)

Familia : Arionidae
93. *Arion (Arion) rufus* (L.)
94. *Arion (Arion) lusitanicus* MABILLE 1868
95. *Arion (Carinarion) circumscriptus* JOHNSTON 1828
96. *Arion (Carinarion) silvaticus* (LOHMANDER 1937)
96a. (= 204) *Arion (Carinarion) fasciatus* (NILSSON, 1823)
97. *Arion (Mesarion) subfuscus* (DRAPARNAUD 1805)
98. *Arion (Kobeltia) hortensis* FÉRUSSAC 1819
99. *Arion (Microarion) intermedius* NORMAND 1852

Familia : Vitrinidae
100. *Vitrina pellucida* (O.F. MÜLLER 1774)
101. *Vitrinobrachium breve* (FÉRUSSAC 1821)
102. *Semilimax semilimax* (FÉRUSSAC 1802)
103. *Semilimax kotulae* (WESTERLUND 1883)
104. *Eucobresia diaphana* (DRAPARNAUD 1805)
105. *Phenacolimax (Phenacolimax) major* (FÉRUSSAC 1807)

Familia : Zonitidae
106. *Vitrea diaphana* (STUDER 1820)
107. *Vitrea subrimata* (REINHARDT 1871)
108. *Vitrea cristallina* (O.F. MÜLLER 1774)
109. *Vitrea contracta* (WESTERLUND 1871)
110. *Nesovitrea (Perpolita) hammonis* (STRÖM 1765)
111. *Aegopinella pura* (ALDER 1830)
112. *Aegopinella nitidula* (DRAPARNAUD 1805)
113. *Aegopinella nitens* (MICHAUD 1831)
114. *Aegopinella epipedostoma* (FAGOT 1879)
115. *Oxychilus (Morlina) glaber* (ROSSMÄSSLER 1835)
116. *Oxychilus (Ortizius) alliarius* (MILLER 1822)
117. *Oxychilus (Oxychilus) draparnaudi* (BECK 1837)
118. *Oxychilus (Oxychilus) cellarius* (O.F. MÜLLER 1774)
119. *Daudebardia rufa* (DRAPARNAUD 1805)
120. *Daudebardia brevipes* (DRAPARNAUD 1805)
121. *Zonitoides (Zonitoides) nitidus* (O.F. MÜLLER 1774)

Familia : Milacidae
122. *Milax (Tandonia) rusticus* (MILLET 1843)
123. *Boettgerilla pallens* SIMROTH, 1912

Familia : Limacidae
124. *Limax (Limax) maximus* L.
125. *Limax (Limax) cinereoniger* WOLF 1803
126. *Limax (Limacus) flavus* L.
127. *Limax (Malacolimax) tenellus* O.F. MÜLLER 1774
128. *Lehmannia marginata* (O.F. MÜLLER 1774)
129. *Lehmannia rupicola* LESSONA & POLLONERA 1884
130. *Deroceras (Deroceras) laeve* (O.F. MÜLLER 1774)
131. *Decroceras (Agriolimax) reticulatum* (O.F. MÜLLER 1774)
132. *Deroceras (Agriolimax) agreste* (L.)

116

Familia : Euconulidae
133. *Euconulus fulvus* (O.F. MÜLLER 1774)

Familia : Ferussaciidae
134. *Cecilioides acicula* (O.F. MÜLLER 1774)

Familia : Clausiliidae
135. *Cochlodina orthostoma* (MENKE 1830)
136. *Cochlodina laminata* (MONTAGU 1803)
137. *Clausilia parvula* FÉRUSSAC 1807
138. *Clausilia bidentata* (STRÖM 1765)
139. *Clausilia dubia* DRAPARNAUD 1805
140. *Clausilia cruciata* STUDER 1820
141. *Clausilia pumila* C. PFEIFFER 1828
142. *Iphigena ventricosa* (DRAPARNAUD 1801)
143. *Iphigena rolphi* (GRAY 1821)
144. *Iphigena plicatula* (DRAPARNAUD 1801)
145. *Iphigena lineolata* (HELD 1836)
146. *Laciniaria (Laciniaria) plicata* (DRAPARNAUD 1801)
147. *Laciniaria (Alinda) biplicata* (MONTAGU 1803)
148. *Laciniaria (Strigilecula) cana* (HELD 1836)
149. *Balea perversa* (L.)
150. *Delima (Itala) itala f. brauni* (ROSSMÄSSLER 1836)

Familia : Testacellidae
151. *Testacella haliotidea* DRAPARNAUD 1801

Familia : Bradybaenidae
152. *Bradybaena fruticum* (O.F. MÜLLER 1774)

Familia : Helicidae
153. *Candidula unifasciata* (POIRET 1801)
154. *Cernuella (Xerocincta) neglecta* (DRAPARNAUD 1805)
155. *Helicella itala* (L.)
156. *Helicella obvia* (HARTMANN 1840)
157. *Trochoidea (Xeroclausa) geyeri* (SOOS 1926)
158. *Helicopsis striata* (O.F. MÜLLER 1774)

159. *Monacha cartusiana* (O.F. MÜLLER 1774)
160. *Perforatella (Perforatella) bidentata* (GMELIN 1788)
161. *Perforatella (Monachoides) rubiginosa* (A. SCHMIDT 1853)
162. *Perforatella (Monachoides) incarnata* (O.F. MÜLLER 1774)
163. *Trichia (Petasina) unidentata* (DRAPARNAUD 1805)
164. *Trichia (Trichia) villosa* (STUDER 1789)
165. *Trichia (Trichia) striolata* (C. PFEIFFER 1828)
166. *Trichia (Trichia) sericea* (DRAPARNAUD 1801)
167. *Trichia (Trichia) hispida* (L.)
168. *Euomphalia strigella* (DRAPARNAUD 1801)
169. *Heliocondonta obvoluta* (O.F. MÜLLER 1774)
170. *Helicigona (Helicigona) lapicida* (L.)
171. *Helicigona (Arianta) arbustorum* (L.)
172. *Isognomostoma isognomostoma* (SCHRÖTER 1784)
173. *Cepaea nemoralis* (L.)
174. *Cepaea hortensis* (O.F. MÜLLER 1774)
175. *Helix (Helix) pomatia* L.
176. *Helix (Cryptomphalus) aspersa* O.F. MÜLLER 1774
177. *Eobania vermiculata* (O.F. MÜLLER 1774)

Classis : Bivalvia
Ordo : Eulamellibranchiata

Familia : Margaritiferidae
178. *Margaritifera (M.) m.margaritifera* (L.)

Familia : Unionidae
179. *Unio p.pictorum* (LINNAEUS 1757)
180. *Unio t.tumidus* RETZIUS 1788
181. *Unio crassus crassus* RETZIUS 1788
182. *Unio crassus batavus* MATON & RACKETT 1807
183. *Anodonta (Anodonta) cygnea* (L.)
184. *Pseudanodonta elongata* (HOLANDRE 1836)

117

Familia : Sphaeriidae
185. *Sphaerium (Sphaeriastrum) rivicola*
(LAMARCK 1818)
186. *Sphaerium (Cyrenastrum) solidum*
(NORMAND 1844)
187. *Sphaerium (Sphaerium) corneum*
(L.)
188. *Sphaerium (Musculium) lacustre*
(O.F. MÜLLER 1774)
189. *Pisidium (Pisidium) amnicum*
(O.F. MÜLLER 1774)
190. *Pisidium (Galileja) henslowanum*
(SHEPPARD 1825)
191. *Pisidium (Galileja) supinum*
A. SCHMIDT 1851
192. *Pisidium (Galileja) milium* HELD
1836
193. *Pisidium (Galileja) subtruncatum*
MALM 1855
194. *Pisidium (Galileja) nitidum* JENYNS
1832

195. *Pisidium (Galileja) pulchellum*
JENYNS 1832
196. *Pisidium (Galileja) personatum*
MALM 1855
197. *Pisidium (Galileja) obtusale*
(LAMARCK 1818)
198. *Pisidium (Galileja) casertanum*
(POLI 1791)
199. *Pisidium (Galileja) casertanum ponderosum* STELFOX 1918
200. *Pisidium (Galileja) ferrugineum*
PRIME 1851
201. *Pisidium (Neopisidium) moitessierianum* PALADILHE 1866
202. *Pisidium (Neopisidium) punctatum*
STERKI 1895

Familia : Dreissenidae
203. *Dreissena polymorpha* (PALLAS
1771)

118

VIII. 2. KARTENTEIL:

1. Übersichtskarten (1 – 6)

1. Orientierungskarte

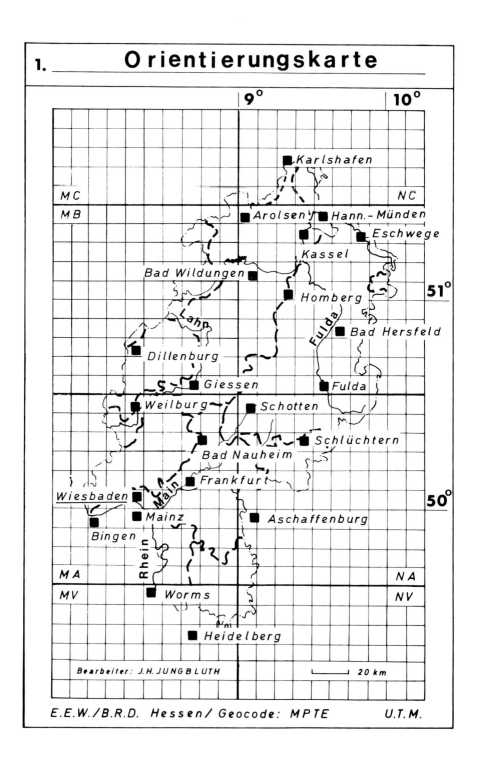

E.E.W./B.R.D. Hessen/ Geocode: MPTE   U.T.M.

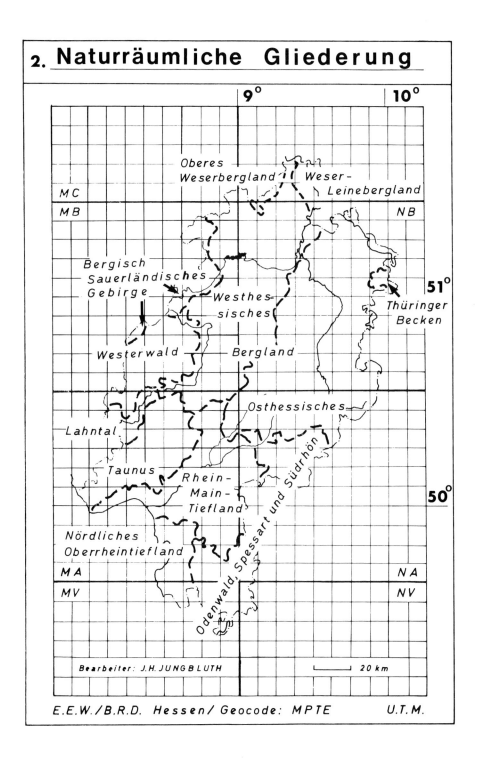

2. Naturräumliche Gliederung

9° 10°

Oberes
Weserbergland Weser-
MC Leinebergland
MB NB

Bergisch
Sauerländisches
Gebirge Westhes-
sisches 51°
Thüringer
Becken

Westerwald Bergland

Lahntal Osthessisches

Taunus Rhein-
Main- 50°
Tiefland

Nördliches
Oberrheintiefland
MA NA
MV NV

Odenwald, Spessart und Südrhön

Bearbeiter: J.H. JUNGBLUTH 20 km

E.E.W./B.R.D. Hessen/ Geocode: MPTE U.T.M.

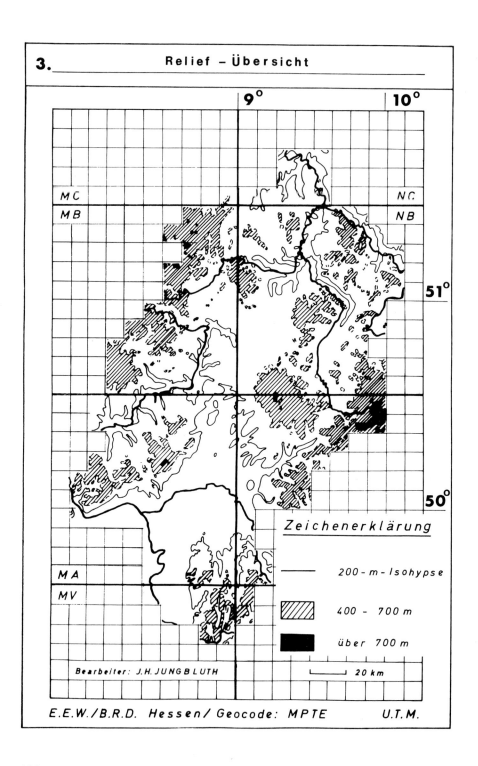

3. Relief – Übersicht

MC

MB

9°

10°

NC

NB

51°

50°

Zeichenerklärung

MA

MV

200 - m - Isohypse

400 - 700 m

über 700 m

Bearbeiter: J.H. JUNGBLUTH

20 km

E.E.W./B.R.D. Hessen/ Geocode: MPTE   U.T.M.

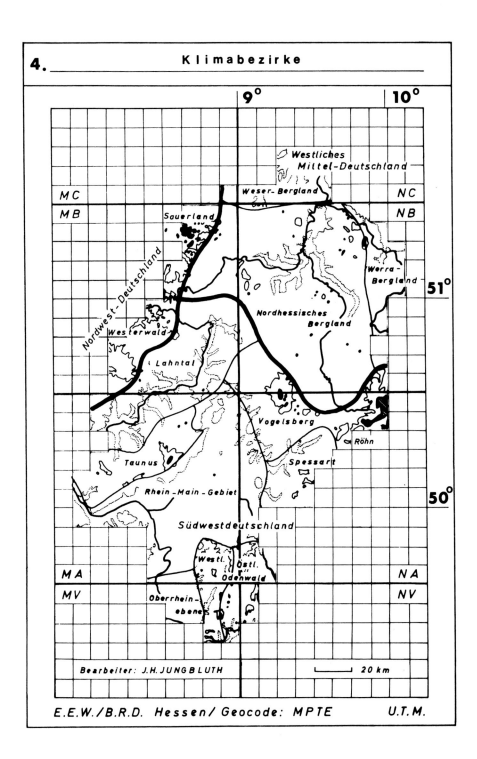

4. _____ **Klimabezirke** _____

MC / MB / NC / NB

Westliches Mittel-Deutschland
Weser-Bergland
Sauerland
Werra-Bergland
Nordwest-Deutschland
Westerwald
Nordhessisches Bergland
Lahntal
Vogelsberg
Röhn
Taunus
Spessart
Rhein-Main-Gebiet
Südwestdeutschland
Westl. Östl. Odenwald
Oberrhein-ebene

MA / MV / NA / NV

9° 10° 51° 50°

Bearbeiter: J.H. JUNGBLUTH   20 km

E.E.W./B.R.D. Hessen/ Geocode: MPTE   U.T.M.

123

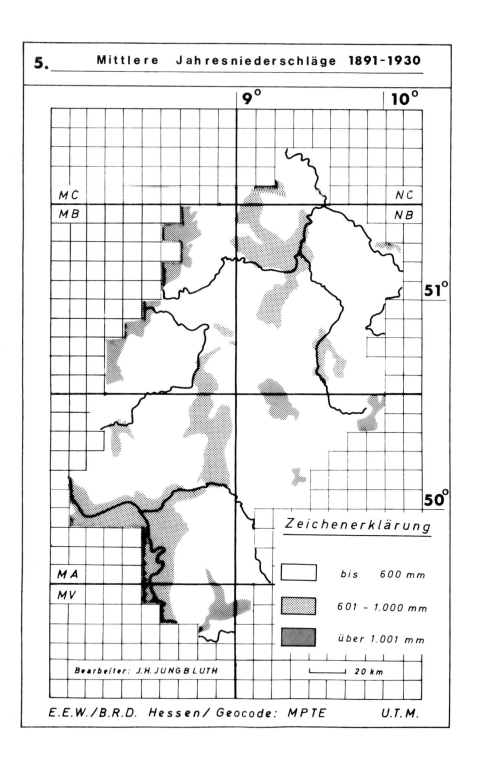

5. Mittlere Jahresniederschläge **1891-1930**

9° 10°

MC NC

MB NB

51°

50°

Zeichenerklärung

MA

MV

	bis 600 mm
	601 - 1.000 mm
	über 1.001 mm

Bearbeiter: J.H. JUNGBLUTH 20 km

E.E.W./B.R.D. Hessen/ Geocode: MPTE U.T.M.

124

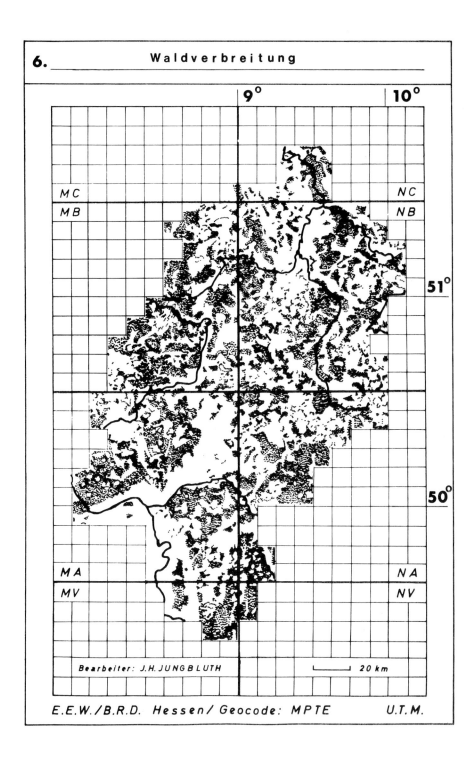

6. Waldverbreitung

M C N C
M B N B
M A N A
M V N V

9° 10° 51° 50°

Bearbeiter: J.H.JUNGBLUTH

20 km

E.E.W./B.R.D. Hessen/ Geocode: MPTE   U.T.M.

VIII. 2. KARTENTEIL

2. Artverbreitungskarten (1 — 204)
   Stand: Juli 1977

SIGNATUREN DER ARTVERBREITUNGSKARTEN:

Es bedeuten:

● = Daten aus Sammlungen nach 1960

▲ = Daten aus Sammlungen vor 1960

★ = Daten aus der Literatur

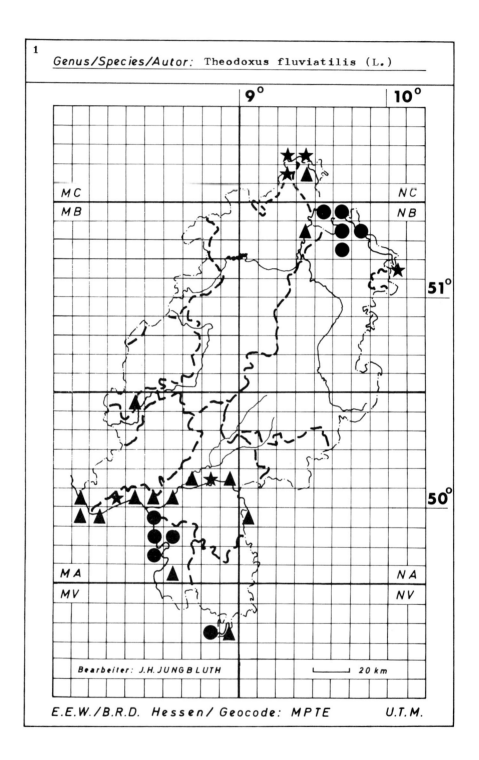

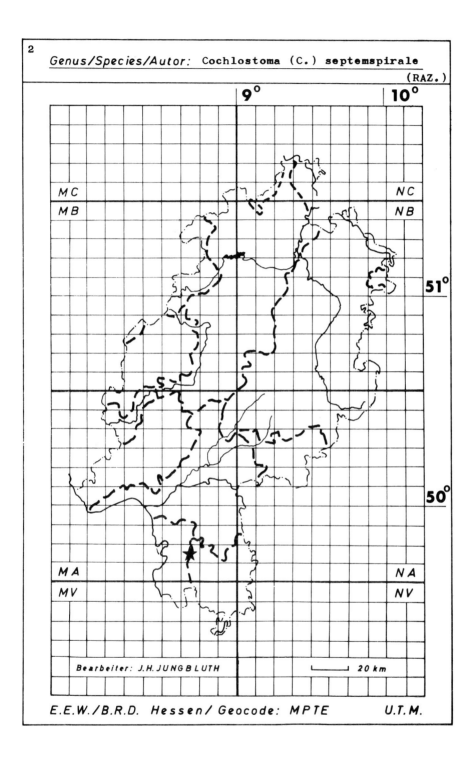

2

Genus/Species/Autor: Cochlostoma (C.) **septemspirale**

(RAZ.)

9° 10°

M C   N C
M B   N B

51°

M A   N A
M V   N V

Bearbeiter: J.H.JUNGBLUTH |⎯⎯⎯⎯| 20 km

E.E.W./B.R.D. Hessen/ Geocode: MPTE   *U.T.M.*

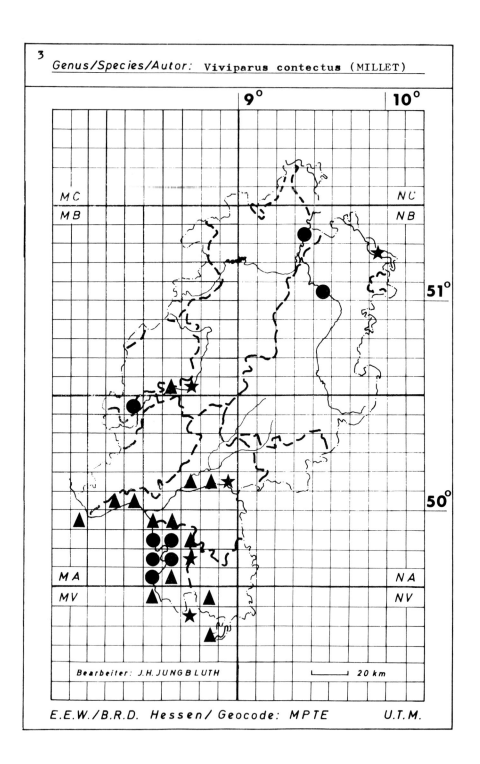

3

Genus/Species/Autor: Viviparus contectus (MILLET)

9° 10°

MC NC
MB NB

51°

MA NA
MV NV

51°
50°

Bearbeiter: J.H. JUNGBLUTH   ⊢——⊣ 20 km

E.E.W./B.R.D. Hessen/ Geocode: MPTE   *U.T.M.*

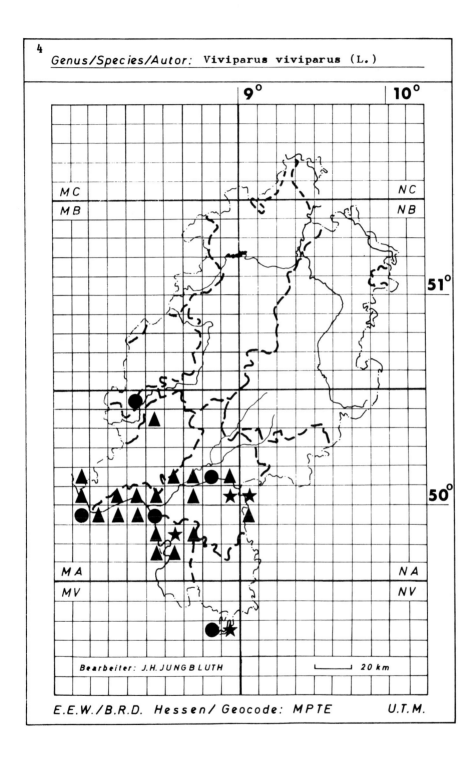

4

Genus/Species/Autor: Viviparus viviparus (L.)

9° 10°

MC NC
MB NB

51°

50°

MA NA
MV NV

Bearbeiter: J.H. JUNGBLUTH 20 km

E.E.W./B.R.D. Hessen/ Geocode: MPTE U.T.M.

131

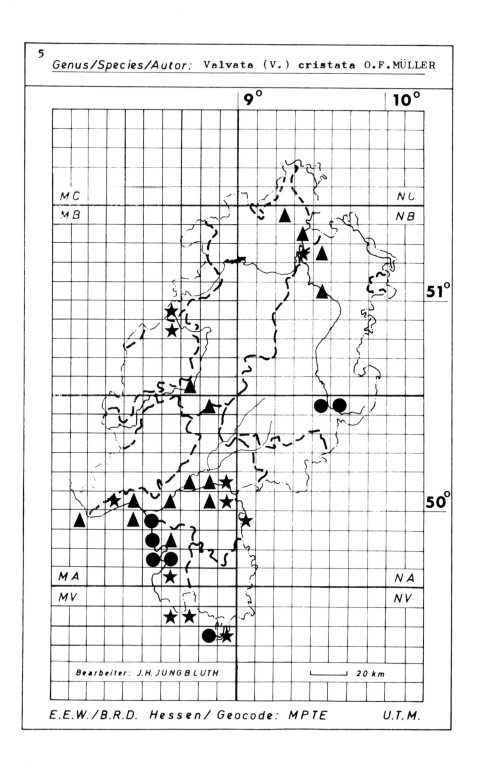

5

Genus/Species/Autor: Valvata (V.) **cristata** O.F.MÜLLER

Bearbeiter: J.H. JUNGBLUTH

20 km

E.E.W./B.R.D. Hessen/ Geocode: MPTE U.T.M.

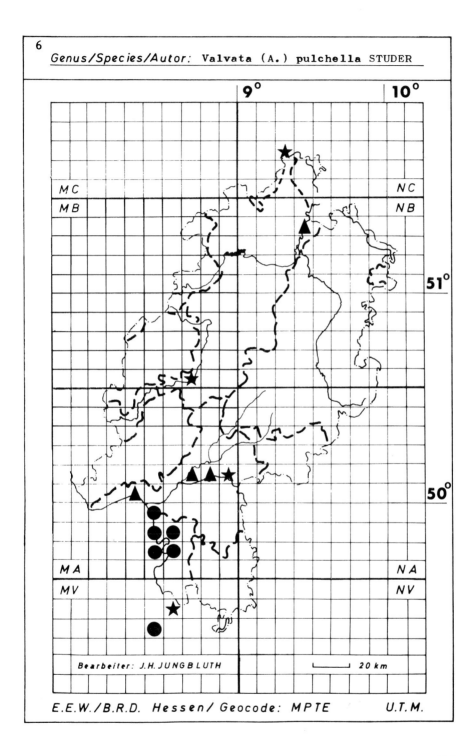

6

Genus/Species/Autor: **Valvata (A.) pulchella** STUDER

9° 10°

MC NC

MB NB

51°

50°

MA NA

MV NV

Bearbeiter: J.H.JUNGBLUTH   20 km

E.E.W./B.R.D. Hessen/ Geocode: MPTE   *U.T.M.*

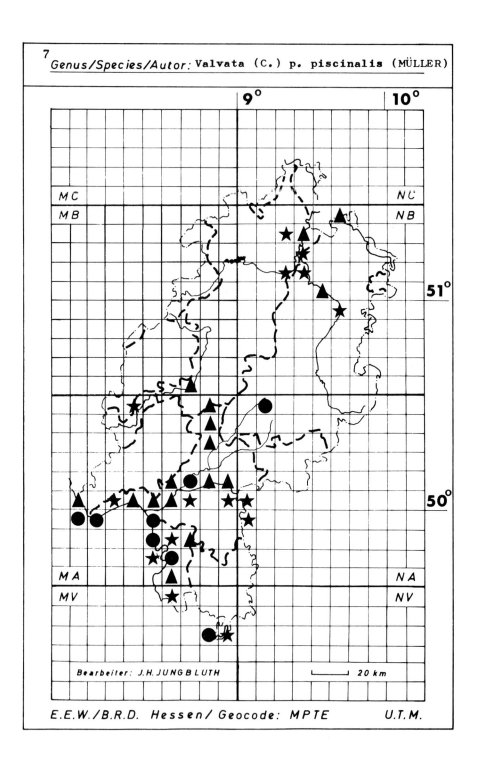

7

Genus/Species/Autor: Valvata (C.) p. piscinalis (MÜLLER)

Bearbeiter: J.H. JUNGBLUTH

20 km

E.E.W./B.R.D. Hessen/ Geocode: MPTE U.T.M.

134

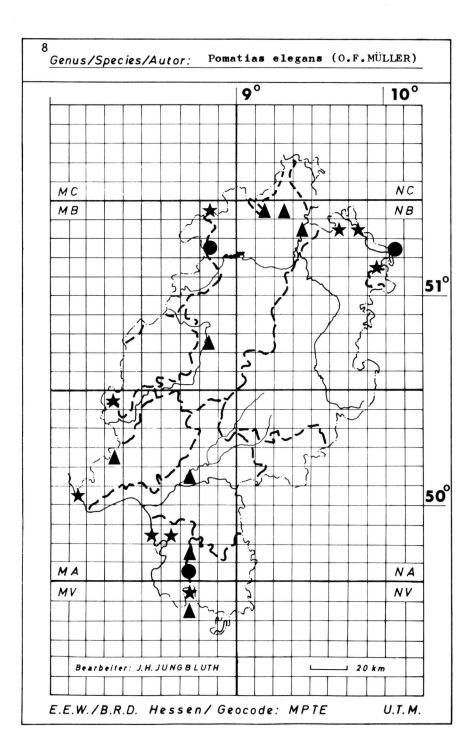

8
Genus/Species/Autor: **Pomatias elegans** (O.F.MÜLLER)

Bearbeiter: J.H. JUNGBLUTH   20 km

E.E.W./B.R.D. Hessen/ Geocode: MPTE   U.T.M.

135

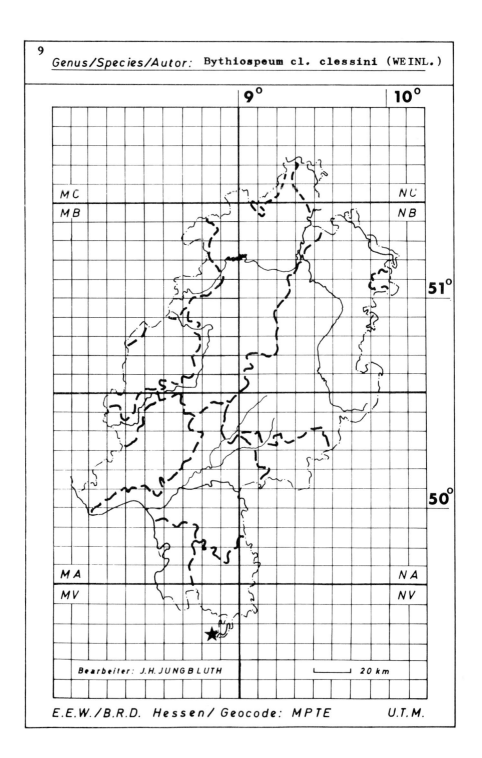

9

Genus/Species/Autor: Bythiospeum cl. clessini (WEINL.)

E.E.W./B.R.D. Hessen/ Geocode: MPTE   U.T.M.

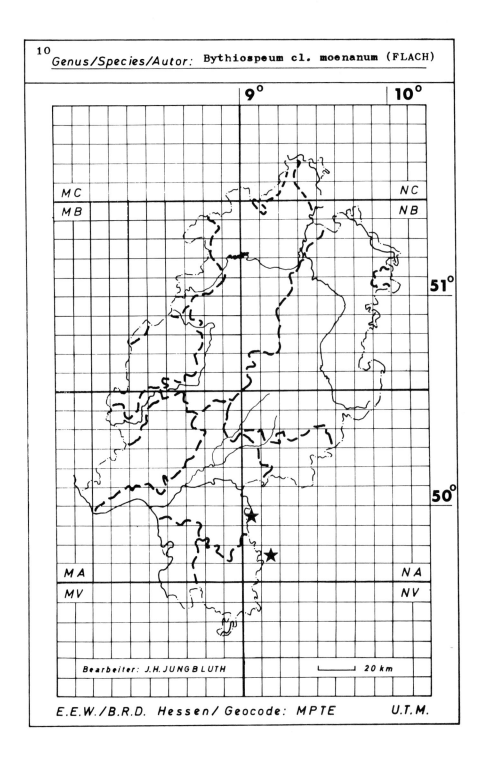

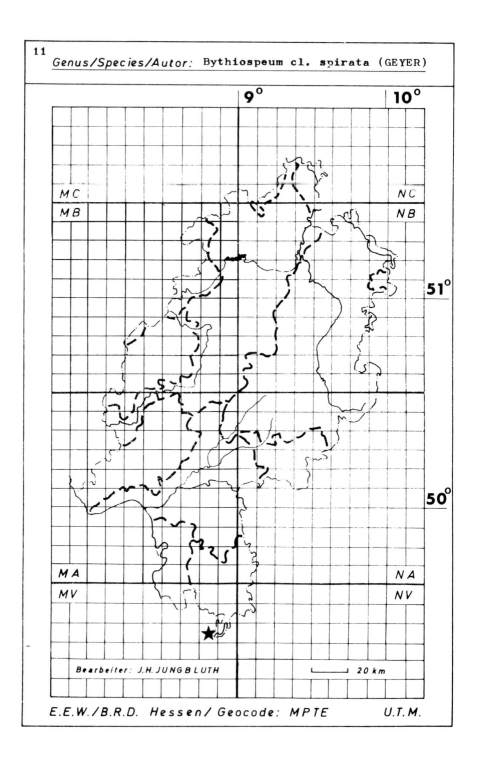

Genus/Species/Autor: Bythiospeum cl. spirata (GEYER)

E.E.W./B.R.D. Hessen/ Geocode: MPTE   U.T.M.

Bearbeiter: J.H.JUNGBLUTH   20 km

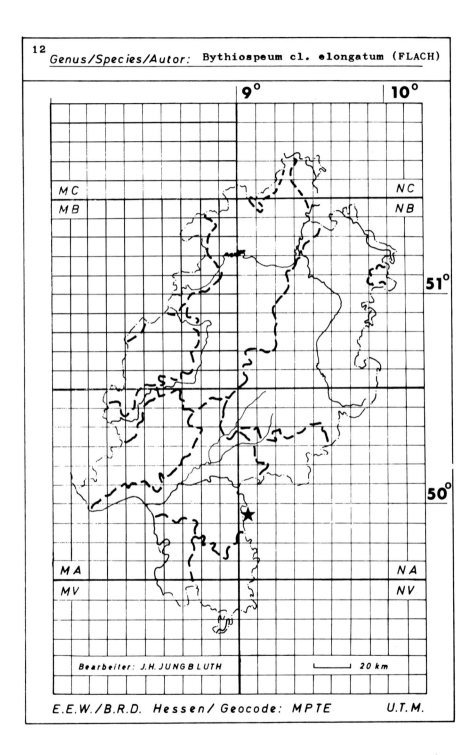

Genus/Species/Autor: Bythiospeum cl. elongatum (FLACH)

9°   10°

M C   N C

M B   N B

51°

50°

M A   N A

M V   N V

Bearbeiter: J.H.JUNGBLUTH   20 km

E.E.W./B.R.D. Hessen/ Geocode: MPTE   *U.T.M.*

13 *Genus/Species/Autor:* **Bythiospeum cl. nolli (BOLLING)**

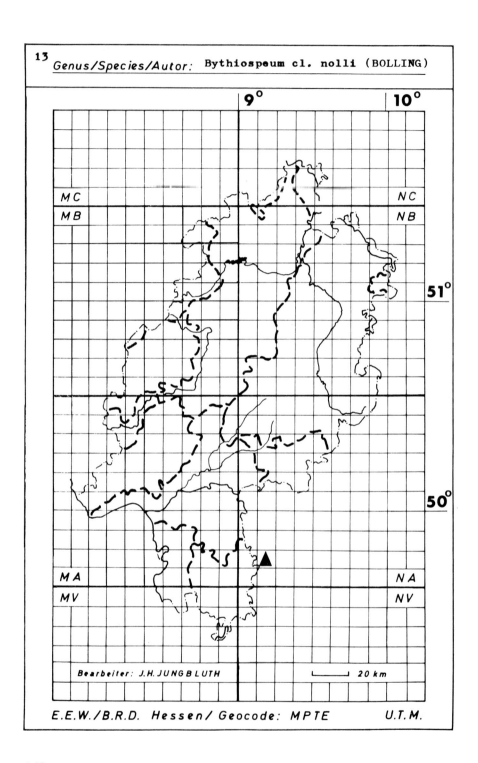

Bearbeiter: J.H. JUNGBLUTH   └──────┘ 20 km

E.E.W./B.R.D. Hessen/ Geocode: MPTE   U.T.M.

Genus/Species/Autor: **Bythiospeum cl. septentrionale**

(SCHÜTT)

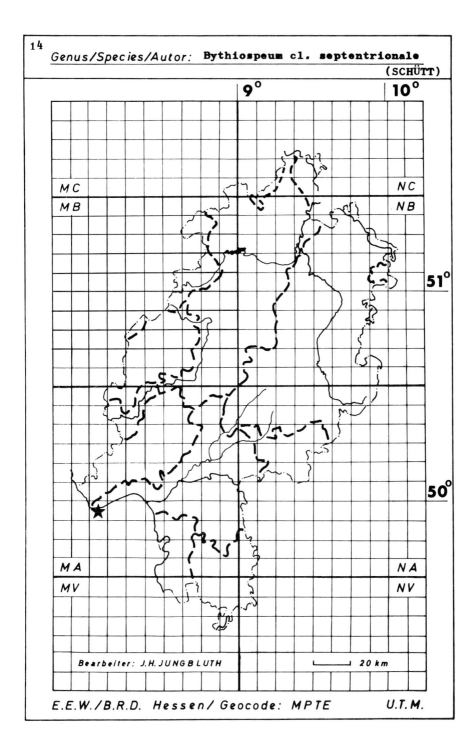

9° 10°

51°

50°

MC NC
MB NB

MA NA
MV NV

Bearbeiter: J.H.JUNGBLUTH 20 km

E.E.W./B.R.D. Hessen/ Geocode: MPTE *U.T.M.*

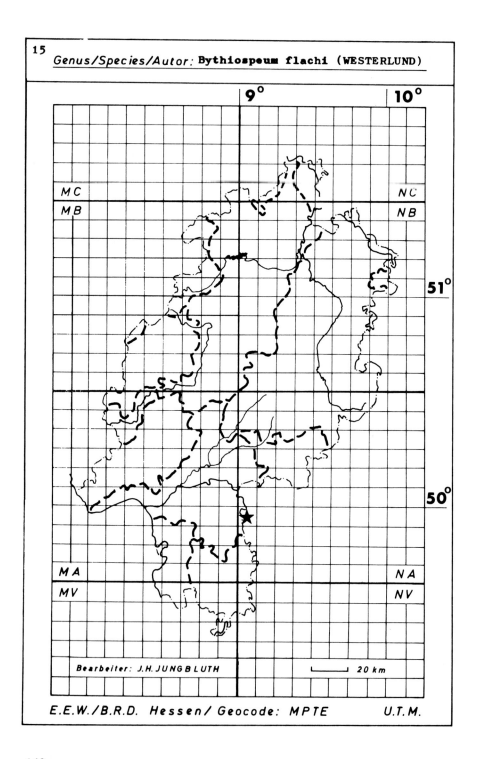

15

Genus/Species/Autor: **Bythiospeum flachi** (WESTERLUND)

9° 10°

M C N C
M B N B

51°

M A N A
M V N V

50°

Bearbeiter: J.H. JUNGBLUTH 20 km

E.E.W./B.R.D. Hessen/ Geocode: MPTE *U.T.M.*

Genus/Species/Autor: **Bythiospeum puerckhaueri gibbulum**
(FLACH)

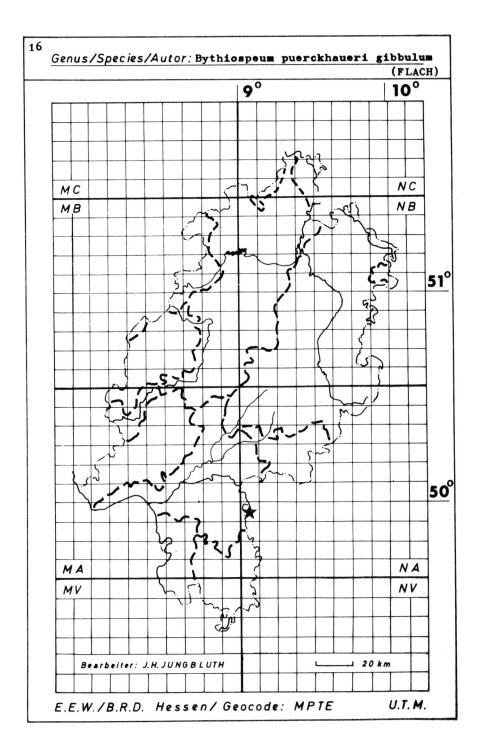

MC NC
MB NB

MA NA
MV NV

Bearbeiter: J.H.JUNGBLUTH ⊢——————⊣ 20 km

E.E.W./B.R.D. Hessen/ Geocode: MPTE U.T.M.

143

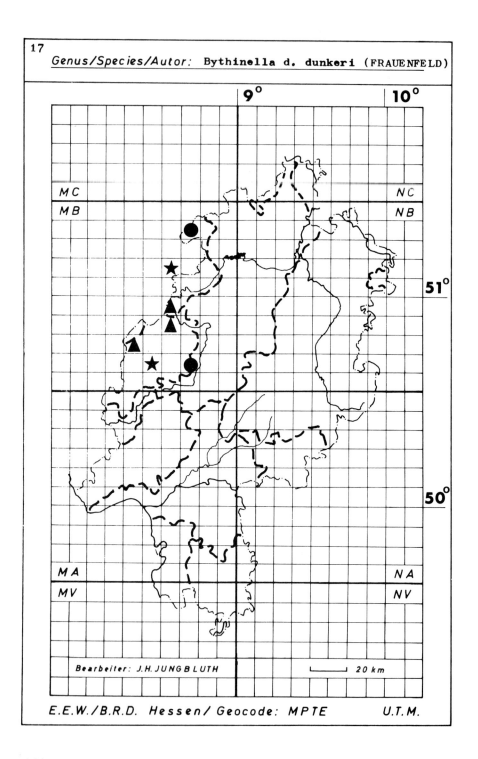

Genus/Species/Autor: **Bythinella d. compressa (FRAUENFELD)**

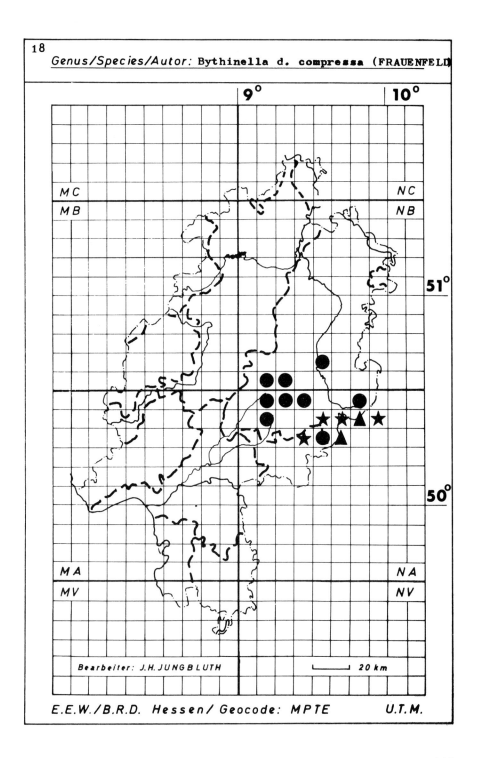

E.E.W./B.R.D. Hessen/ Geocode: MPTE   U.T.M.

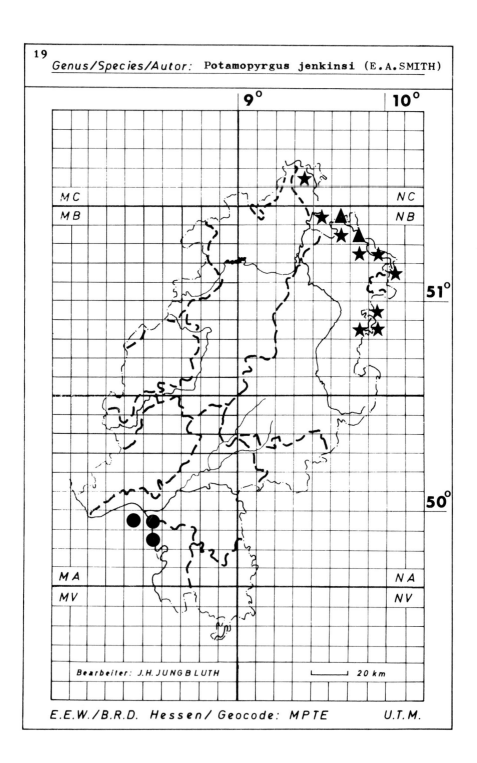

19

Genus/Species/Autor: Potamopyrgus jenkinsi (E.A.SMITH)

Bearbeiter: J.H.JUNGBLUTH   20 km

E.E.W./B.R.D. Hessen/ Geocode: MPTE   U.T.M.

146

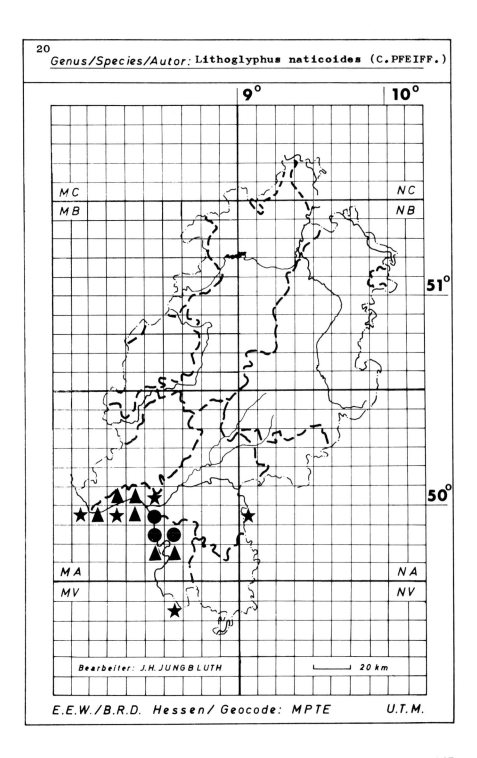

Genus/Species/Autor: **Lithoglyphus naticoides (C.PFEIFF.)**

Bearbeiter: J.H.JUNGBLUTH   20 km

E.E.W./B.R.D. Hessen/ Geocode: MPTE   *U.T.M.*

Genus/Species/Autor: Bithynia tentaculata (L.)

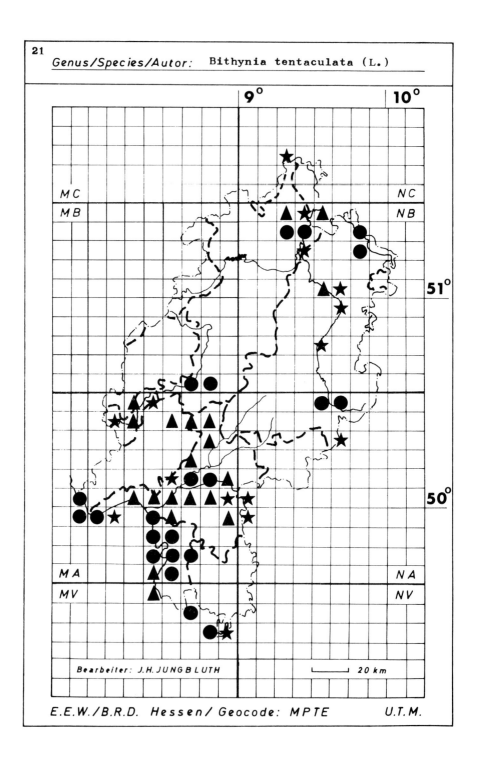

E.E.W./B.R.D. Hessen/ Geocode: MPTE   U.T.M.

148

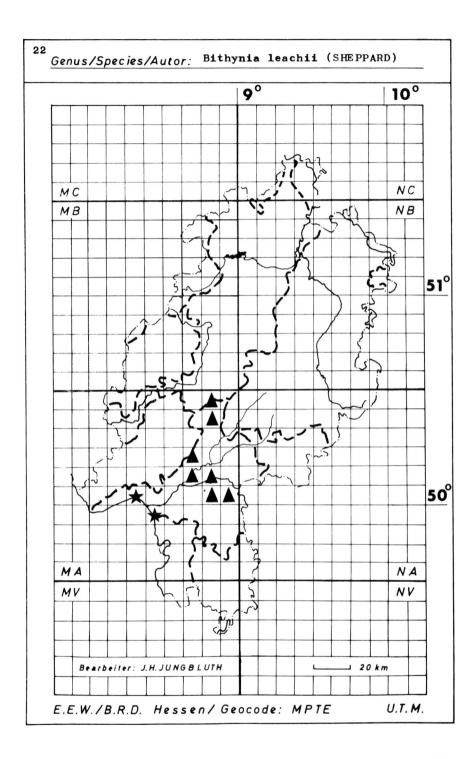

Genus/Species/Autor: **Bithynia leachii** (SHEPPARD)

MC   NC

MB   NB

MA   NA

MV   NV

Bearbeiter: J.H. JUNGBLUTH   20 km

E.E.W./B.R.D. Hessen/ Geocode: MPTE   *U.T.M.*

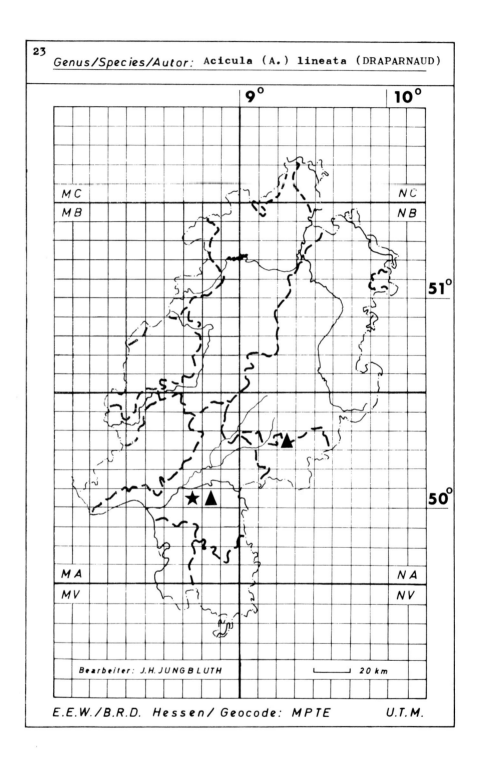

23 Genus/Species/Autor: Acicula (A.) lineata (DRAPARNAUD)

Bearbeiter: J.H.JUNGBLUTH

20 km

E.E.W./B.R.D. Hessen/ Geocode: MPTE   U.T.M.

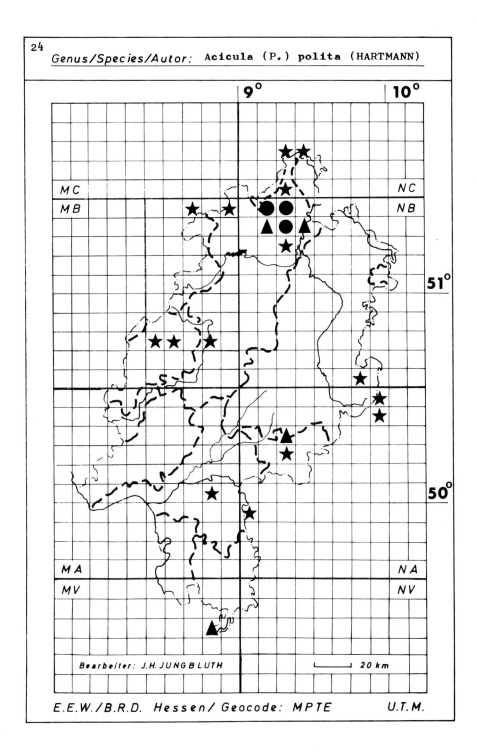

24

Genus/Species/Autor: Acicula (P.) polita (HARTMANN)

9° 10°

MC NC
MB NB

51°

50°

MA NA
MV NV

Bearbeiter: J.H.JUNGBLUTH 20 km

E.E.W./B.R.D. Hessen/ Geocode: MPTE U.T.M.

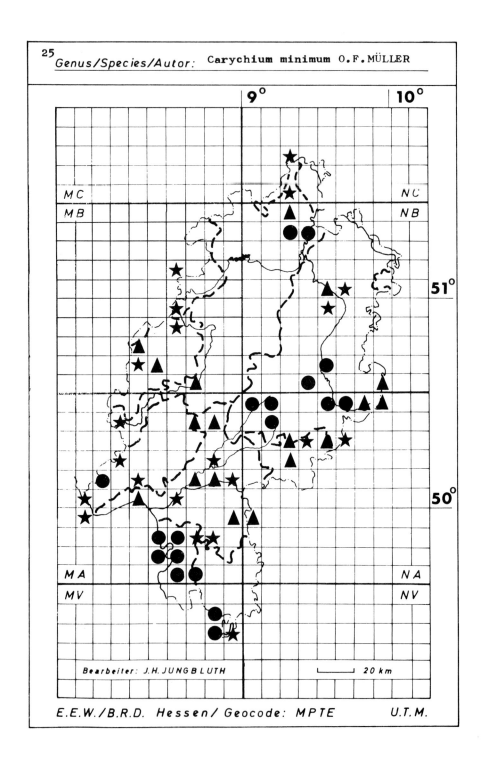

Genus/Species/Autor: Carychium minimum O.F.MÜLLER

Bearbeiter: J.H.JUNGBLUTH   20 km

E.E.W./B.R.D. Hessen/ Geocode: MPTE   *U.T.M.*

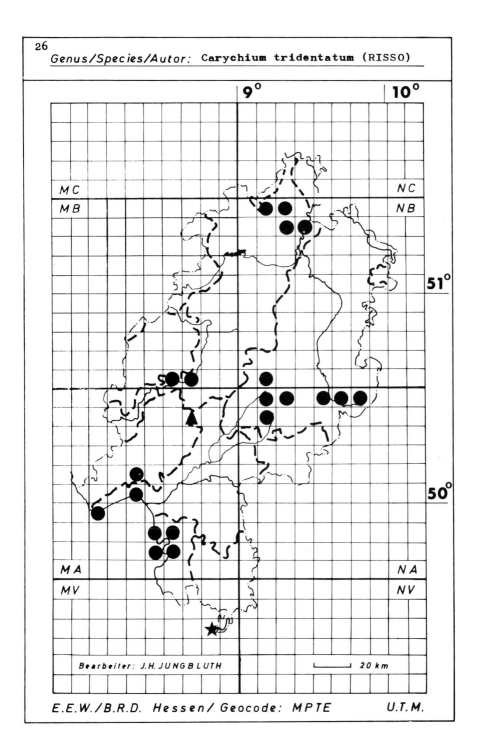

26
Genus/Species/Autor: **Carychium tridentatum (RISSO)**

9° 10°

MC NC
MB NB
51°
MA NA
MV NV

50°

Bearbeiter: J.H.JUNGBLUTH 20 km

E.E.W./B.R.D. Hessen/ Geocode: MPTE U.T.M.

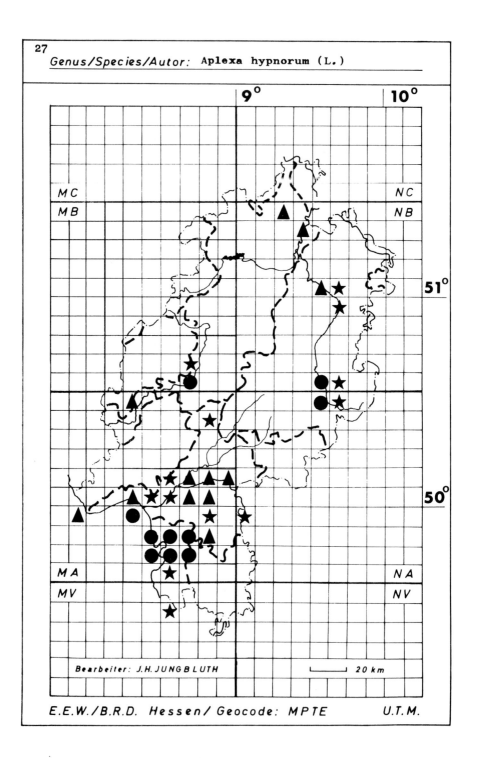

Genus/Species/Autor: **Aplexa hypnorum (L.)**

Bearbeiter: J.H. JUNGBLUTH   20 km

E.E.W./B.R.D. Hessen/ Geocode: MPTE   *U.T.M.*

154

Genus/Species/Autor: **Physa fontinalis (L.)**

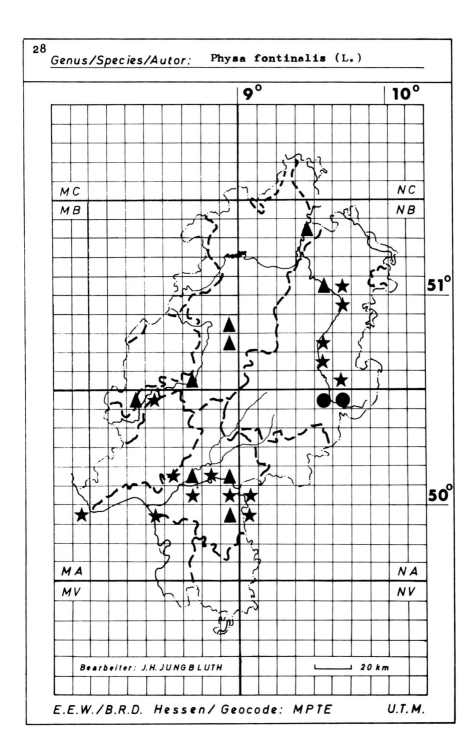

Bearbeiter: J.H. JUNGBLUTH   20 km

E.E.W./B.R.D. Hessen/ Geocode: MPTE   *U.T.M.*

Genus/Species/Autor: Physa acuta DRAPARNAUD

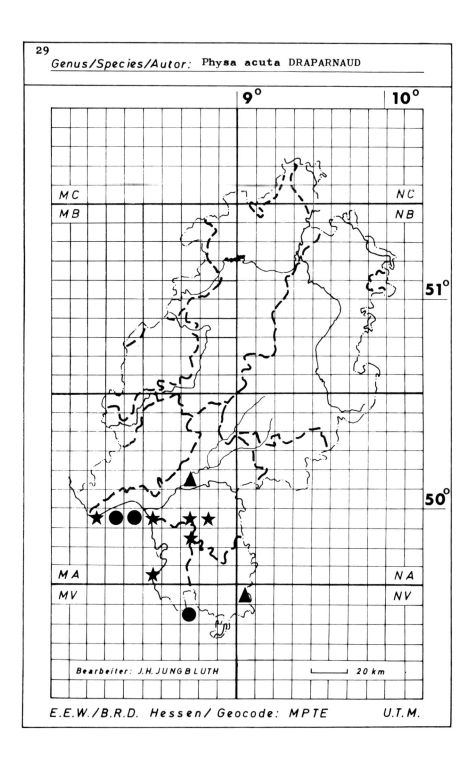

Bearbeiter: J.H. JUNGBLUTH   20 km

E.E.W./B.R.D. Hessen/ Geocode: MPTE   U.T.M.

Genus/Species/Autor: **Galba (G.) truncatula** (O.F.MÜLLER)

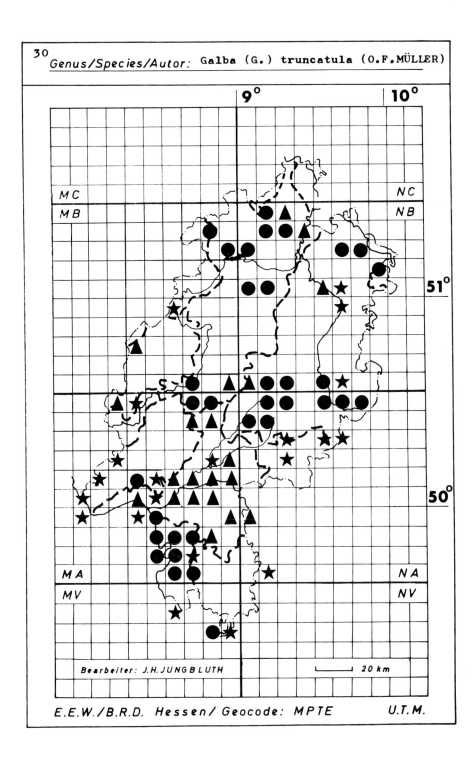

Bearbeiter: J.H. JUNGBLUTH

20 km

E.E.W./B.R.D. Hessen/ Geocode: MPTE   U.T.M.

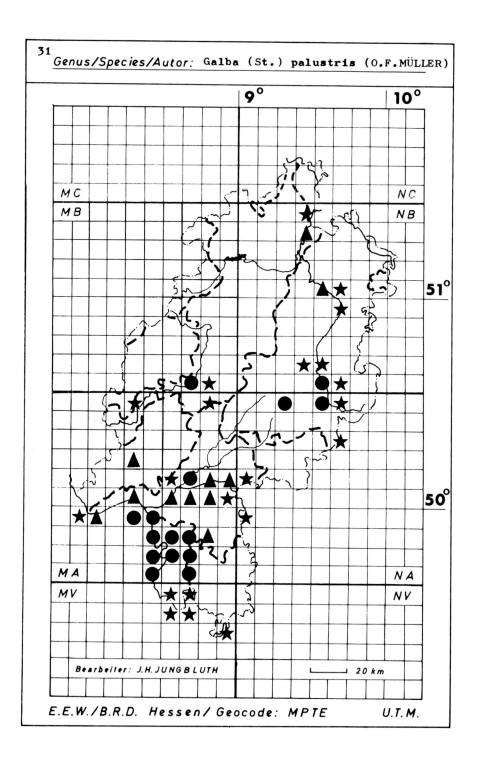

31 Genus/Species/Autor: Galba (St.) palustris (O.F.MÜLLER)

Bearbeiter: J.H. JUNGBLUTH   20 km

E.E.W./B.R.D. Hessen/ Geocode: MPTE   U.T.M.

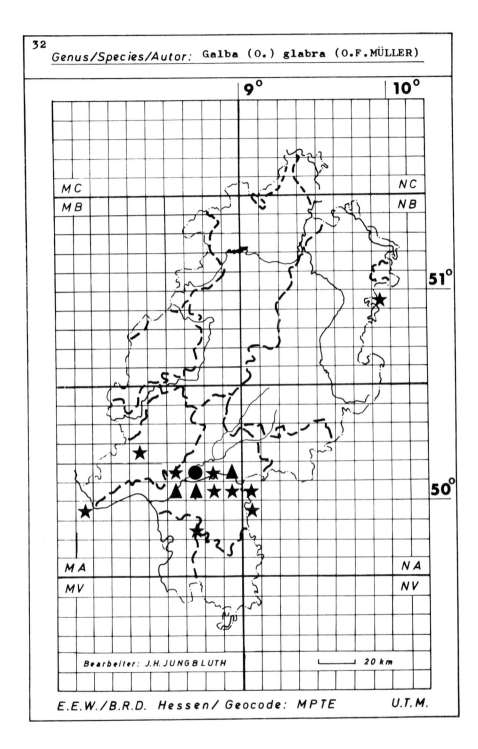

Genus/Species/Autor: Galba (O.) glabra (O.F.MÜLLER)

Bearbeiter: J.H.JUNGBLUTH

20 km

E.E.W./B.R.D. Hessen/ Geocode: MPTE   U.T.M.

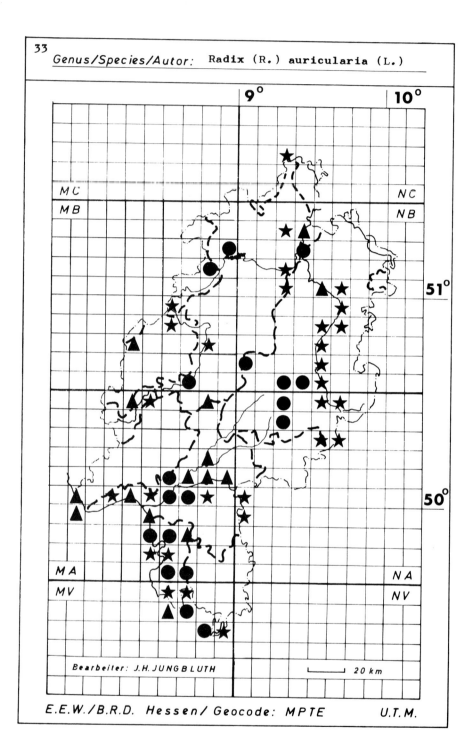

33 Genus/Species/Autor: Radix (R.) auricularia (L.)

Bearbeiter: J.H. JUNGBLUTH   20 km

E.E.W./B.R.D. Hessen/ Geocode: MPTE   U.T.M.

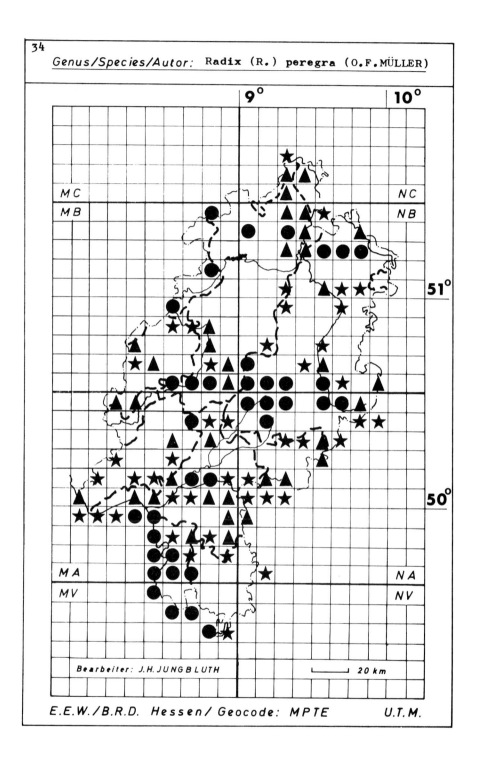

Genus/Species/Autor: **Radix** (R.) **peregra** (O.F.MÜLLER)

9° 10°

MC NC
MB NB

51°

50°

MA NA
MV NV

Bearbeiter: J.H.JUNGBLUTH 20 km

E.E.W./B.R.D. Hessen/ Geocode: MPTE U.T.M.

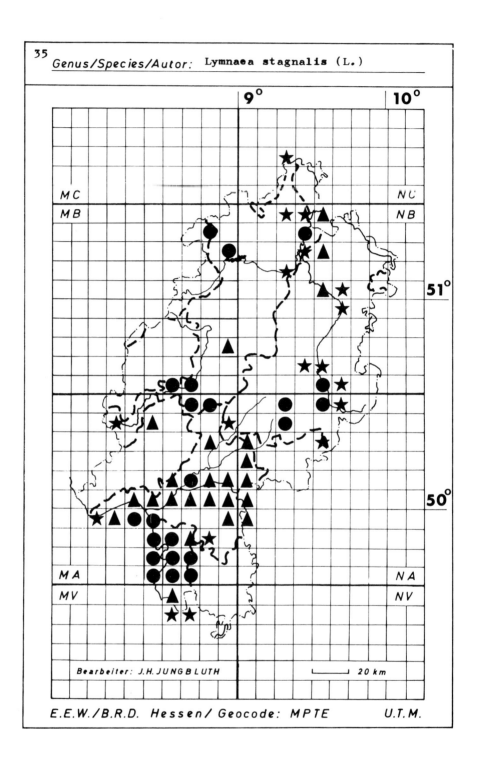

35 Genus/Species/Autor: **Lymnaea stagnalis** (L.)

Bearbeiter: J.H. JUNGBLUTH   20 km

E.E.W./B.R.D. Hessen/ Geocode: MPTE   U.T.M.

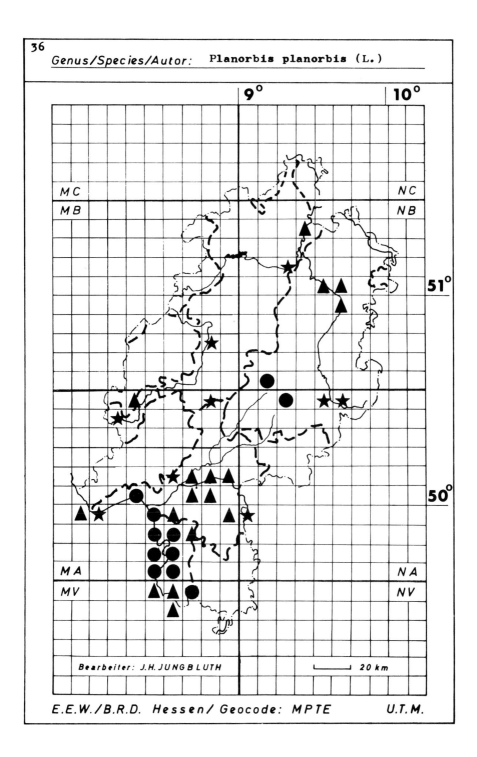

36

Genus/Species/Autor: **Planorbis planorbis (L.)**

9° 10°

MC   NC
MB   NB

51°

50°

MA   NA
MV   NV

Bearbeiter: J.H.JUNGBLUTH 20 km

E.E.W./B.R.D. Hessen/ Geocode: MPTE   *U.T.M.*

163

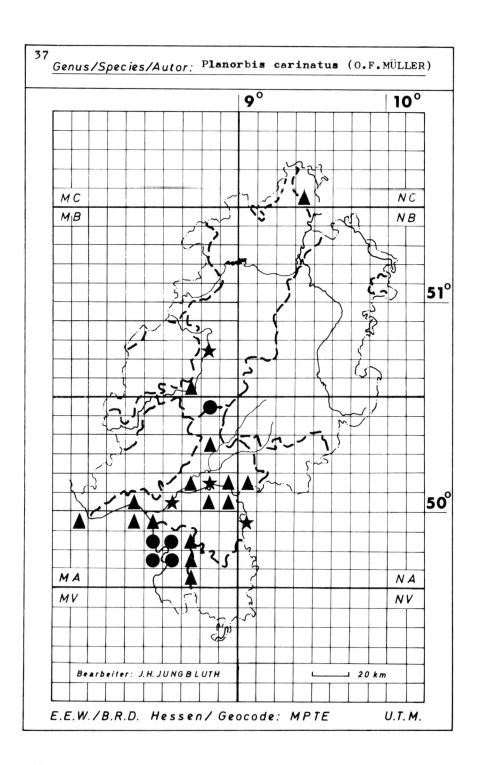

37

Genus/Species/Autor: **Planorbis carinatus** (O.F.MÜLLER)

9°   10°

M C   N C

M B   N B

51°

50°

M A   N A

M V   N V

Bearbeiter: J.H.JUNGBLUTH   20 km

E.E.W./B.R.D. Hessen/ Geocode: MPTE   *U.T.M.*

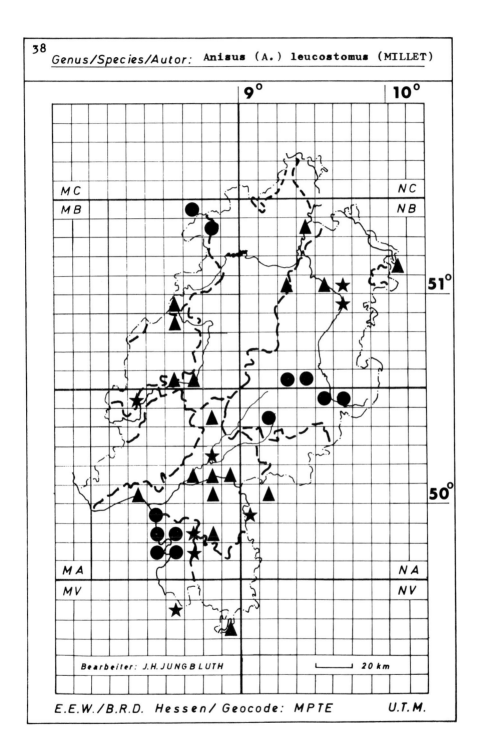

38

Genus/Species/Autor: Anisus (A.) leucostomus (MILLET)

9° 10°

MC NC
MB NB

51°

MA NA
MV NV

Bearbeiter: J.H.JUNGBLUTH 20 km

E.E.W./B.R.D. Hessen/ Geocode: MPTE U.T.M.

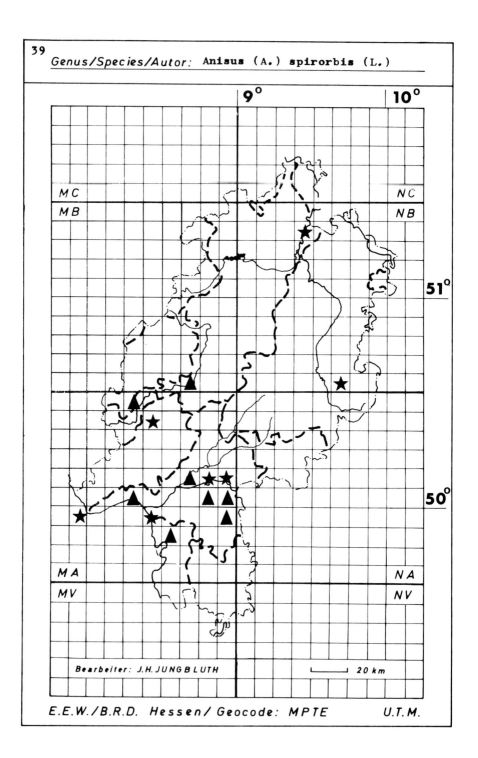

39

Genus/Species/Autor: Anisus (A.) spirorbis (L.)

MC   NC
MB   NB

51°

MA   NA
MV   NV

Bearbeiter: J.H.JUNGBLUTH   20 km

E.E.W./B.R.D. Hessen/ Geocode: MPTE   U.T.M.

Genus/Species/Autor: **Anisus (D.) vortex (L.)**

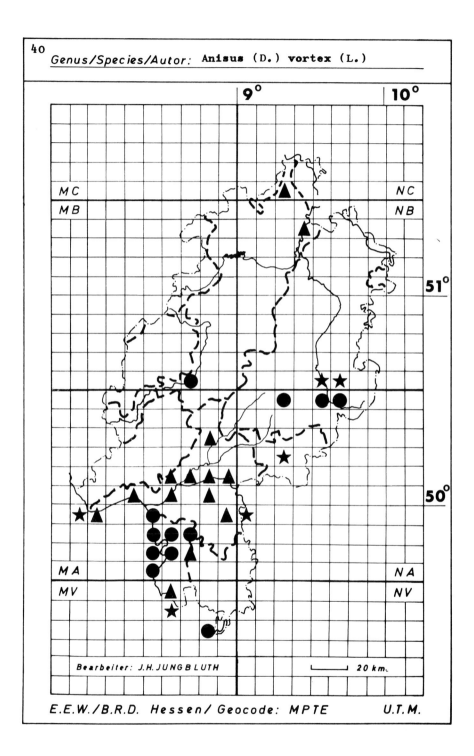

Bearbeiter: J.H. JUNGBLUTH

20 km.

E.E.W./B.R.D. Hessen/ Geocode: MPTE   *U.T.M.*

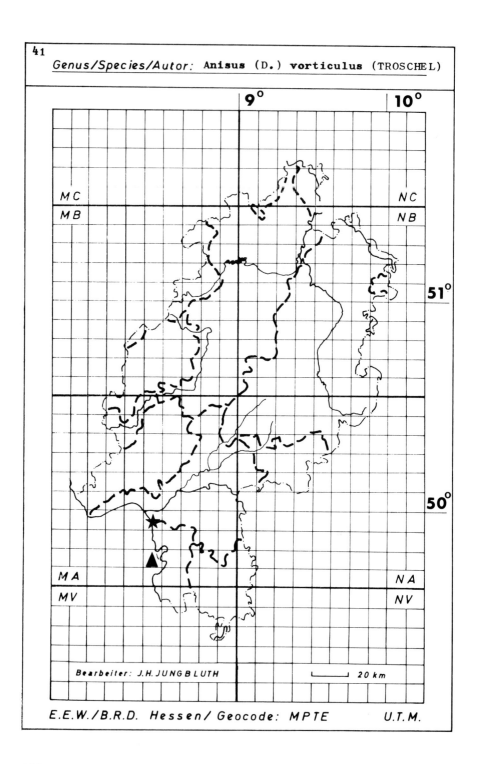

41

Genus/Species/Autor: **Anisus** (D.) **vorticulus** (TROSCHEL)

Bearbeiter: J.H. JUNGBLUTH

20 km

E.E.W./B.R.D. Hessen/ Geocode: MPTE   U.T.M.

168

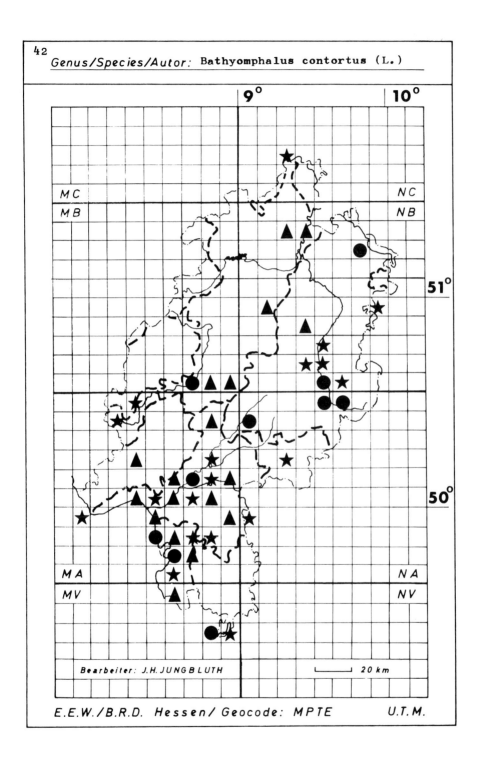

42

Genus/Species/Autor: Bathyomphalus contortus (L.)

MC   NC

MB   NB

51°

50°

MA   NA

MV   NV

Bearbeiter: J.H. JUNGBLUTH   20 km

E.E.W./B.R.D. Hessen/ Geocode: MPTE   *U.T.M.*

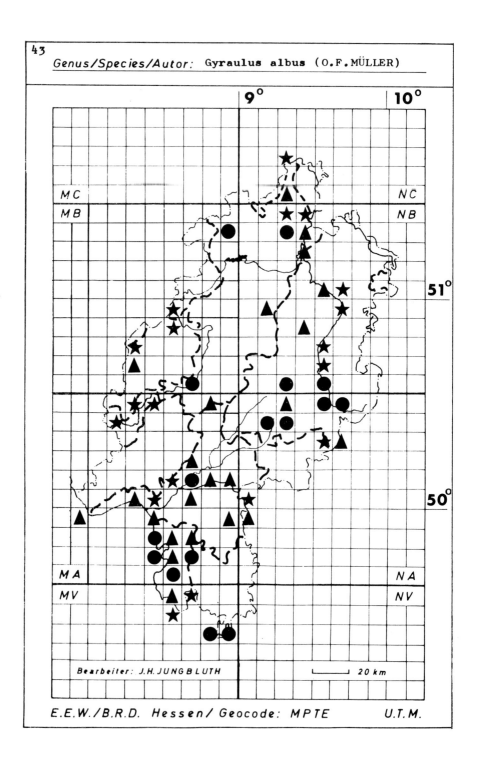

Genus/Species/Autor: **Gyraulus albus** (O.F.MÜLLER)

9° 10°

NC

MC

MB NB

51°

50°

MA NA

MV NV

Bearbeiter: J.H.JUNGBLUTH   20 km

E.E.W./B.R.D. Hessen/ Geocode: MPTE   U.T.M.

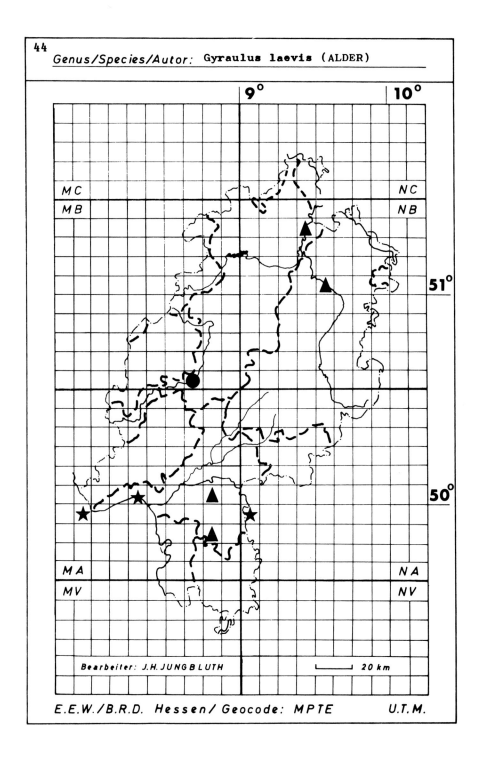

Genus/Species/Autor: **Gyraulus laevis** (ALDER)

9° 10°

MC NC
MB NB

51°

50°

MA NA
MV NV

Bearbeiter: J.H.JUNGBLUTH   20 km

E.E.W./B.R.D. Hessen/ Geocode: MPTE   *U.T.M.*

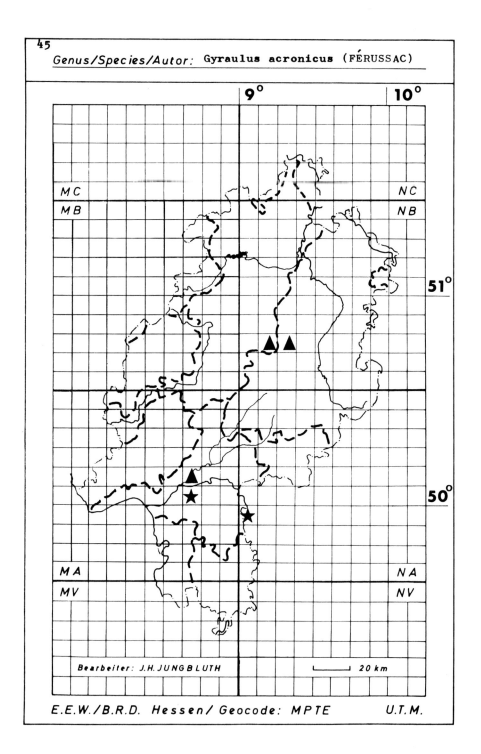

45

Genus/Species/Autor: **Gyraulus acronicus** (FÉRUSSAC)

9° 10°

MC NC
MB NB

51°

50°

MA NA
MV NV

Bearbeiter: J.H.JUNGBLUTH 20 km

E.E.W./B.R.D. Hessen/ Geocode: MPTE *U.T.M.*

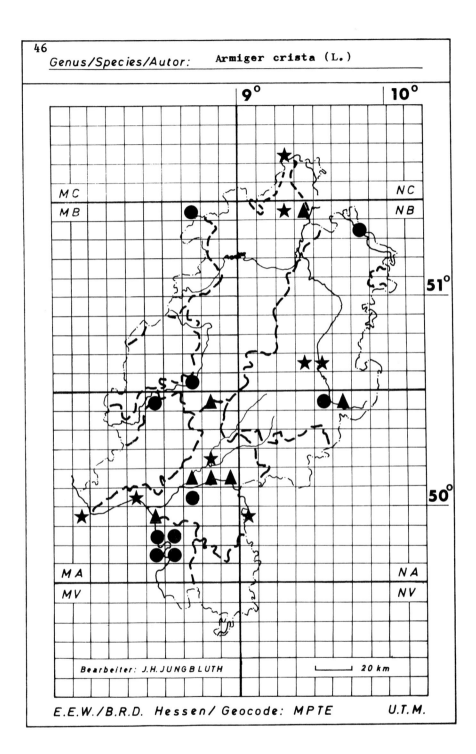

46

Genus/Species/Autor: **Armiger crista (L.)**

Bearbeiter: J.H.JUNGBLUTH 20 km

E.E.W./B.R.D. Hessen/ Geocode: MPTE U.T.M.

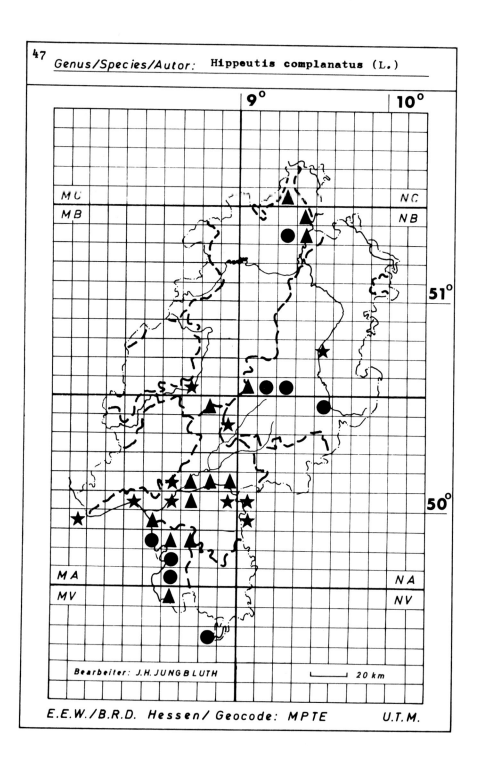

Genus/Species/Autor: **Hippeutis complanatus** (L.)

Genus/Species/Autor: **Segmentina nitida (O.F.MÜLLER)**

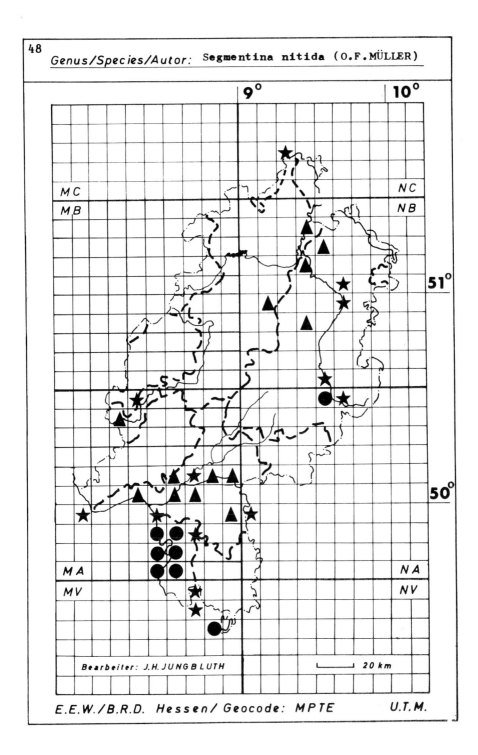

Bearbeiter: J.H. JUNGBLUTH   20 km

E.E.W./B.R.D. Hessen/ Geocode: MPTE   U.T.M.

Genus/Species/Autor: **Planorbarius corneus** (L.)

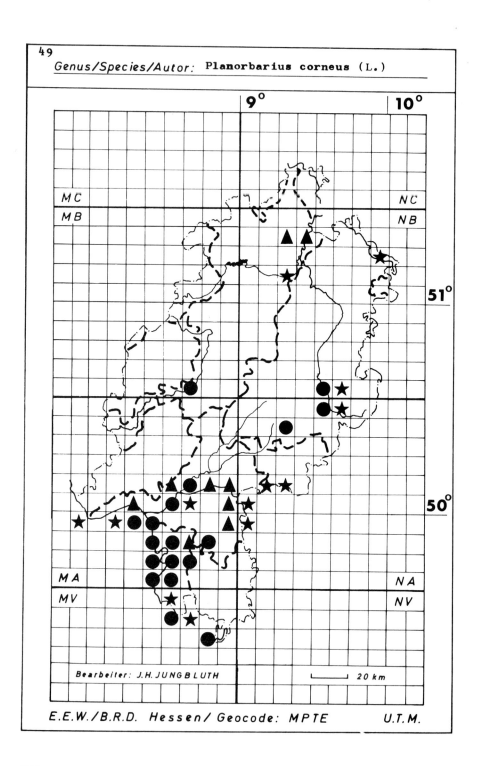

Bearbeiter: J.H. JUNGBLUTH   └─────┘ 20 km

E.E.W./B.R.D. Hessen/ Geocode: MPTE   *U.T.M.*

Genus/Species/Autor: **Ancylus fluviatilis O.F.MÜLLER**

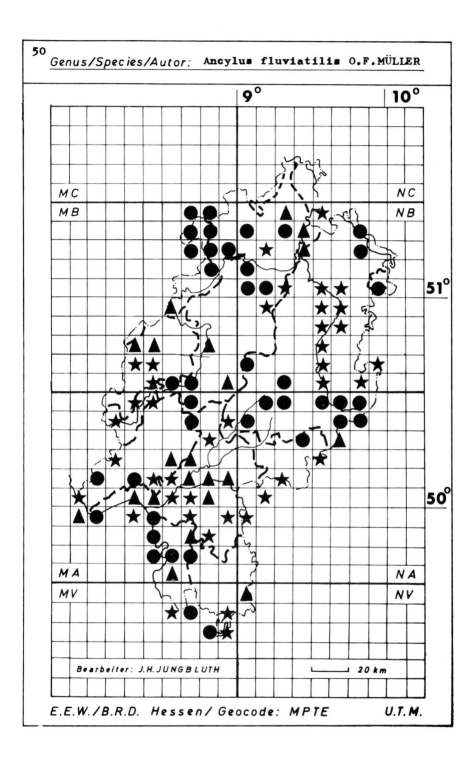

E.E.W./B.R.D. Hessen/ Geocode: MPTE   U.T.M.

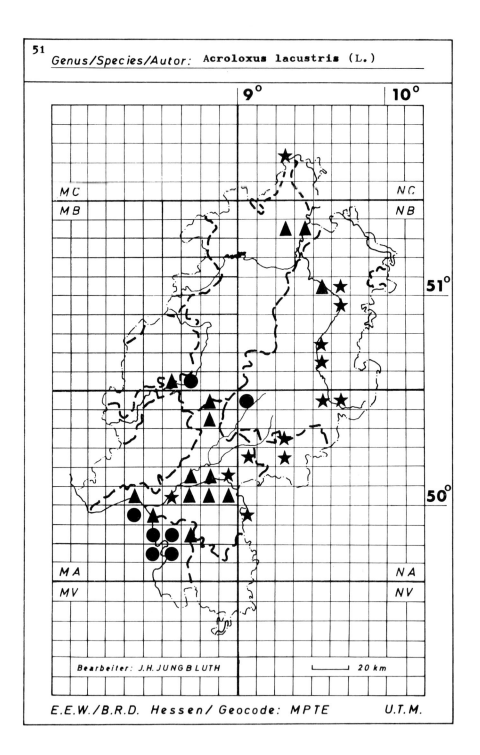

51

Genus/Species/Autor: **Acroloxus lacustris** (L.)

Bearbeiter: J.H. JUNGBLUTH   20 km

E.E.W./B.R.D. Hessen/ Geocode: MPTE   U.T.M.

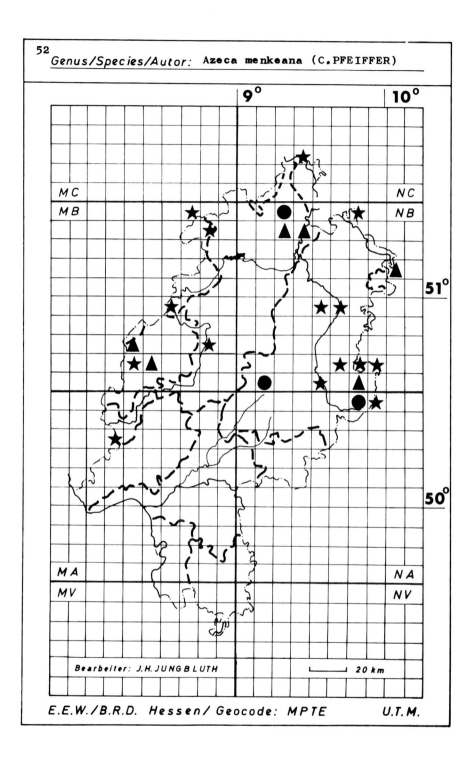

52

Genus/Species/Autor: **Azeca menkeana** (C.PFEIFFER)

9° 10°

MC NC

MB NB

51°

MA NA

MV NV

Bearbeiter: J.H.JUNGBLUTH   ⊢——⊣ 20 km

E.E.W./B.R.D. Hessen/ Geocode: MPTE   U.T.M.

Genus/Species/Autor: **Cochlicopa lubrica** (O.F.MÜLLER)

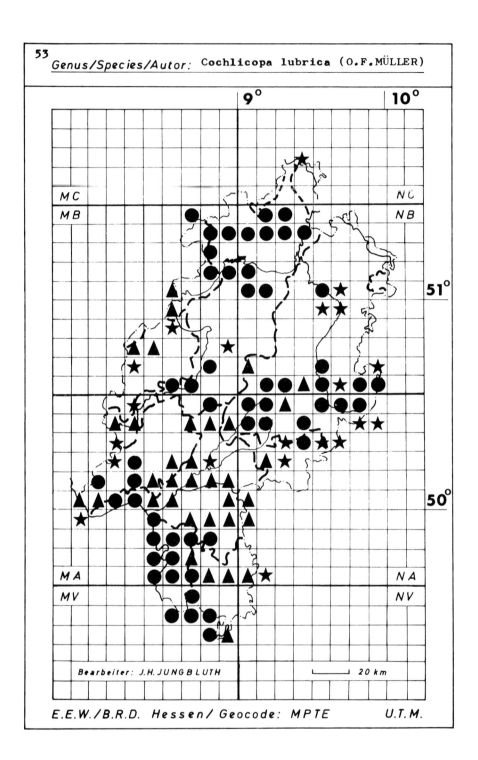

Bearbeiter: J.H. JUNGBLUTH   20 km

E.E.W./B.R.D. Hessen/ Geocode: MPTE   U.T.M.

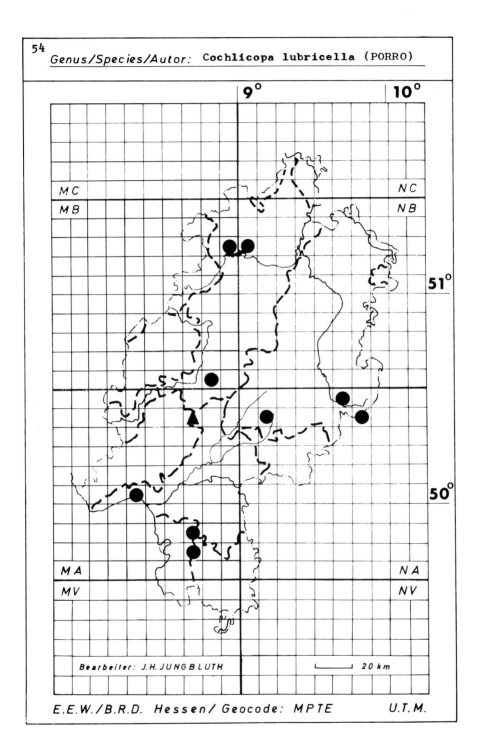

Genus/Species/Autor: **Cochlicopa lubricella** (PORRO)

9°   10°

MC   NC
MB   NB

51°

50°

MA   NA
MV   NV

Bearbeiter: J.H. JUNGBLUTH   20 km

E.E.W./B.R.D. Hessen/ Geocode: MPTE   U.T.M.

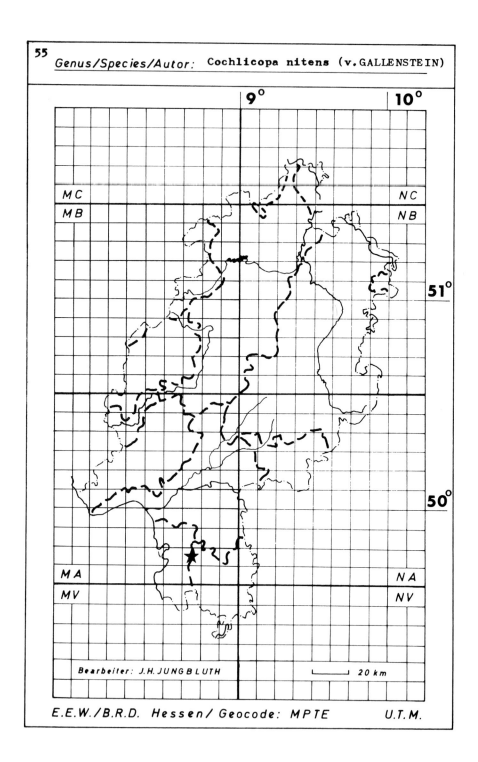

55 Genus/Species/Autor: **Cochlicopa nitens** (v.GALLENSTEIN)

Bearbeiter: J.H.JUNGBLUTH

20 km

E.E.W./B.R.D. Hessen/ Geocode: MPTE   U.T.M.

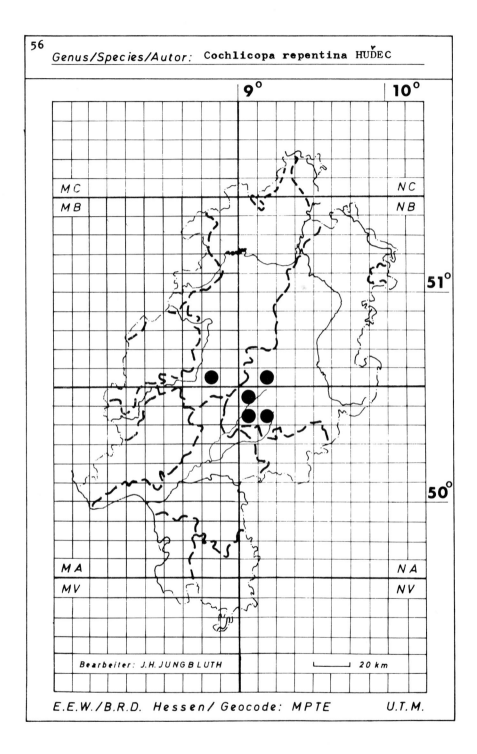

56

Genus/Species/Autor: **Cochlicopa repentina** HUDEC

Bearbeiter: J.H. JUNGBLUTH   20 km

E.E.W./B.R.D. Hessen/ Geocode: MPTE   *U.T.M.*

Genus/Species/Autor: **Pyramidula rupestris** (DRAPARNAUD)

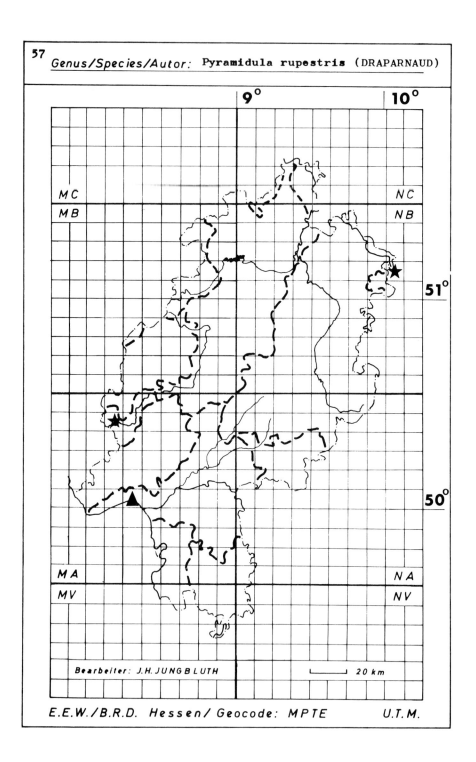

Bearbeiter: J.H. JUNGBLUTH   20 km

E.E.W./B.R.D. Hessen/ Geocode: MPTE   *U.T.M.*

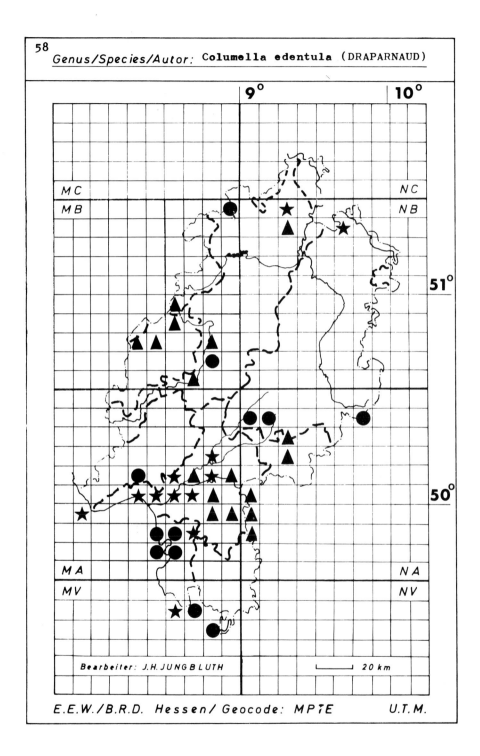

58

Genus/Species/Autor: **Columella edentula** (DRAPARNAUD)

Bearbeiter: J.H.JUNGBLUTH

20 km

E.E.W./B.R.D. Hessen/ Geocode: MPTE   *U.T.M.*

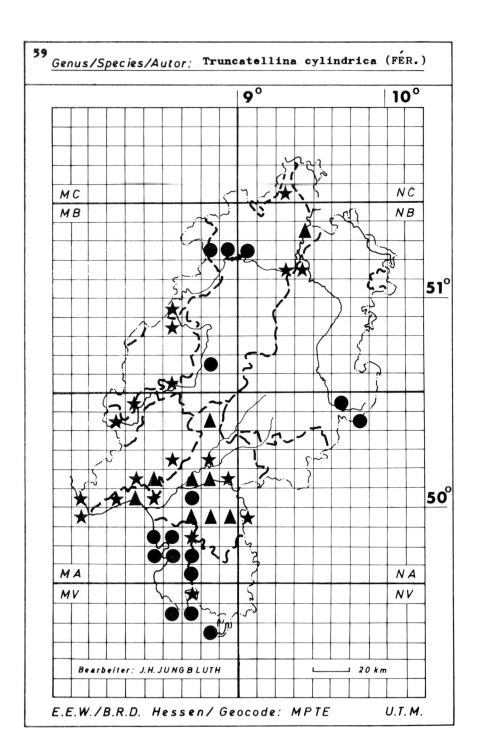

59 *Genus/Species/Autor:* **Truncatellina cylindrica (FÉR.)**

Bearbeiter: J.H. JUNGBLUTH

20 km

E.E.W./B.R.D. Hessen/ Geocode: MPTE   *U.T.M.*

186

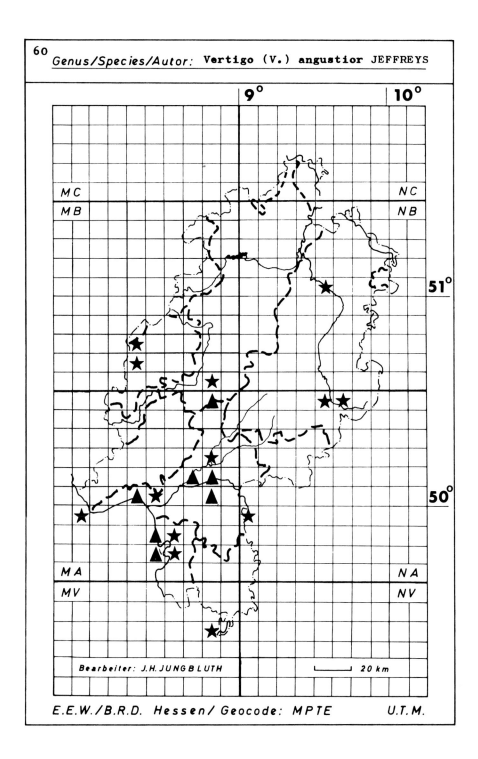

60

Genus/Species/Autor: **Vertigo (V.) angustior** JEFFREYS

9°   10°

M C   N C

M B   N B

51°

50°

M A   N A

M V   N V

Bearbeiter: J.H. JUNGBLUTH   20 km

E.E.W./B.R.D. Hessen/ Geocode: MPTE   U.T.M.

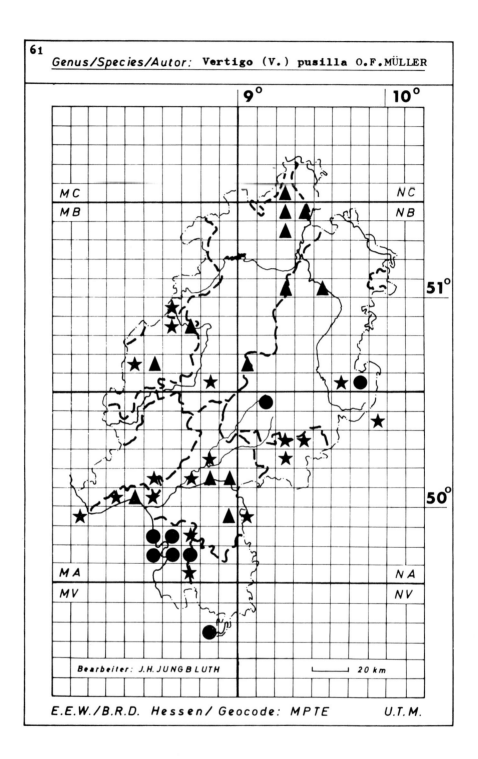

Genus/Species/Autor: **Vertigo (V.) pusilla O.F.MÜLLER**

MC · NC
MB · NB

51°

50°

MA · NA
MV · NV

Bearbeiter: J.H.JUNGBLUTH   20 km

E.E.W./B.R.D. Hessen/ Geocode: MPTE   *U.T.M.*

Genus/Species/Autor: **Vertigo (V.) antivertigo (DRAP.)**

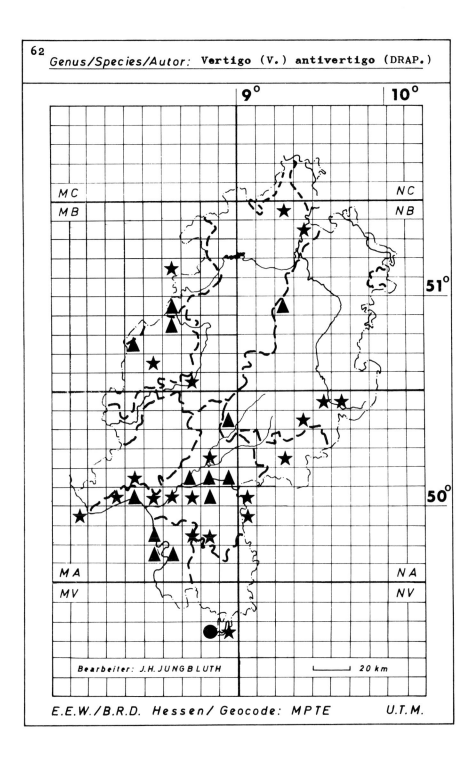

E.E.W./B.R.D. Hessen/ Geocode: MPTE   *U.T.M.*

Bearbeiter: J.H. JUNGBLUTH   ⊢——————⊣ 20 km

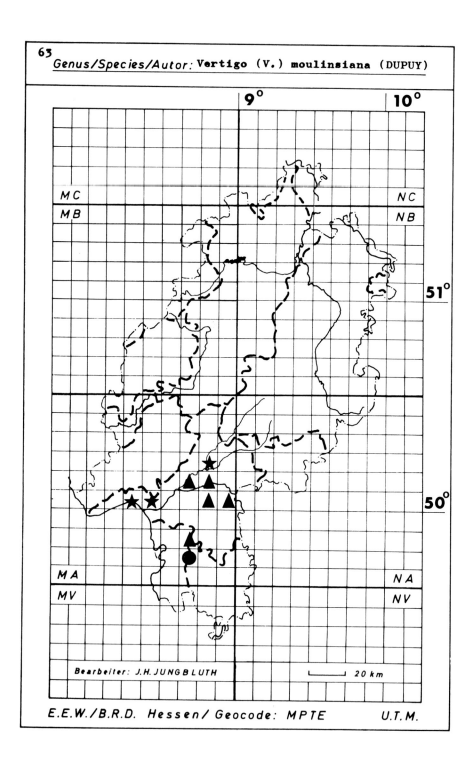

63

Genus/Species/Autor: **Vertigo (V.) moulinsiana (DUPUY)**

Bearbeiter: J.H. JUNGBLUTH   20 km

E.E.W./B.R.D. Hessen/ Geocode: MPTE   U.T.M.

Genus/Species/Autor: **Vertigo (V.) pygmaea** (DRAPARNAUD)

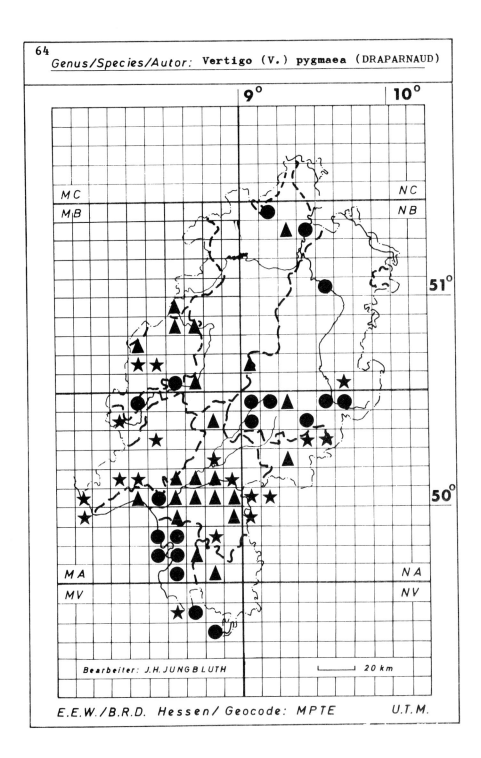

Bearbeiter: J.H. JUNGBLUTH

20 km

E.E.W./B.R.D. Hessen/ Geocode: MPTE   *U.T.M.*

191

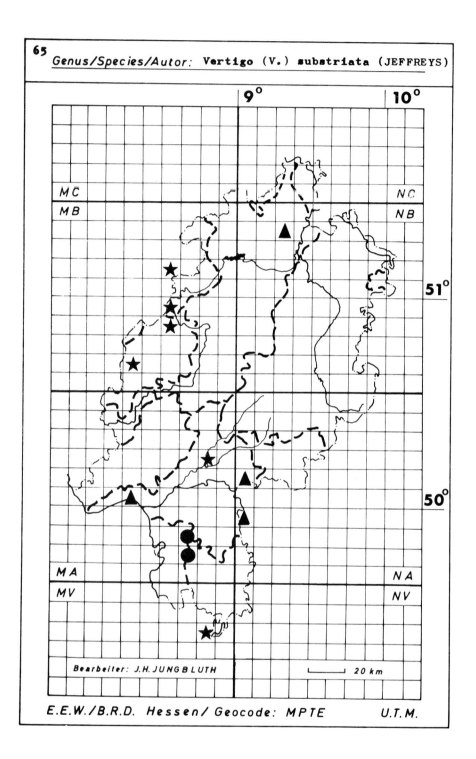

65 *Genus/Species/Autor:* **Vertigo (V.) substriata** (JEFFREYS)

Bearbeiter: J.H. JUNGBLUTH   20 km

E.E.W./B.R.D. Hessen/ Geocode: MPTE   *U.T.M.*

192

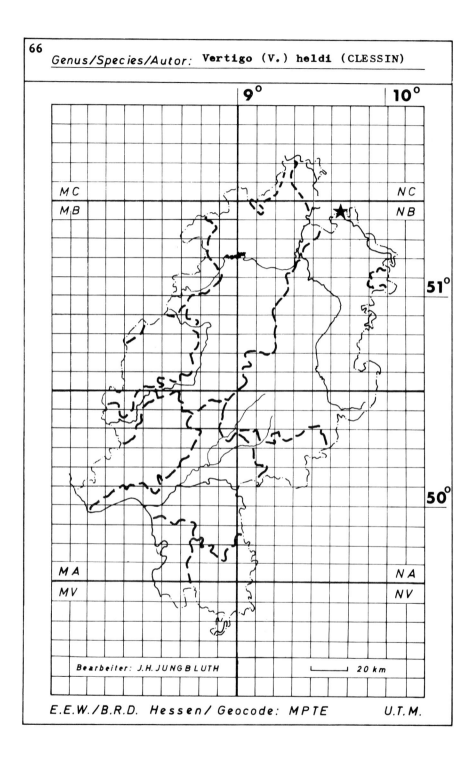

66

Genus/Species/Autor: **Vertigo (V.) heldi (CLESSIN)**

9°   10°

M C   N C

M B   N B

51°

M A   N A

M V   N V

50°

Bearbeiter: J.H.JUNGBLUTH   20 km

E.E.W./B.R.D. Hessen/ Geocode: MPTE   *U.T.M.*

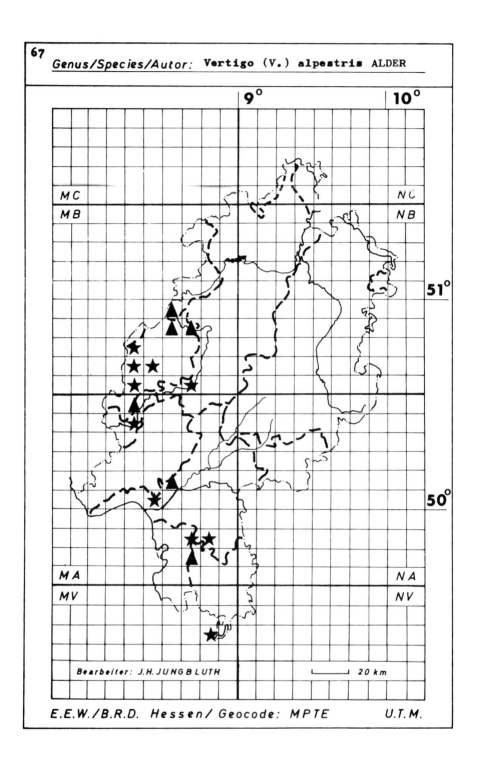

67 *Genus/Species/Autor:* **Vertigo (V.) alpestris** ALDER

Bearbeiter: J.H. JUNGBLUTH

20 km

E.E.W./B.R.D. Hessen/ Geocode: MPTE U.T.M.

194

Genus/Species/Autor: **Orcula (Sph.) doliolum** (BRUGUIÈRE)

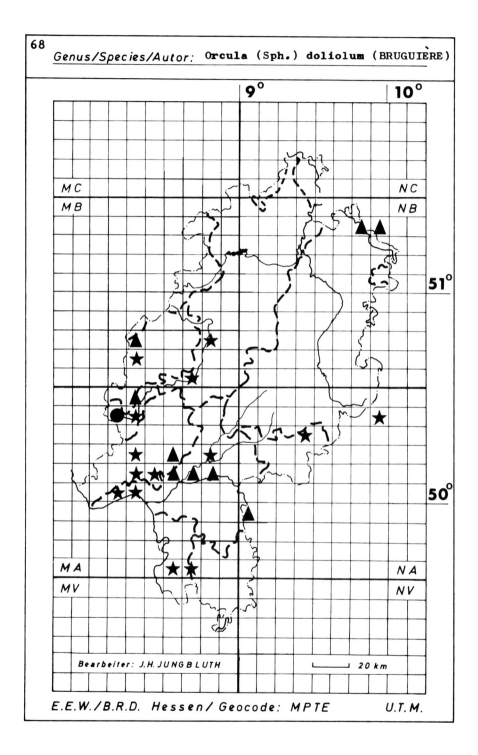

Bearbeiter: J.H. JUNGBLUTH   20 km

E.E.W./B.R.D. Hessen/ Geocode: MPTE   U.T.M.

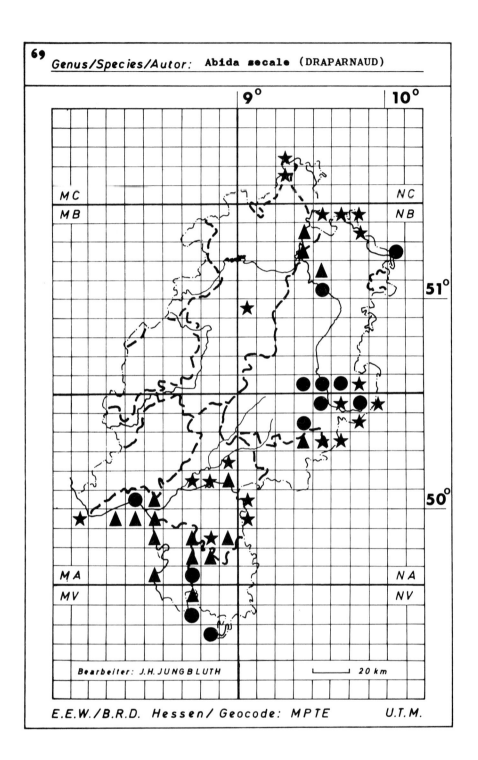

69 *Genus/Species/Autor:* **Abida secale** (DRAPARNAUD)

E.E.W./B.R.D. Hessen/ Geocode: MPTE   U.T.M.

Bearbeiter: J.H. JUNGBLUTH   20 km

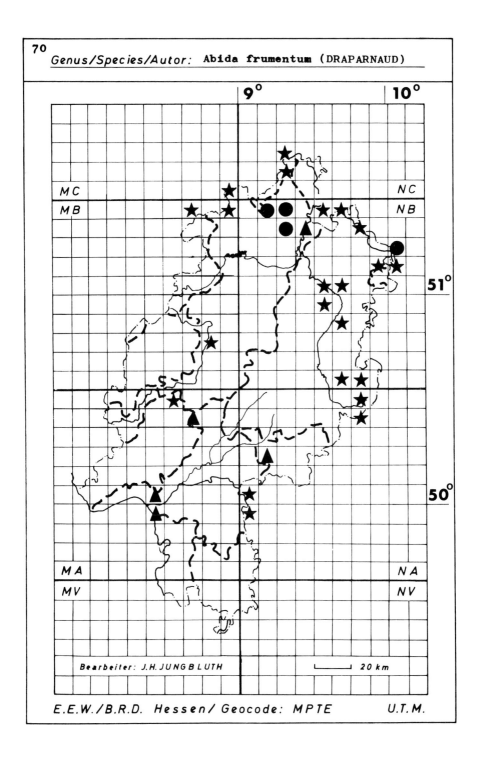

Genus/Species/Autor: **Abida frumentum** (DRAPARNAUD)

E.E.W./B.R.D. Hessen/ Geocode: MPTE   U.T.M.

Bearbeiter: J.H. JUNGBLUTH   20 km

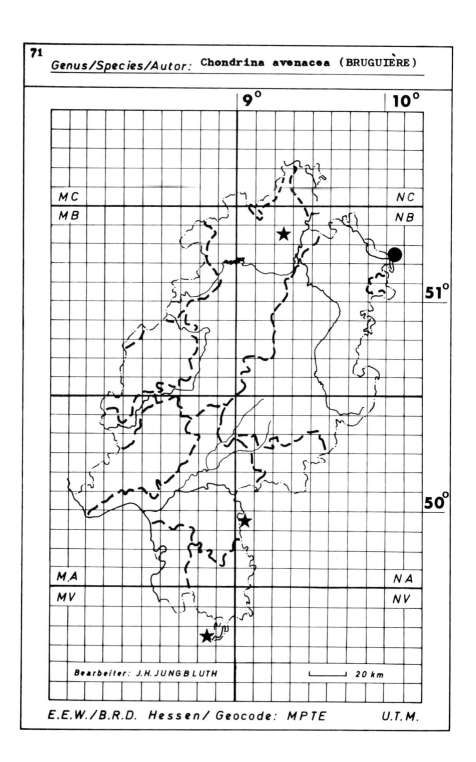

71

Genus/Species/Autor: **Chondrina avenacea** (BRUGUIÈRE)

9°   10°

MC   NC

MB   NB

51°

50°

MA   NA

MV   NV

Bearbeiter: J.H. JUNGBLUTH   20 km

E.E.W./B.R.D. Hessen/ Geocode: MPTE   U.T.M.

Genus/Species/Autor: **Pupilla muscorum (L.)**

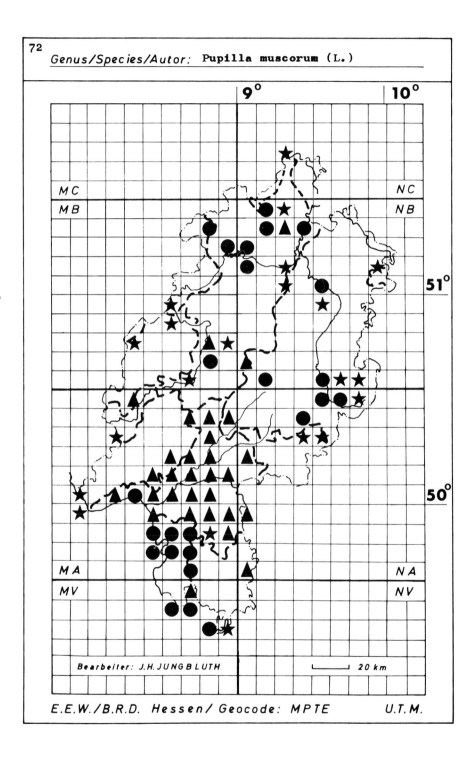

Bearbeiter: J.H. JUNGBLUTH 20 km

E.E.W./B.R.D. Hessen/ Geocode: MPTE U.T.M.

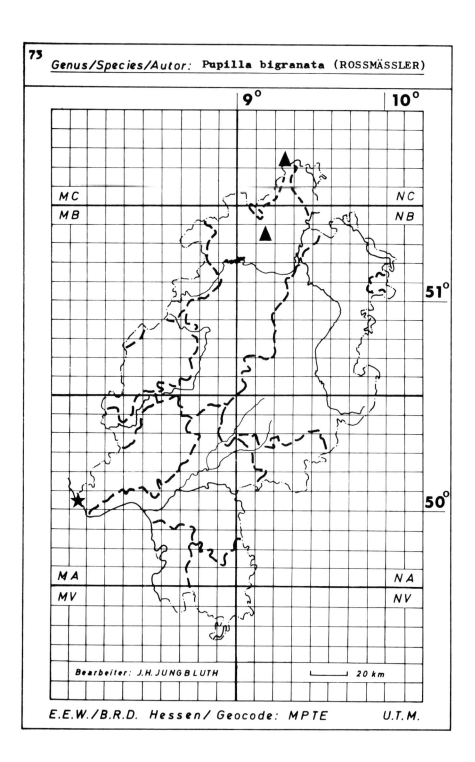

73

Genus/Species/Autor: **Pupilla bigranata** (ROSSMÄSSLER)

9°   10°

MC   NC
MB   NB

51°

50°

MA   NA
MV   NV

Bearbeiter: J.H. JUNGBLUTH   20 km

E.E.W./B.R.D. Hessen/ Geocode: MPTE   U.T.M.

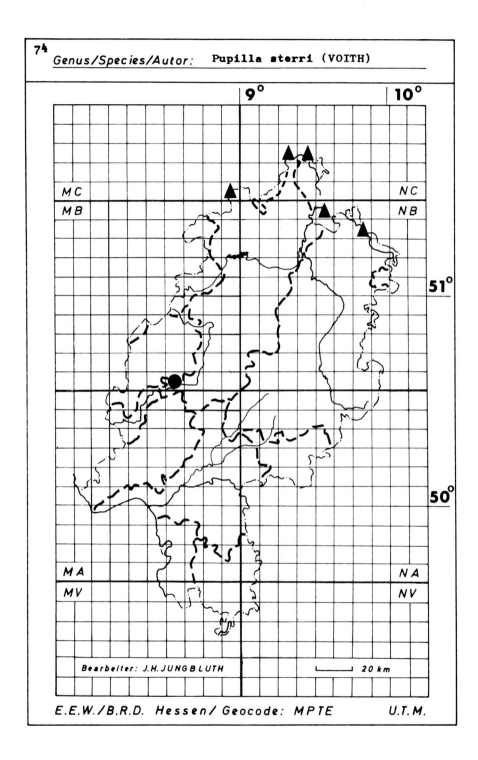

Genus/Species/Autor: **Pupilla sterri (VOITH)**

E.E.W./B.R.D. Hessen/ Geocode: MPTE   *U.T.M.*

Bearbeiter: J.H.JUNGBLUTH   20 km

Genus/Species/Autor: **Vallonia p. pulchella (O.F.MÜLLER)**

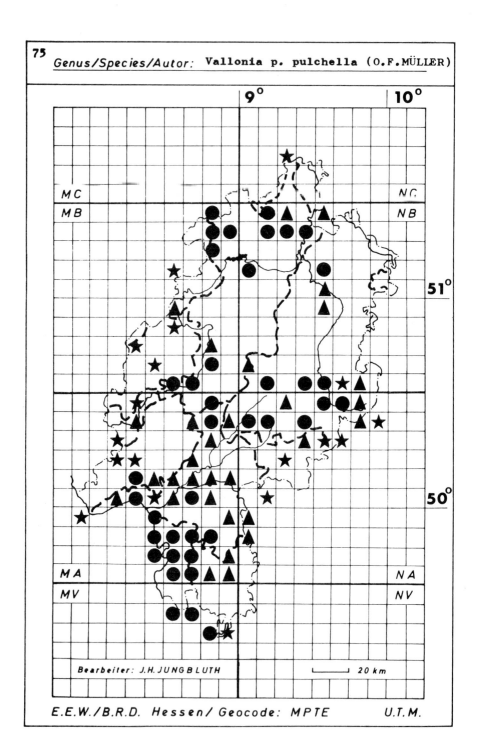

E.E.W./B.R.D. Hessen/ Geocode: MPTE   U.T.M.

Genus/Species/Autor: **Vallonia p. enniensis** GREDLER

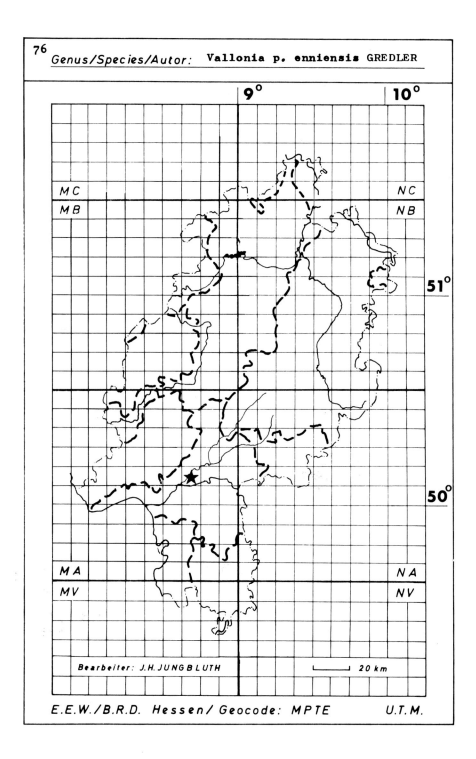

9°   10°

MC   NC
MB   NB

51°

50°

MA   NA
MV   NV

Bearbeiter: J.H.JUNGBLUTH   20 km

E.E.W./B.R.D. Hessen/ Geocode: MPTE   *U.T.M.*

Genus/Species/Autor: **Vallonia costata** (O.F.MÜLLER)

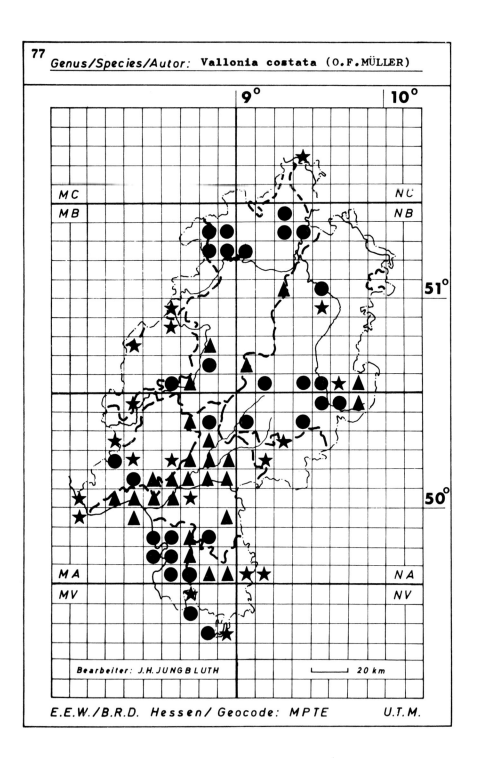

Bearbeiter: J.H.JUNGBLUTH

20 km

E.E.W./B.R.D. Hessen/ Geocode: MPTE   U.T.M.

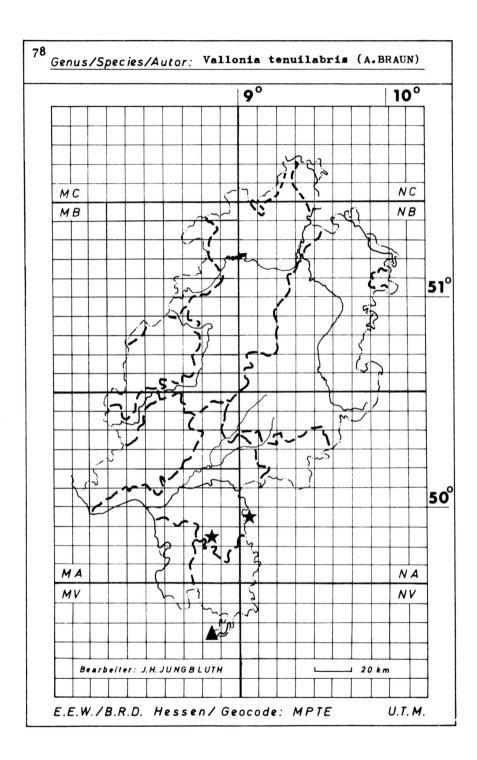

78 Genus/Species/Autor: **Vallonia tenuilabris** (A.BRAUN)

9° 10°

MC NC
MB NB

51°

50°

MA NA
MV NV

Bearbeiter: J.H.JUNGBLUTH   20 km

E.E.W./B.R.D. Hessen/ Geocode: MPTE   U.T.M.

Genus/Species/Autor: **Vallonia adela** WESTERLUND

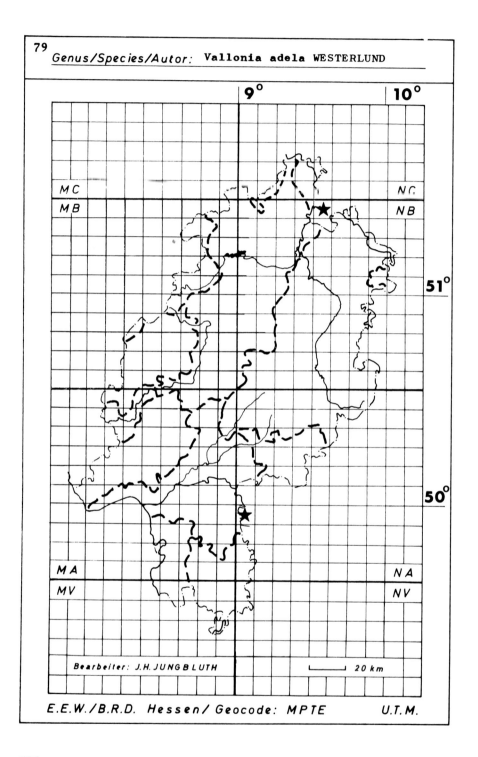

Bearbeiter: J.H. JUNGBLUTH

20 km

E.E.W./B.R.D. Hessen/ Geocode: MPTE   U.T.M.

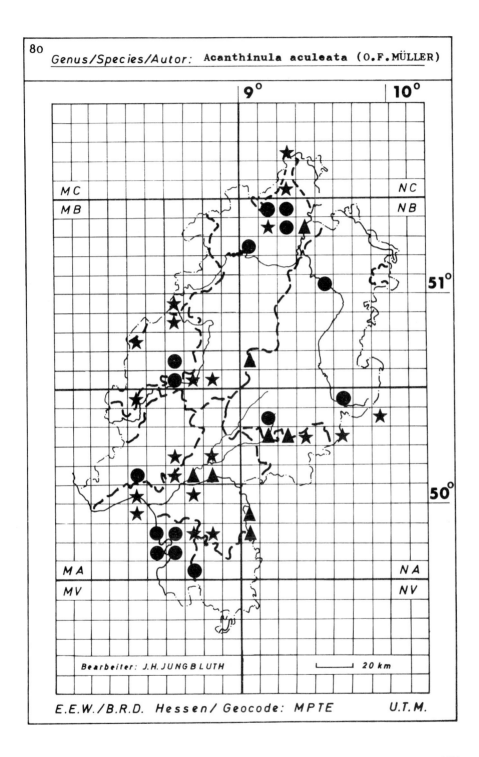

Genus/Species/Autor: **Acanthinula aculeata** (O.F.MÜLLER)

Bearbeiter: J.H.JUNGBLUTH   20 km

E.E.W./B.R.D. Hessen/ Geocode: MPTE   U.T.M.

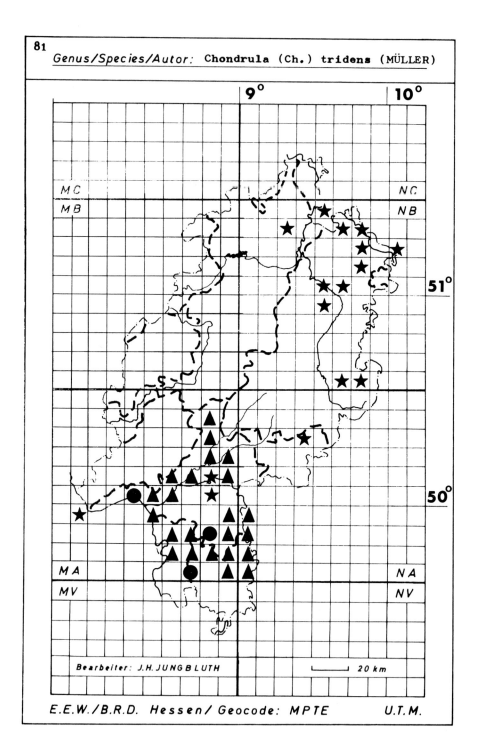

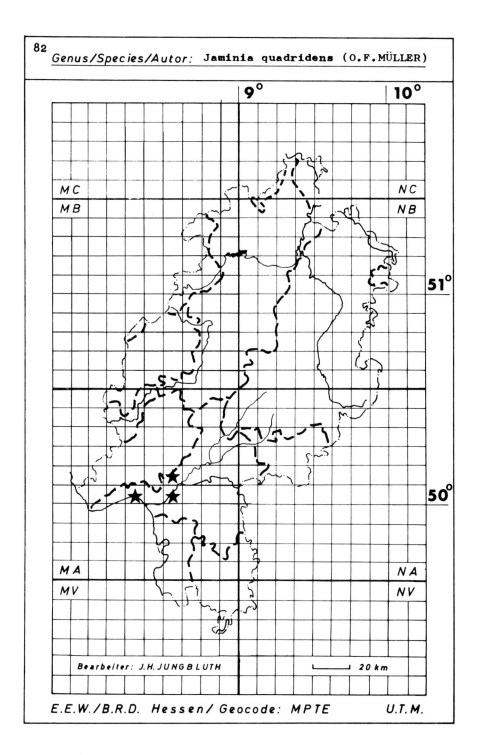

Genus/Species/Autor: **Jaminia quadridens** (O.F. MÜLLER)

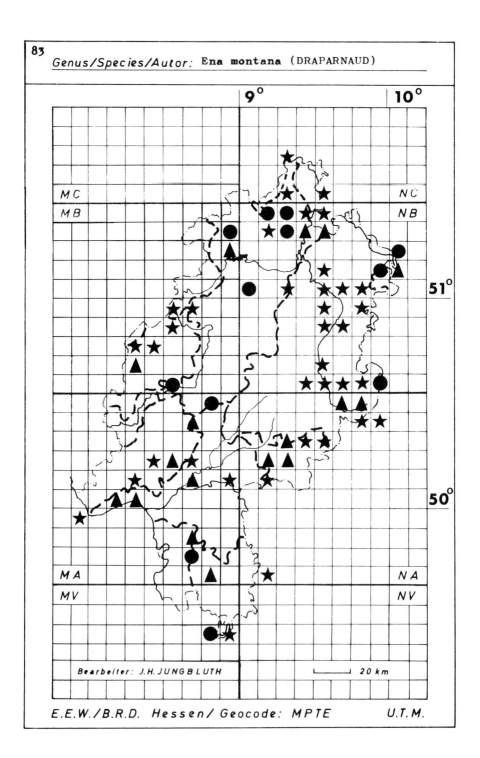

Genus/Species/Autor: **Ena montana** (DRAPARNAUD)

Bearbeiter: J.H. JUNGBLUTH

20 km

E.E.W./B.R.D. Hessen/ Geocode: MPTE   U.T.M.

84

Genus/Species/Autor: **Ena obscura** (O.F.MÜLLER)

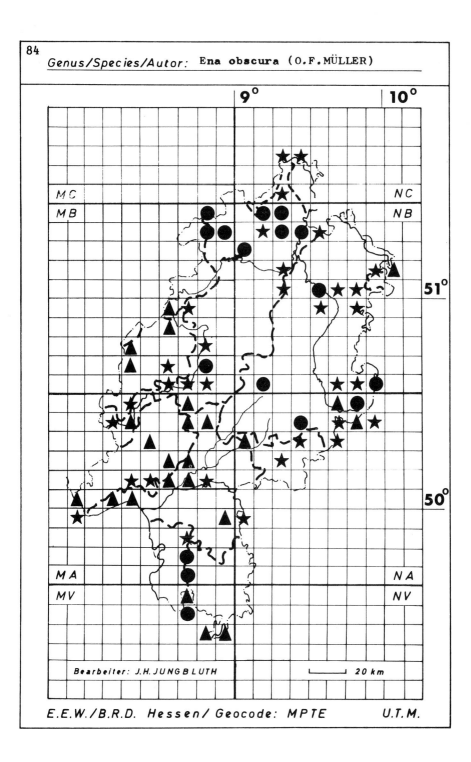

Bearbeiter: J.H. JUNGBLUTH   20 km

E.E.W./B.R.D. Hessen/ Geocode: MPTE   U.T.M.

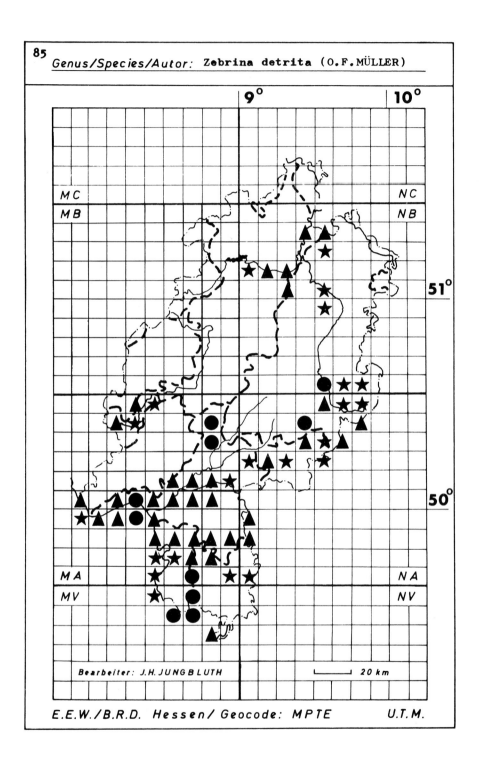

Genus/Species/Autor: **Succinea (S.) putris (L.)**

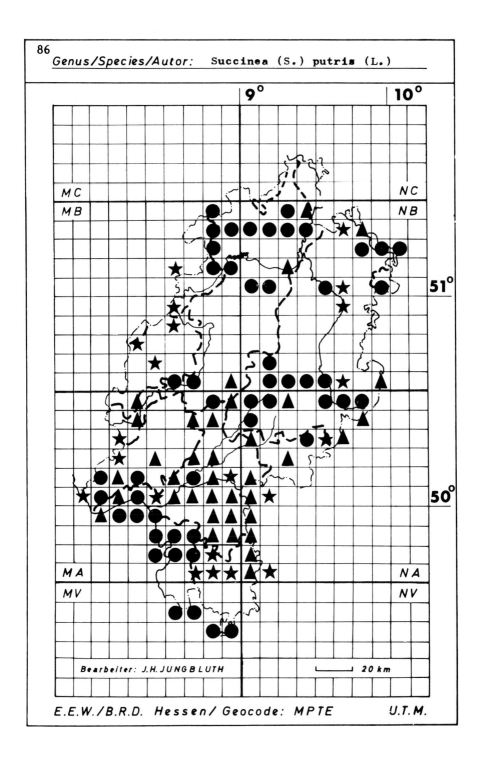

Bearbeiter: J.H. JUNGBLUTH   20 km

E.E.W./B.R.D. Hessen/ Geocode: MPTE   *U.T.M.*

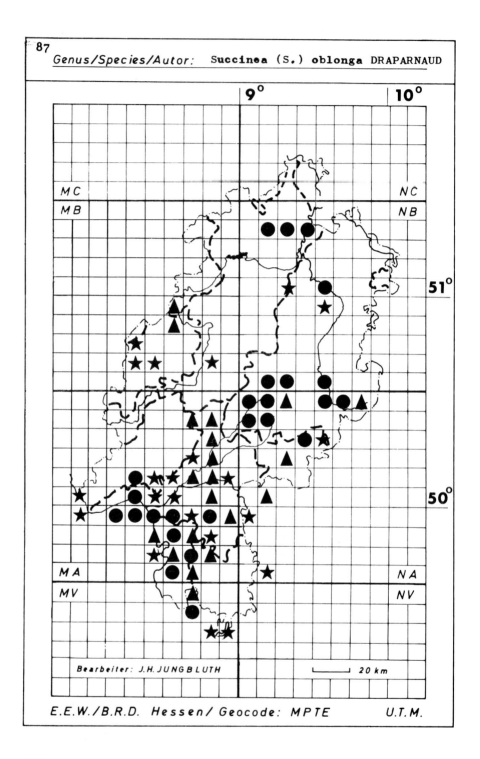

Genus/Species/Autor: **Succinea (S.) oblonga** DRAPARNAUD

Bearbeiter: J.H.JUNGBLUTH   20 km

E.E.W./B.R.D. Hessen/ Geocode: MPTE   U.T.M.

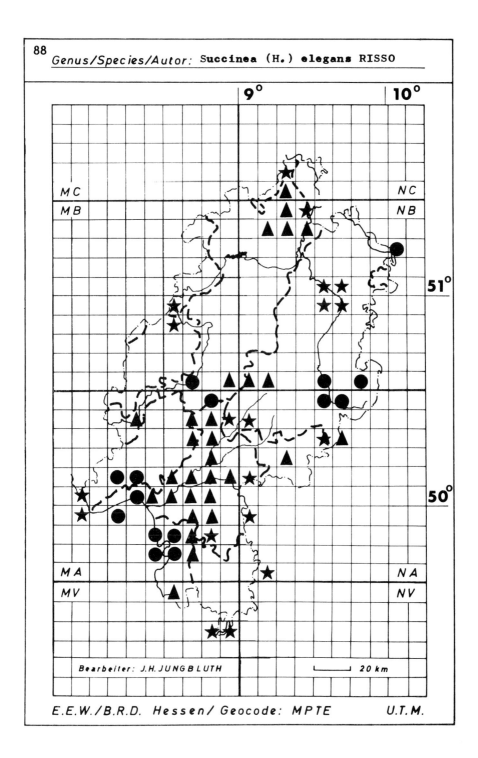

Genus/Species/Autor: **Succinea (H.) elegans RISSO**

9° 10°

MC NC
MB NB

51°

MA NA
MV NV

Bearbeiter: J.H.JUNGBLUTH   20 km

E.E.W./B.R.D. Hessen/ Geocode: MPTE   *U.T.M.*

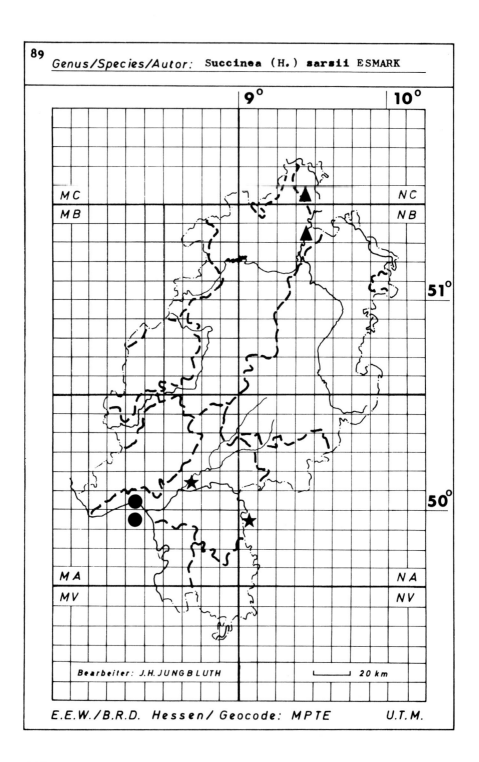

89

Genus/Species/Autor: Succinea (H.) sarsii ESMARK

E.E.W./B.R.D. Hessen/ Geocode: MPTE   U.T.M.

Bearbeiter: J.H. JUNGBLUTH   20 km

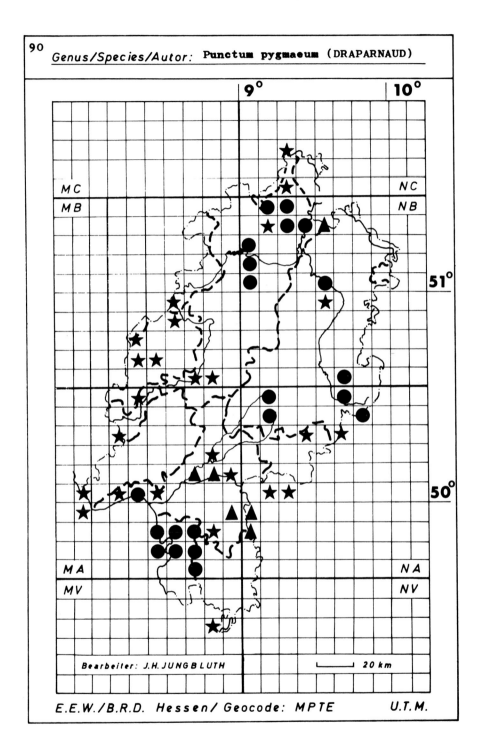

Genus/Species/Autor: **Punctum pygmaeum** (DRAPARNAUD)

Bearbeiter: J.H. JUNGBLUTH   20 km

E.E.W./B.R.D. Hessen/ Geocode: MPTE   U.T.M.

Genus/Species/Autor: **Discus ruderatus** (HARTMANN)

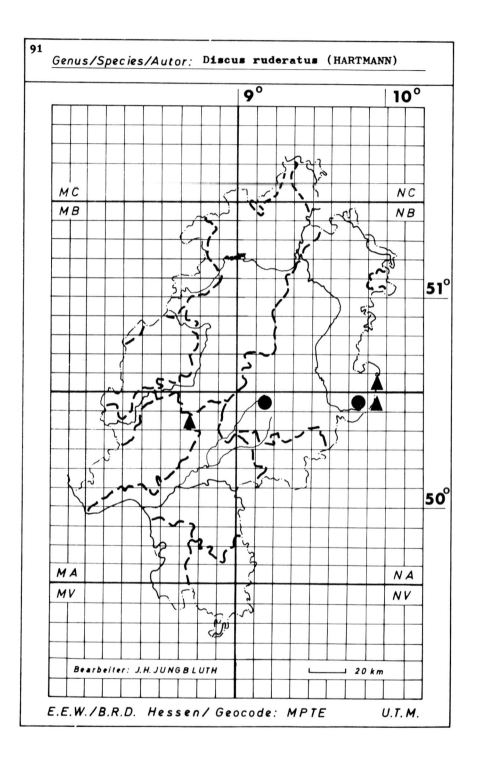

Bearbeiter: J.H. JUNGBLUTH   ⊢—————⊣ 20 km

E.E.W./B.R.D. Hessen/ Geocode: MPTE   U.T.M.

Genus/Species/Autor: **Discus rotundatus** (O.F.MÜLLER)

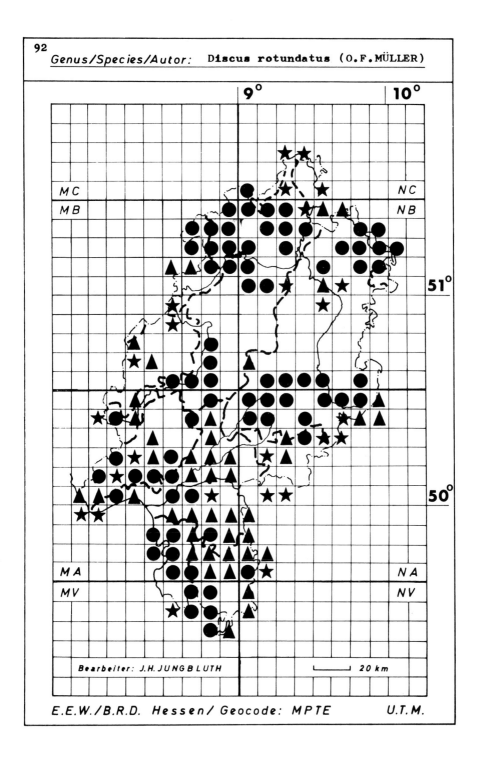

Bearbeiter: J.H. JUNGBLUTH   20 km

E.E.W./B.R.D. Hessen/ Geocode: MPTE   U.T.M.

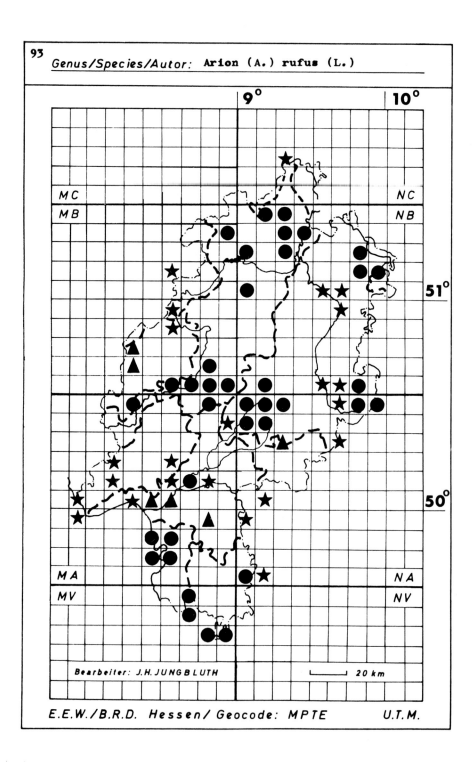

Genus/Species/Autor: **Arion (A.) rufus (L.)**

Bearbeiter: J.H. JUNGBLUTH

20 km

E.E.W./B.R.D. Hessen/ Geocode: MPTE   U.T.M.

Genus/Species/Autor: **Arion (A.) lusitanicus MABILLE**

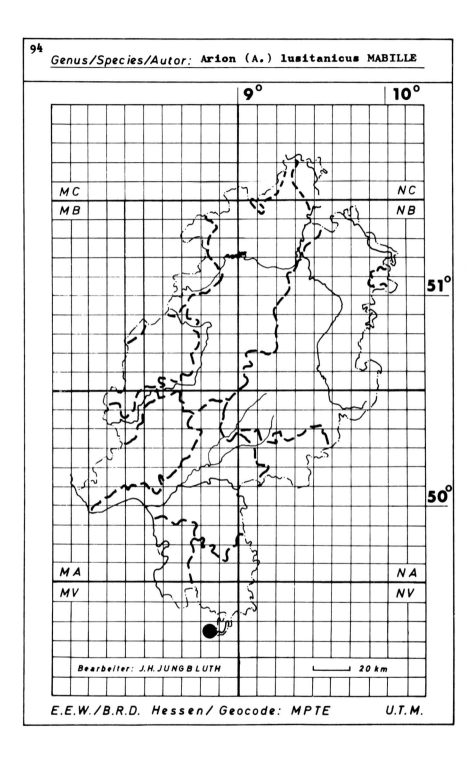

9° **10°**

MC NC

MB NB

51°

50°

MA NA

MV NV

Bearbeiter: J.H.JUNGBLUTH ⊢——⊣ *20 km*

E.E.W./B.R.D. Hessen/ Geocode: MPTE *U.T.M.*

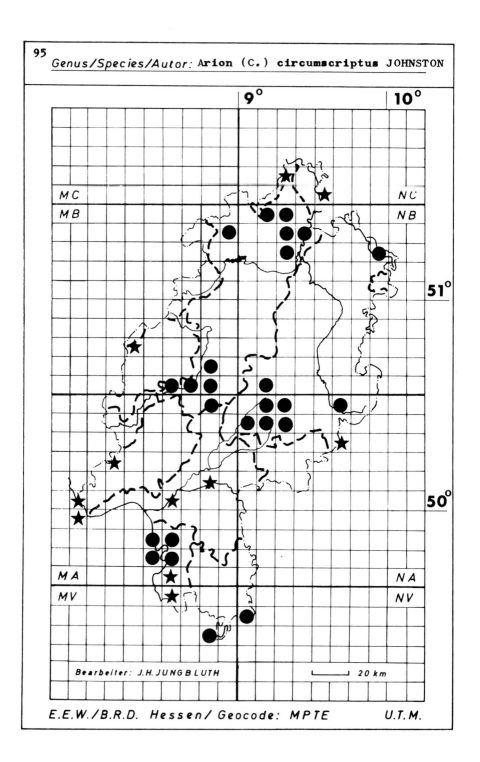

Genus/Species/Autor: **Arion (C.) circumscriptus** JOHNSTON

M C   N C
M B   N B

9°   10°

51°

50°

M A   N A
M V   N V

Bearbeiter: J.H. JUNGBLUTH   20 km

E.E.W./B.R.D. Hessen/ Geocode: MPTE   *U.T.M.*

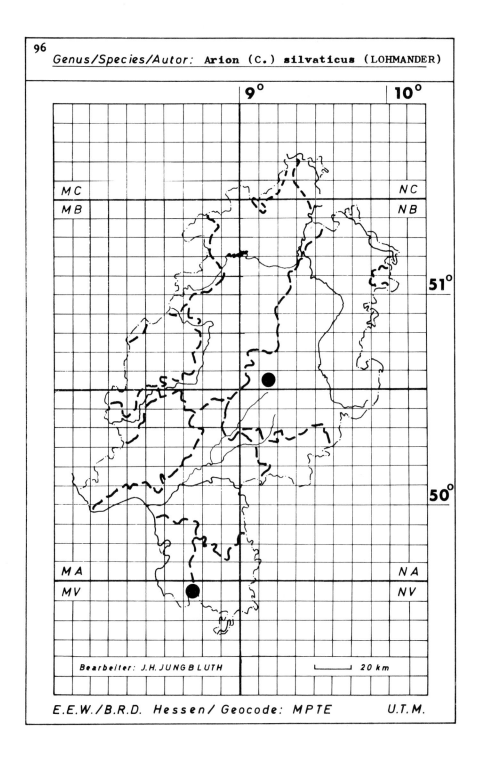

96

Genus/Species/Autor: **Arion (C.) silvaticus** (LOHMANDER)

9°   10°

M C   N C
M B   N B

51°

M A   N A
M V   N V

50°

Bearbeiter: J.H. JUNGBLUTH   ⊢——————⊣ 20 km

E.E.W./B.R.D. Hessen/ Geocode: MPTE   U.T.M.

223

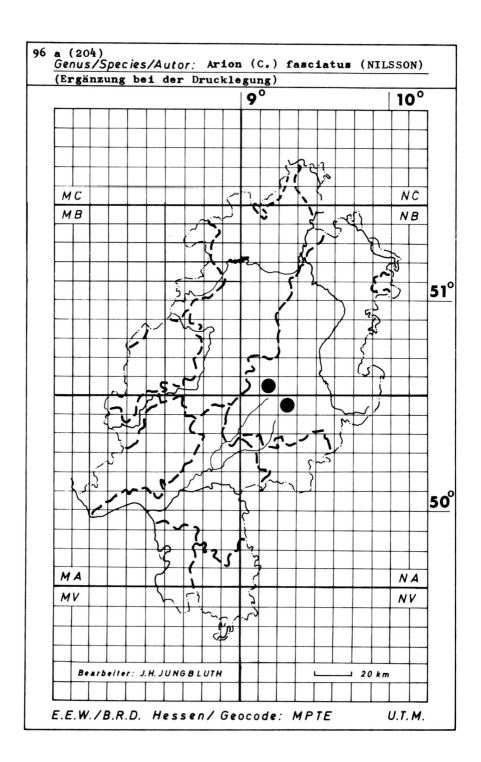

96 a (204)
Genus/Species/Autor: **Arion (C.) fasciatus (NILSSON)**
(Ergänzung bei der Drucklegung)

9° 10°

51°

50°

MC   NC
MB   NB

MA   NA
MV   NV

Bearbeiter: J.H. JUNGBLUTH   20 km

E.E.W./B.R.D. Hessen/ Geocode: MPTE   *U.T.M.*

224

Genus/Species/Autor: **Arion (M.) subfuscus** (DRAPARNAUD)

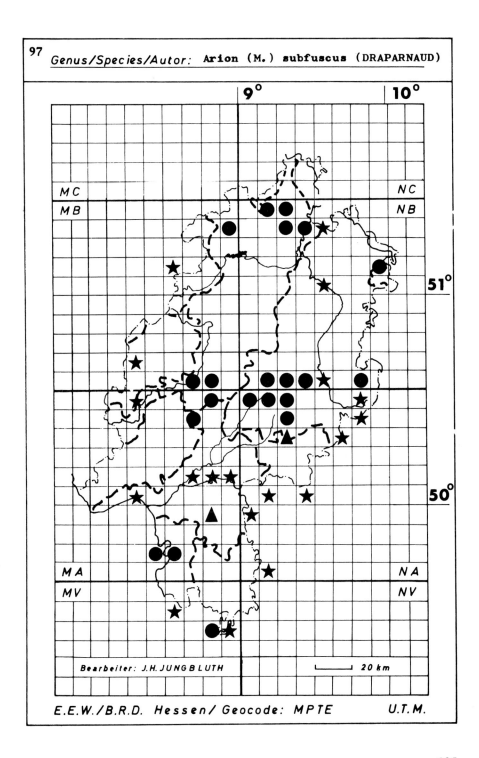

Bearbeiter: J.H. JUNGBLUTH   20 km

E.E.W./B.R.D. Hessen/ Geocode: MPTE   U.T.M.

Genus/Species/Autor: **Arion (K.) hortensis** (FÉRUSSAC)

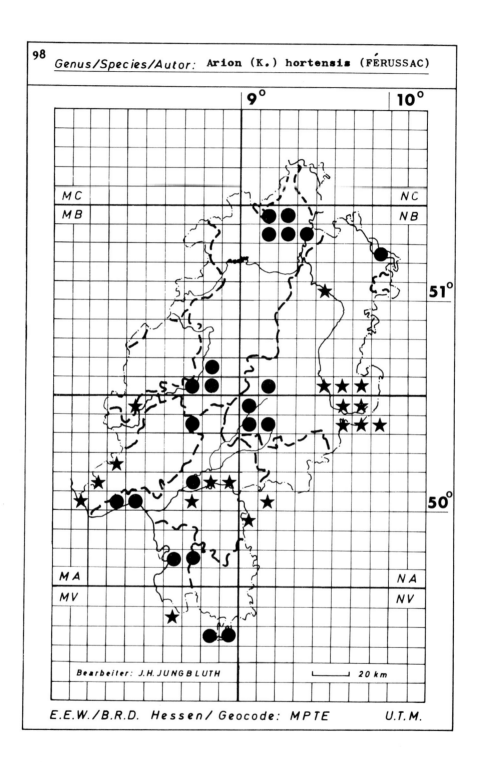

Bearbeiter: J.H. JUNGBLUTH   20 km

E.E.W./B.R.D. Hessen/ Geocode: MPTE   U.T.M.

Genus/Species/Autor: **Arion (M.) intermedius NORMAND**

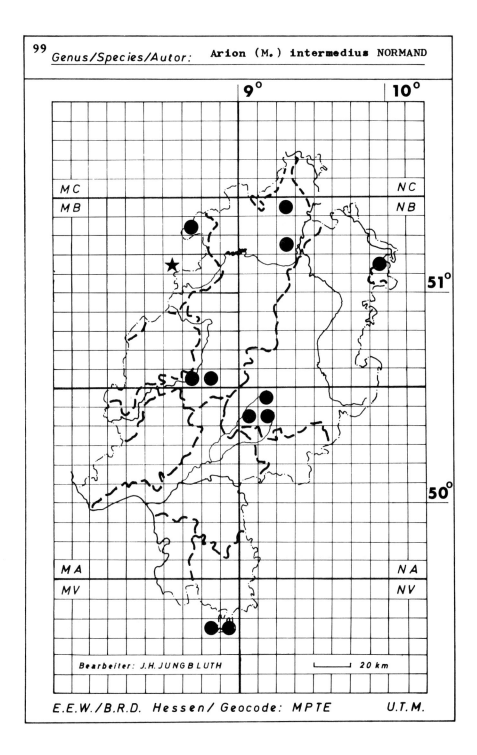

Bearbeiter: J.H. JUNGBLUTH

20 km

E.E.W./B.R.D. Hessen/ Geocode: MPTE *U.T.M.*

Genus/Species/Autor: **Vitrina pellucida (O.F.MÜLLER)**

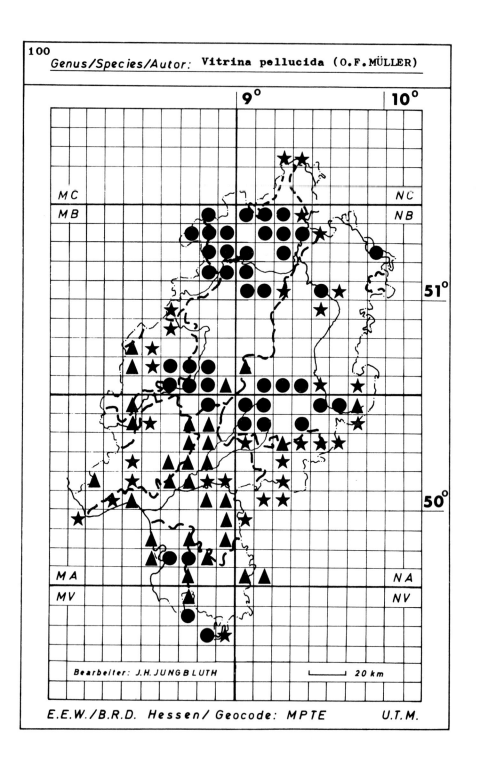

Bearbeiter: J.H. JUNGBLUTH   20 km

E.E.W./B.R.D. Hessen/ Geocode: MPTE   U.T.M.

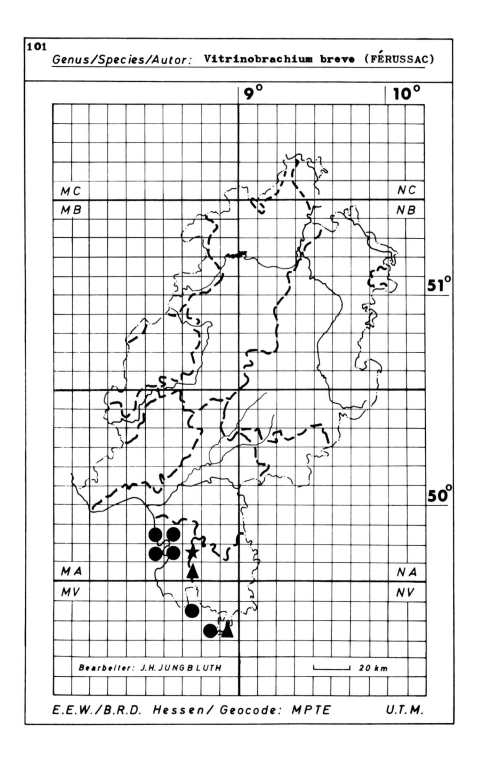

101 Genus/Species/Autor: **Vitrinobrachium breve** (FÉRUSSAC)

Bearbeiter: J.H. JUNGBLUTH   20 km

E.E.W./B.R.D. Hessen/ Geocode: MPTE   U.T.M.

Genus/Species/Autor: **Semilimax semilimax** (FÉRUSSAC)

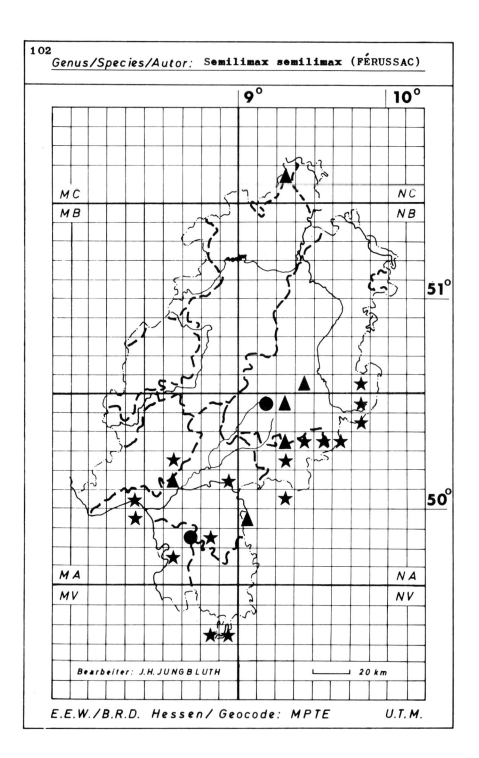

E.E.W./B.R.D. Hessen/ Geocode: MPTE   U.T.M.

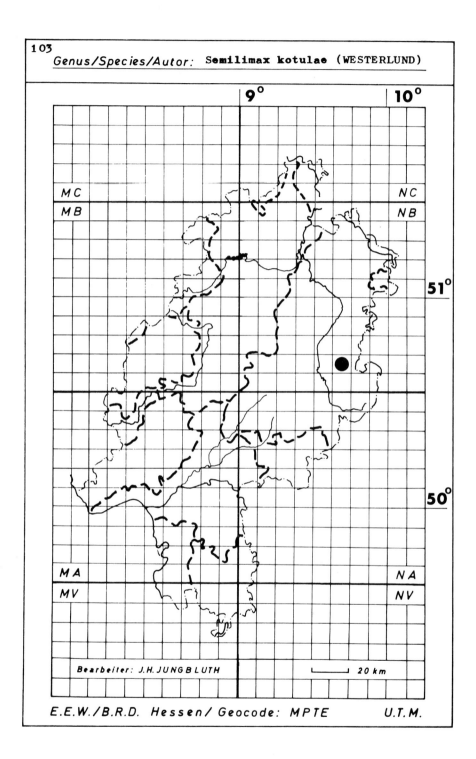

103

Genus/Species/Autor: **Semilimax kotulae** (WESTERLUND)

9° 10°

MC NC
MB NB

51°

50°

MA NA
MV NV

Bearbeiter: J.H.JUNGBLUTH 20 km

E.E.W./B.R.D. Hessen/ Geocode: MPTE U.T.M.

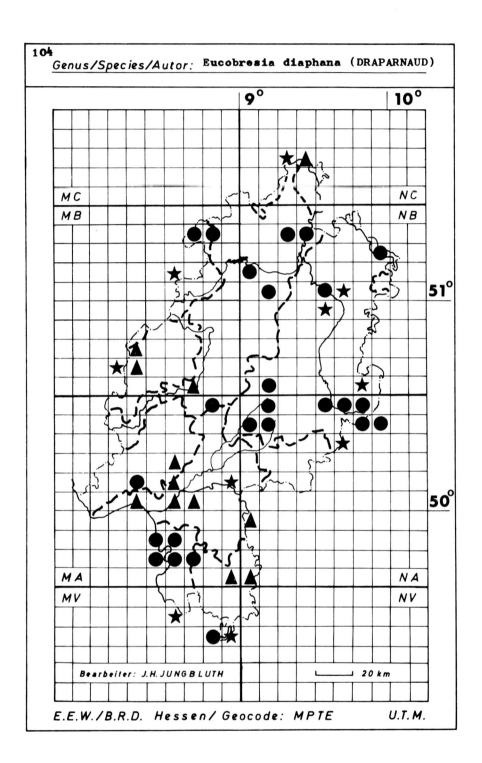

104

Genus/Species/Autor: **Eucobresia diaphana** (DRAPARNAUD)

Bearbeiter: J.H.JUNGBLUTH

20 km

E.E.W./B.R.D. Hessen/ Geocode: MPTE   U.T.M.

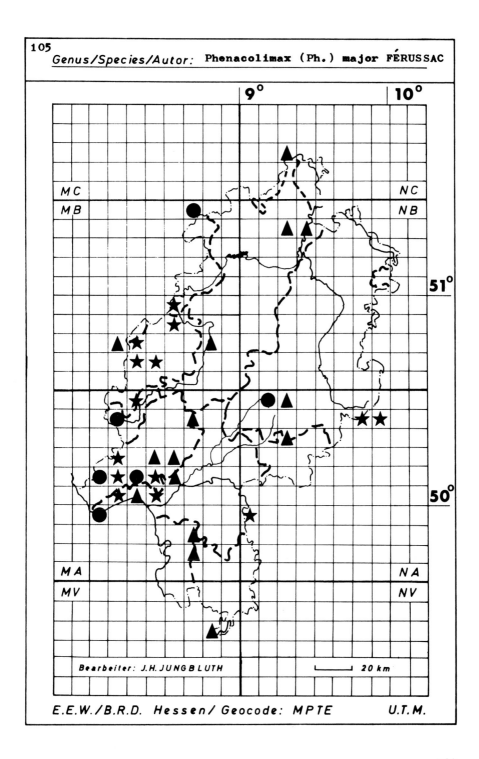

105

Genus/Species/Autor: Phenacolimax (Ph.) major FÉRUSSAC

E.E.W./B.R.D. Hessen/ Geocode: MPTE   U.T.M.

Bearbeiter: J.H.JUNGBLUTH   20 km

233

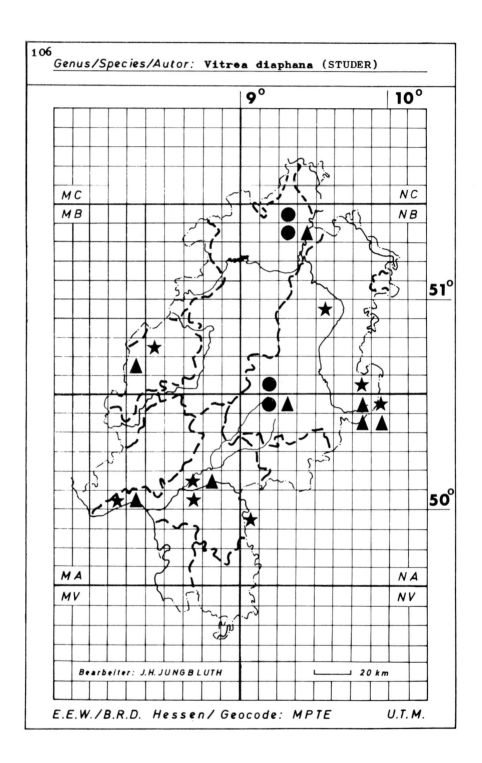

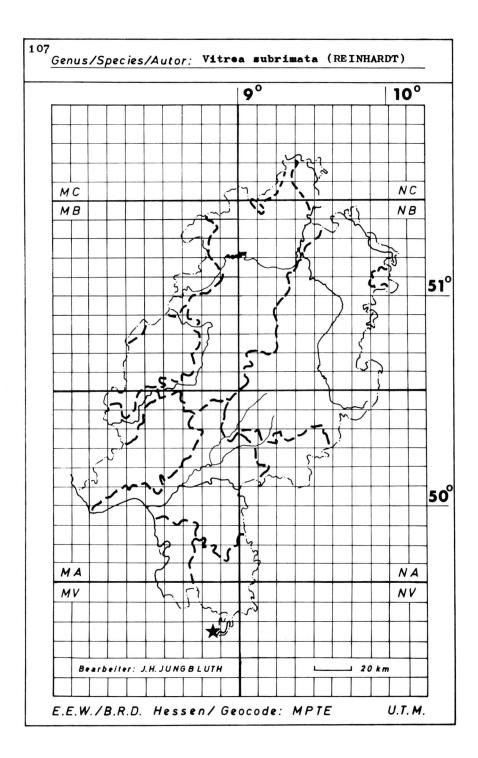

107
Genus/Species/Autor: **Vitrea subrimata** (REINHARDT)

9° 10°

M C   N C
M B   N B

51°

50°

M A   N A
M V   N V

Bearbeiter: J.H. JUNGBLUTH   ⌐—————┘ 20 km

E.E.W./B.R.D. Hessen/ Geocode: MPTE   *U.T.M.*

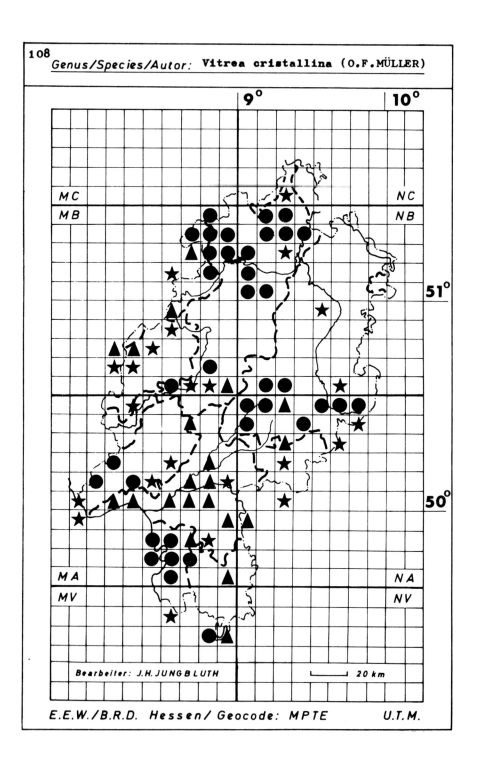

Genus/Species/Autor: **Vitrea cristallina** (O.F.MÜLLER)

E.E.W./B.R.D. Hessen/ Geocode: MPTE   *U.T.M.*

Bearbeiter: J.H.JUNGBLUTH   20 km

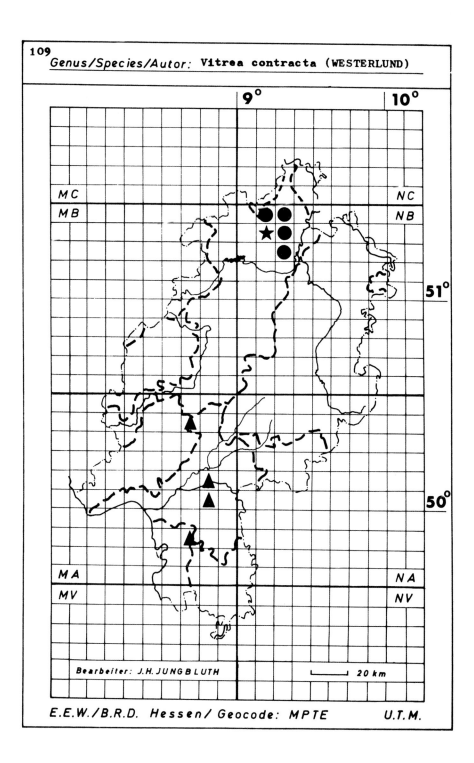

Genus/Species/Autor: **Vitrea contracta (WESTERLUND)**

9°   10°

MC   NC
MB   NB

51°

50°

MA   NA
MV   NV

Bearbeiter: J.H. JUNGBLUTH   ⊢——————⊣ 20 km

E.E.W./B.R.D. Hessen/ Geocode: MPTE   *U.T.M.*

Genus/Species/Autor: **Nesovitrea** (P.) **hammonis** (STRÖM)

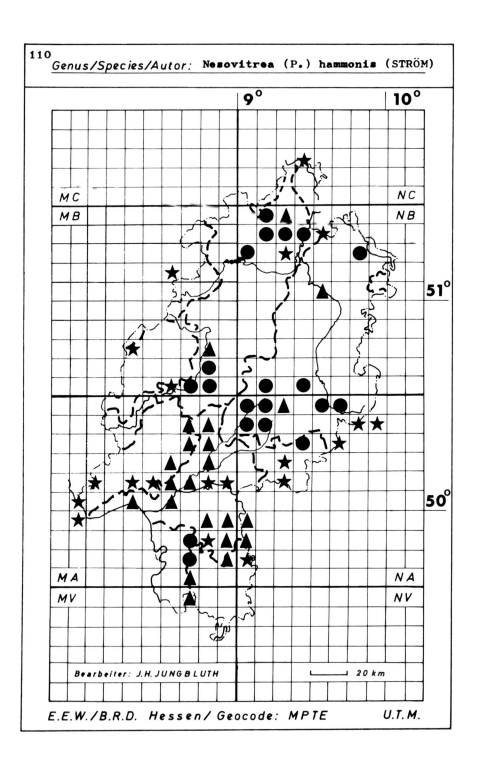

Bearbeiter: J.H. JUNGBLUTH 20 km

E.E.W./B.R.D. Hessen/ Geocode: MPTE U.T.M.

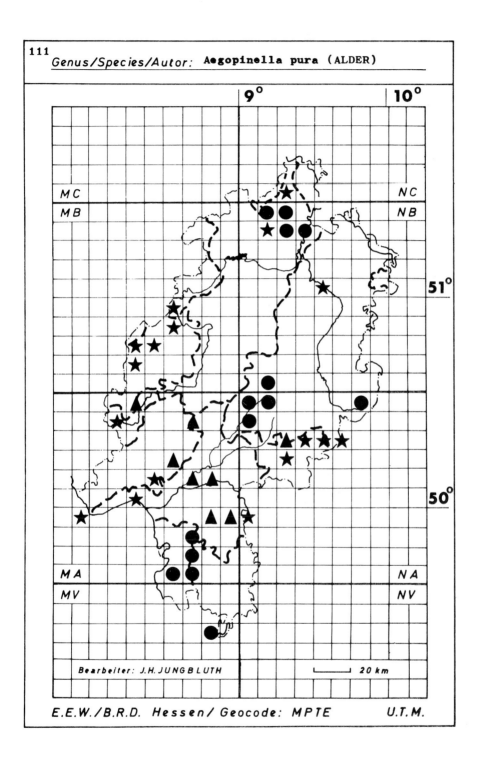

Genus/Species/Autor: **Aegopinella pura** (ALDER)

Bearbeiter: J.H. JUNGBLUTH   20 km

E.E.W./B.R.D. Hessen/ Geocode: MPTE   U.T.M.

239

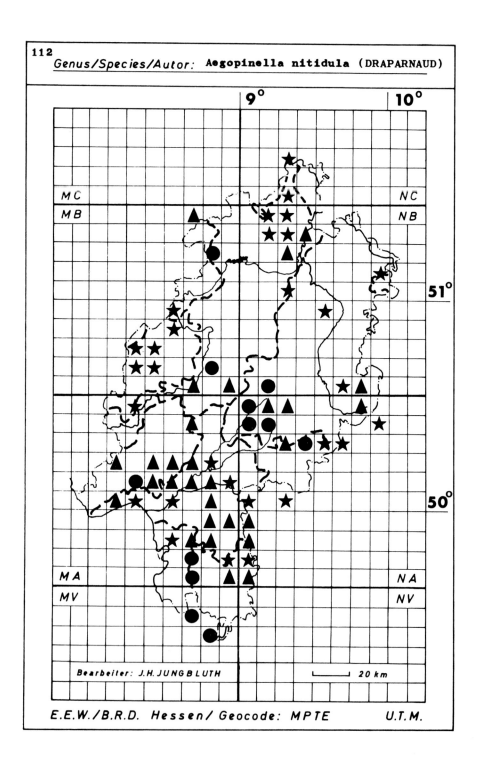

Genus/Species/Autor: **Aegopinella nitidula** (DRAPARNAUD)

9°　　10°

MC　　NC
MB　　NB

51°

MA　　NA
MV　　NV

Bearbeiter: J.H. JUNGBLUTH　　⊢———⊣ 20 km

E.E.W./B.R.D. Hessen/ Geocode: MPTE　　U.T.M.

Genus/Species/Autor: **Aegopinella nitens** (MICHAUD)

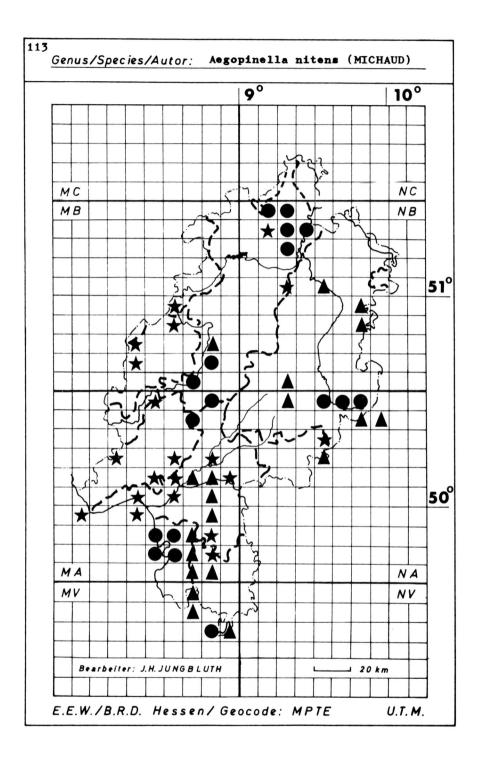

E.E.W./B.R.D. Hessen/ Geocode: MPTE   U.T.M.

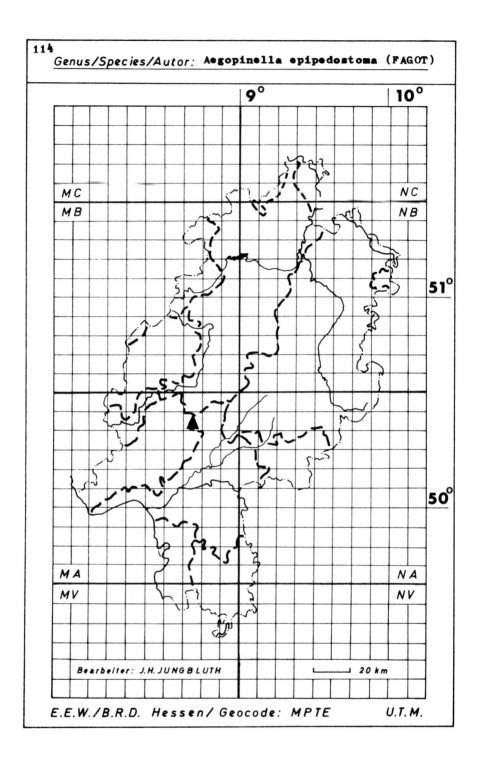

Genus/Species/Autor: **Oxychilus (M.) glaber (ROSSMÄSSLER)**

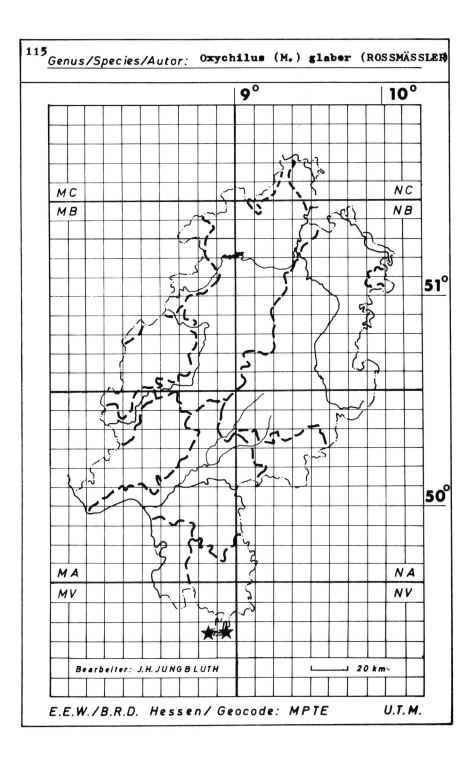

Bearbeiter: J.H. JUNGBLUTH

20 km

E.E.W./B.R.D. Hessen/ Geocode: MPTE U.T.M.

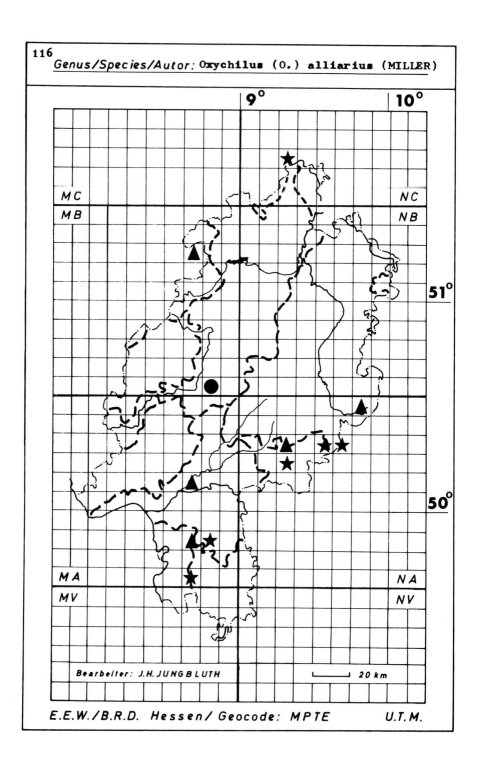

Genus/Species/Autor: **Oxychilus (O.) alliarius (MILLER)**

Bearbeiter: J.H.JUNGBLUTH   20 km

E.E.W./B.R.D. Hessen/ Geocode: MPTE   _U.T.M._

Genus/Species/Autor: **Oxychilus (O.) draparnaudi (BECK)**

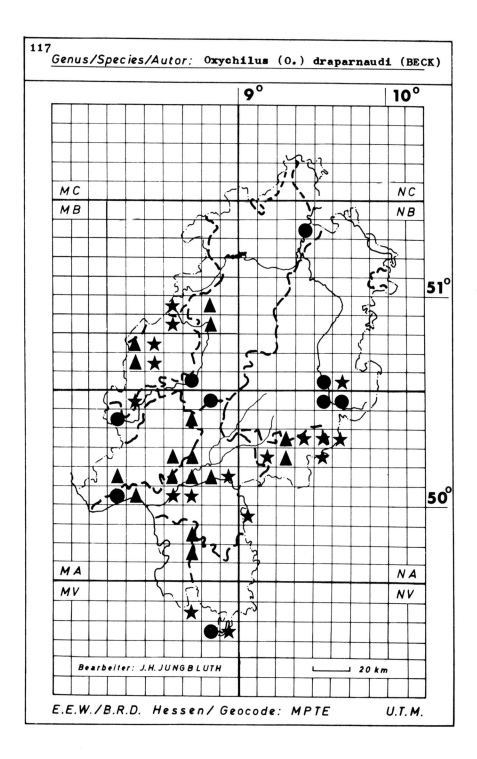

Bearbeiter: J.H. JUNGBLUTH   20 km

E.E.W./B.R.D. Hessen/ Geocode: MPTE   U.T.M.

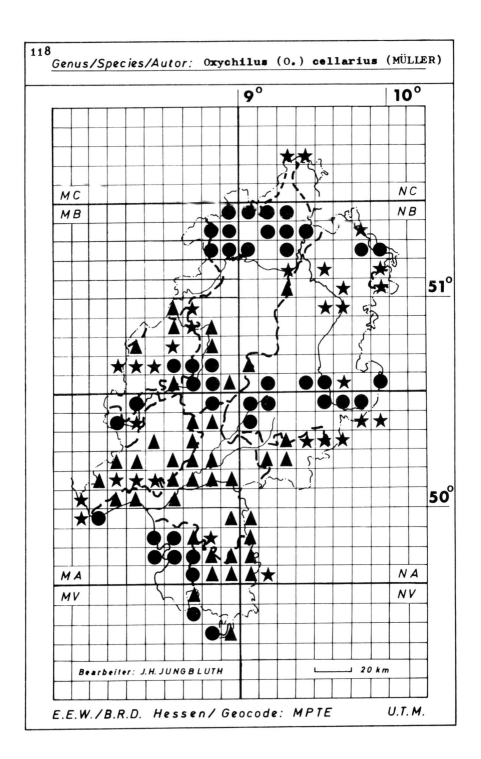

118 Genus/Species/Autor: **Oxychilus** (O.) **cellarius** (MÜLLER)

E.E.W./B.R.D. Hessen/ Geocode: MPTE   U.T.M.

Bearbeiter: J.H. JUNGBLUTH   20 km

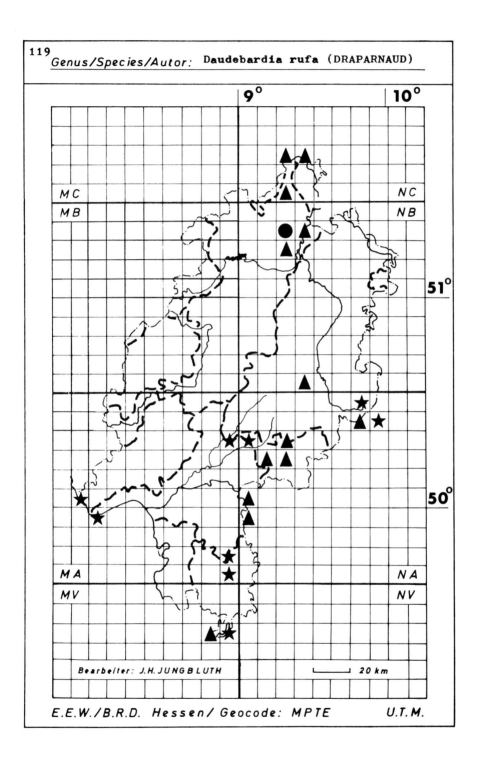

Genus/Species/Autor: **Daudebardia rufa** (DRAPARNAUD)

Bearbeiter: J.H. JUNGBLUTH   20 km

E.E.W./B.R.D. Hessen/ Geocode: MPTE   *U.T.M.*

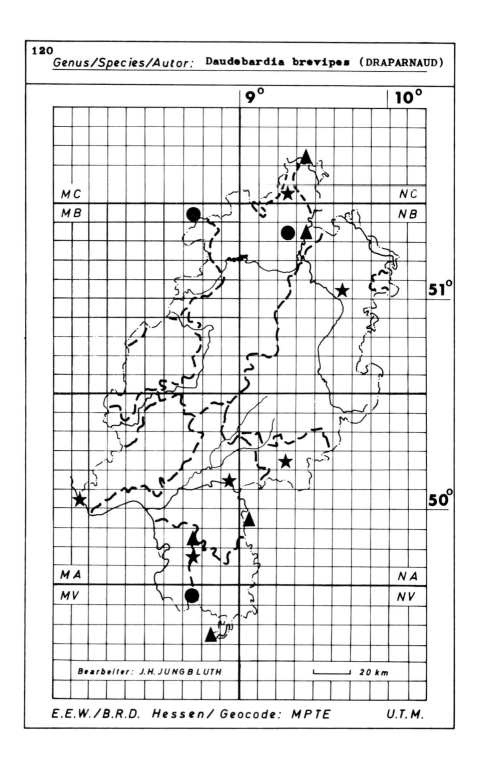

Genus/Species/Autor: **Daudebardia brevipes** (DRAPARNAUD)

Bearbeiter: J.H. JUNGBLUTH   20 km

E.E.W./B.R.D. Hessen/ Geocode: MPTE   *U.T.M.*

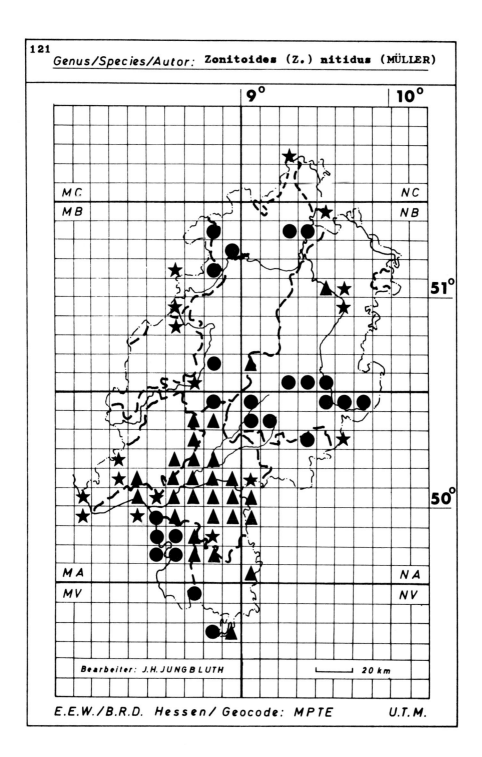

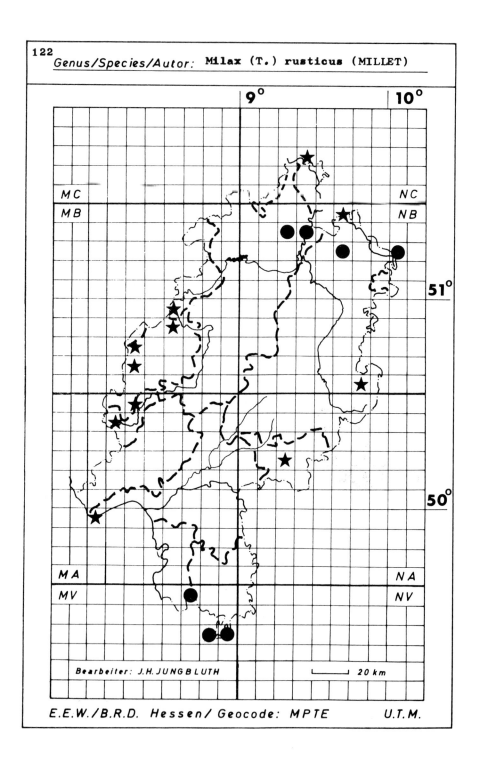

122

Genus/Species/Autor: **Milax (T.) rusticus (MILLET)**

Bearbeiter: J.H. JUNGBLUTH   20 km

E.E.W./B.R.D. Hessen/ Geocode: MPTE   *U.T.M.*

250

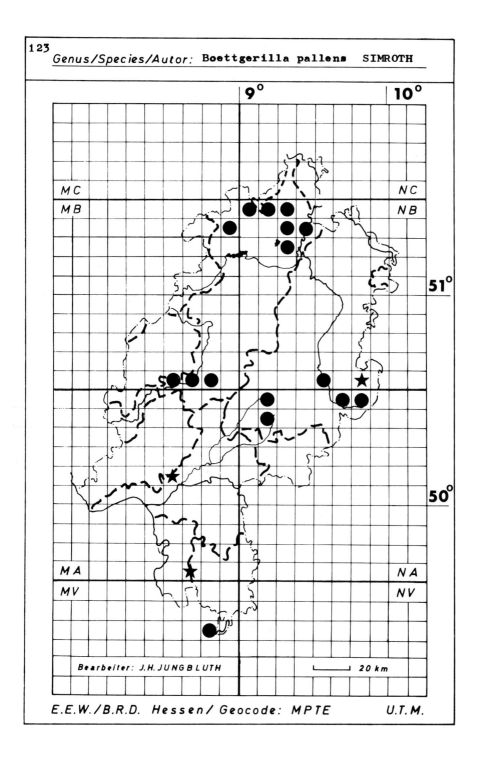

123

Genus/Species/Autor: **Boettgerilla pallens** SIMROTH

9°

10°

MC

MB

NC

NB

51°

MA

MV

NA

NV

Bearbeiter: J.H. JUNGBLUTH

20 km

50°

E.E.W./B.R.D. Hessen/ Geocode: MPTE   U.T.M.

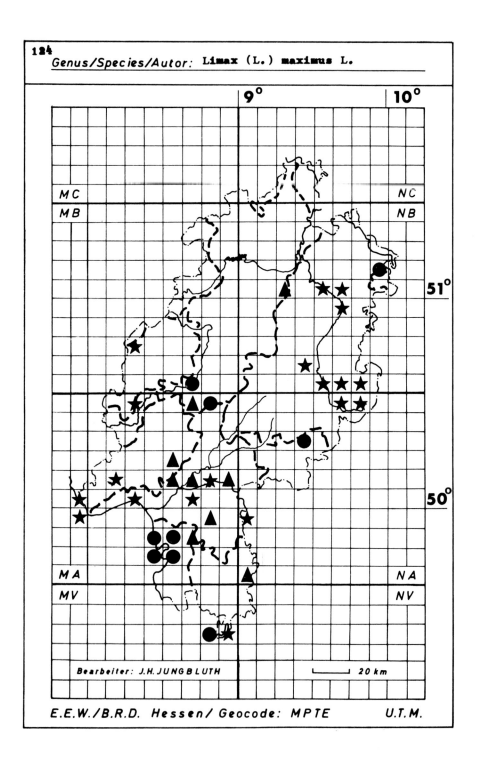

124

Genus/Species/Autor: Limax (L.) maximus L.

E.E.W./B.R.D. Hessen/ Geocode: MPTE   U.T.M.

Bearbeiter: J.H.JUNGBLUTH   20 km

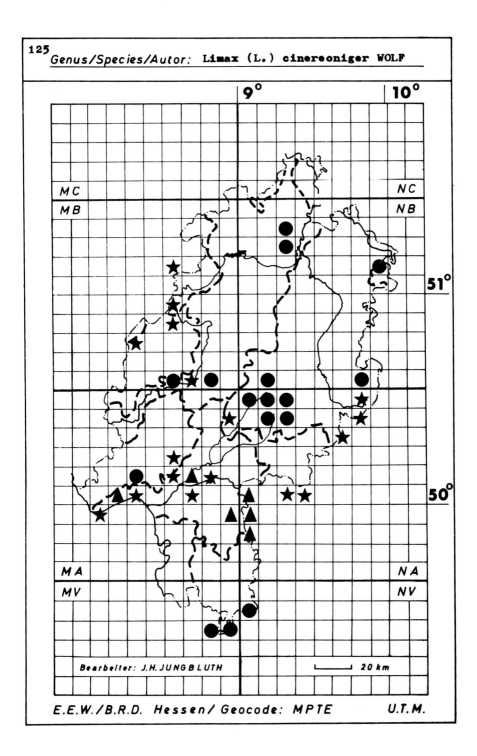

Genus/Species/Autor: **Limax (L.) cinereoniger WOLF**

Bearbeiter: J.H. JUNGBLUTH

20 km

E.E.W./B.R.D. Hessen/ Geocode: MPTE   U.T.M.

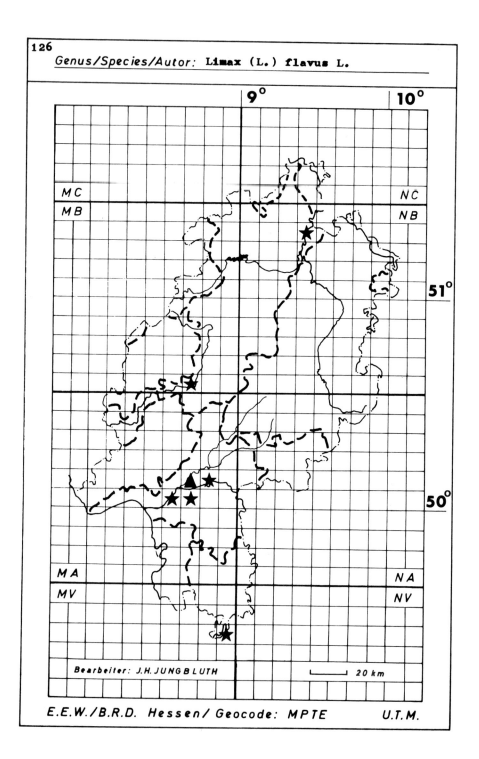

126

Genus/Species/Autor: **Limax (L.) flavus L.**

Bearbeiter: J.H.JUNGBLUTH   20 km

E.E.W./B.R.D. Hessen/ Geocode: MPTE   U.T.M.

254

Genus/Species/Autor: **Limax (M.) tenellus O.F.MÜLLER**

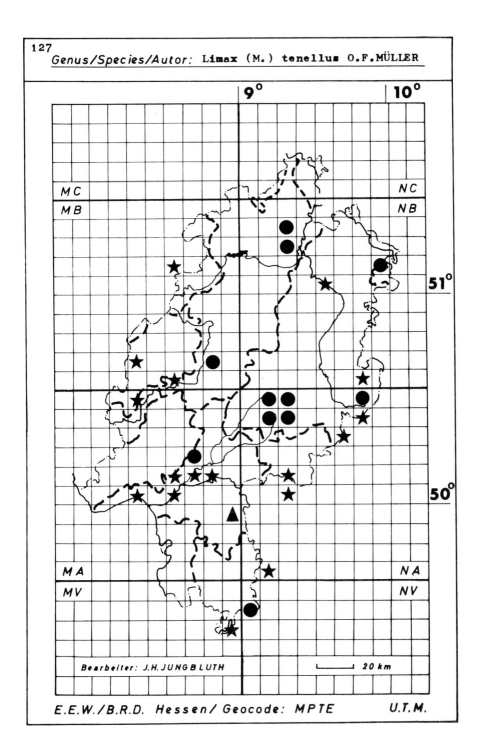

E.E.W./B.R.D. Hessen/ Geocode: MPTE   *U.T.M.*

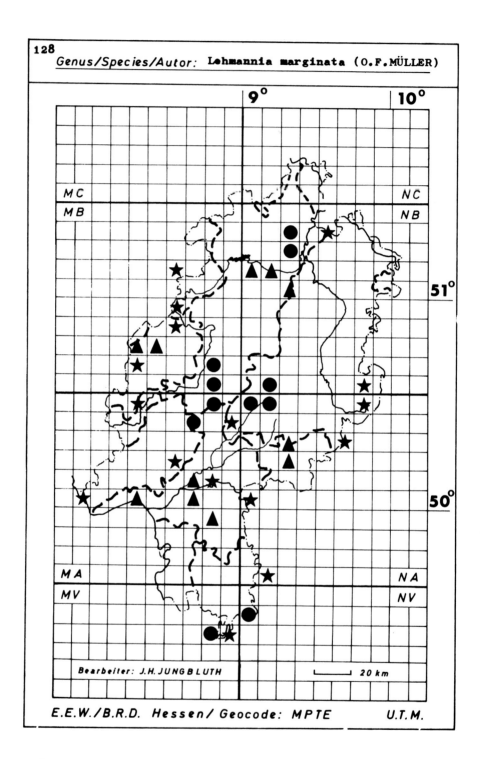

128

Genus/Species/Autor: **Lehmannia marginata** (O.F.MÜLLER)

E.E.W./B.R.D. Hessen/ Geocode: MPTE   U.T.M.

Bearbeiter: J.H. JUNGBLUTH   20 km

Genus/Species/Autor: **Lehmannia rupicola LESS. & POLL.**

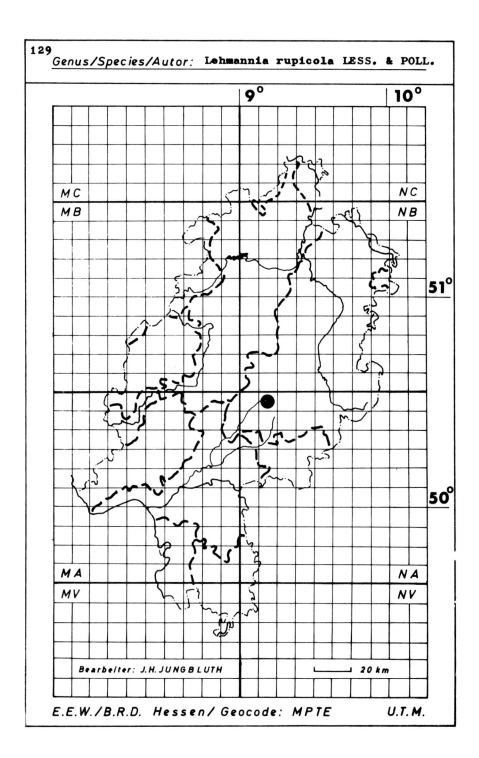

9° 10°

MC NC
MB NB

51°

50°

MA NA
MV NV

Bearbeiter: J.H. JUNGBLUTH 20 km

E.E.W./B.R.D. Hessen/ Geocode: MPTE U.T.M.

Genus/Species/Autor: **Deroceras (D.) laeve (O.F.MÜLLER)**

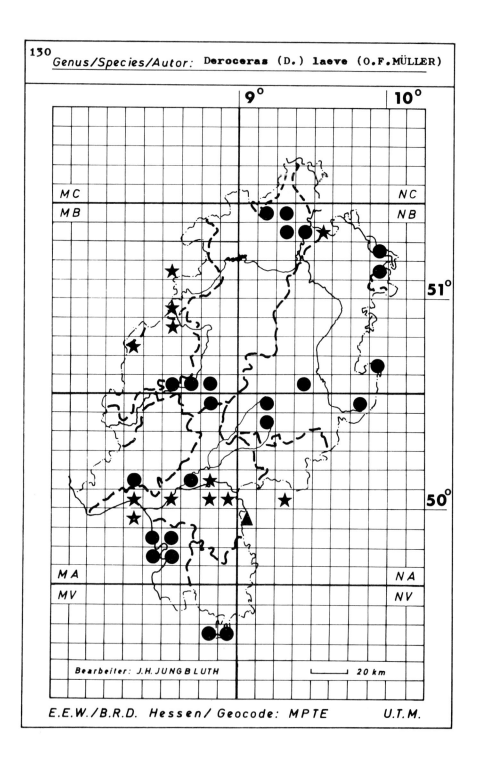

Bearbeiter: J.H. JUNGBLUTH   20 km

E.E.W./B.R.D. Hessen/ Geocode: MPTE   *U.T.M.*

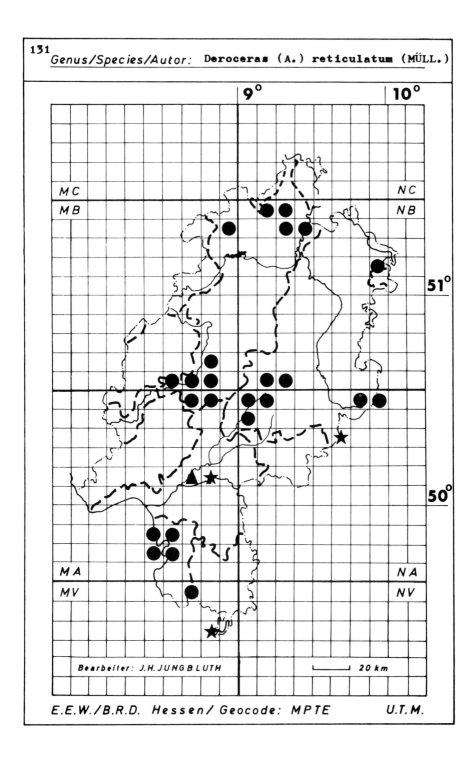

131
Genus/Species/Autor: **Deroceras (A.) reticulatum (MÜLL.)**

9° 10°

MC NC
MB NB

51°

50°

MA NA
MV NV

Bearbeiter: J.H.JUNGBLUTH 20 km

E.E.W./B.R.D. Hessen/ Geocode: MPTE U.T.M.

259

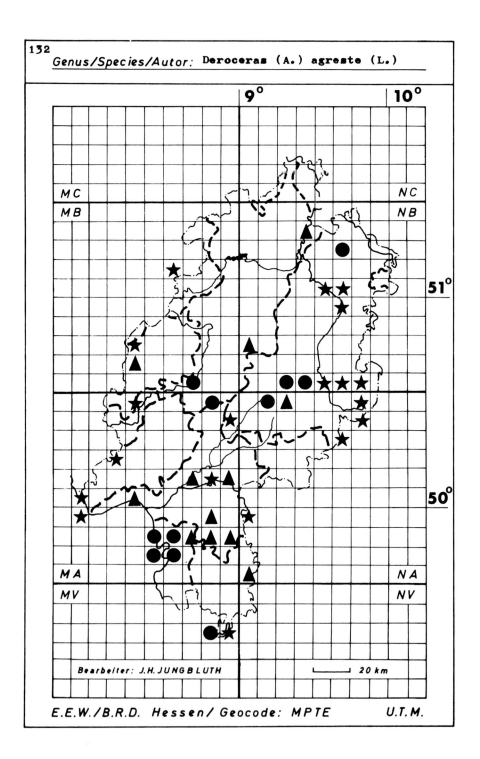

132

Genus/Species/Autor: **Deroceras (A.) agreste (L.)**

Bearbeiter: J.H. JUNGBLUTH   20 km

E.E.W./B.R.D. Hessen/ Geocode: MPTE   U.T.M.

260

Genus/Species/Autor: **Euconulus fulvus (O.F.MÜLLER)**

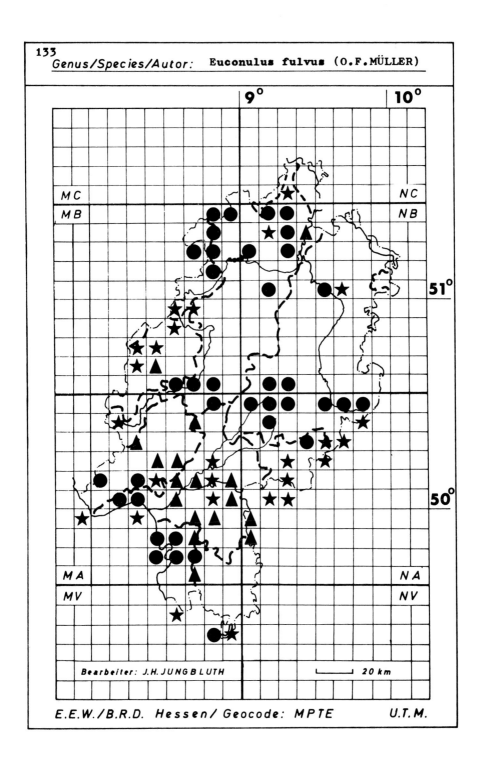

Bearbeiter: J.H.JUNGBLUTH

20 km

E.E.W./B.R.D. Hessen/ Geocode: MPTE U.T.M.

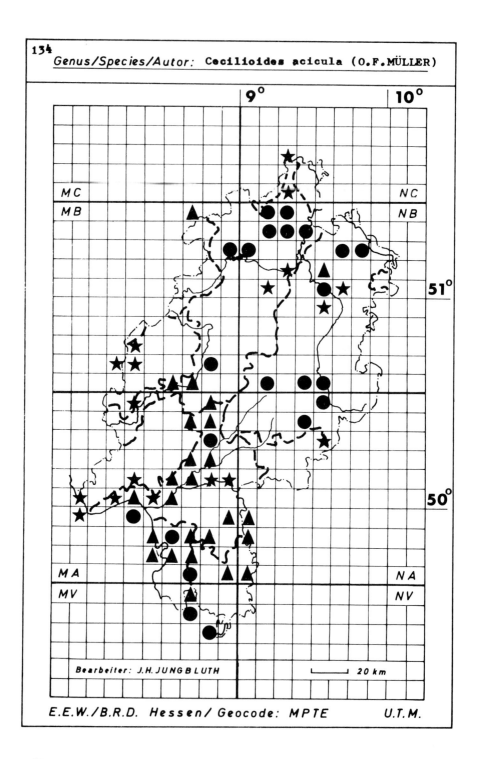

134 Genus/Species/Autor: Cecilioides acicula (O.F.MÜLLER)

Bearbeiter: J.H. JUNGBLUTH   20 km

E.E.W./B.R.D. Hessen/ Geocode: MPTE   U.T.M.

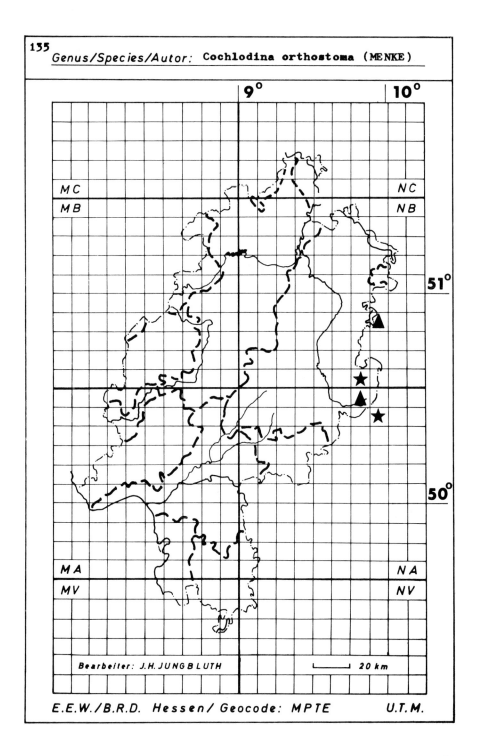

135

Genus/Species/Autor: **Cochlodina orthostoma** (MENKE)

9°   10°

M C   N C

M B   N B

51°

50°

M A   N A

M V   N V

Bearbeiter: J.H. JUNGBLUTH   20 km

E.E.W./B.R.D. Hessen/ Geocode: MPTE   *U.T.M.*

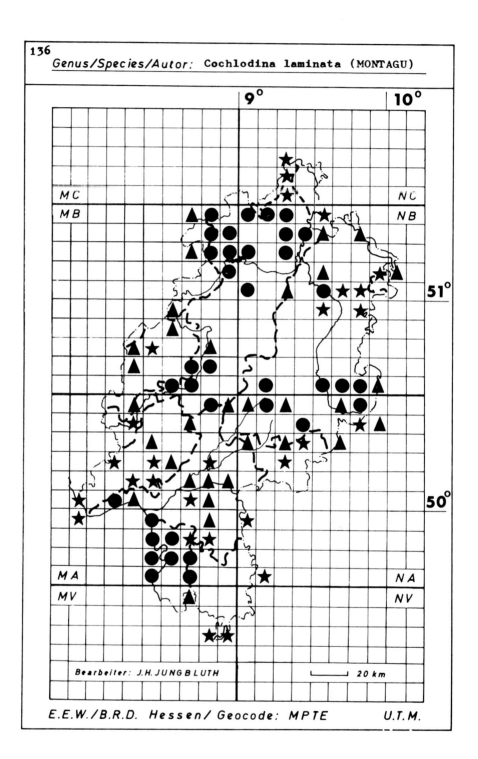

136

Genus/Species/Autor: **Cochlodina laminata** (MONTAGU)

Bearbeiter: J.H. JUNGBLUTH

20 km

E.E.W./B.R.D. Hessen/ Geocode: MPTE U.T.M.

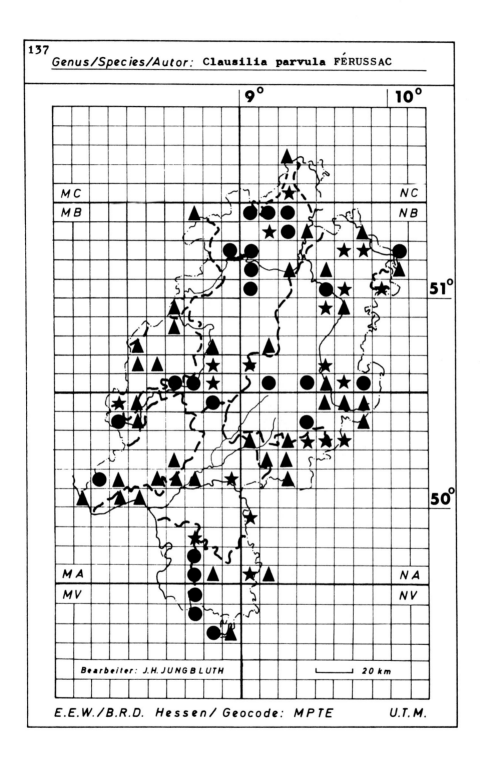

Genus/Species/Autor: **Clausilia parvula** FÉRUSSAC

E.E.W./B.R.D. Hessen/ Geocode: MPTE   U.T.M.

Bearbeiter: J.H. JUNGBLUTH   20 km

Genus/Species/Autor: **Clausilia bidentata** (STRÖM)

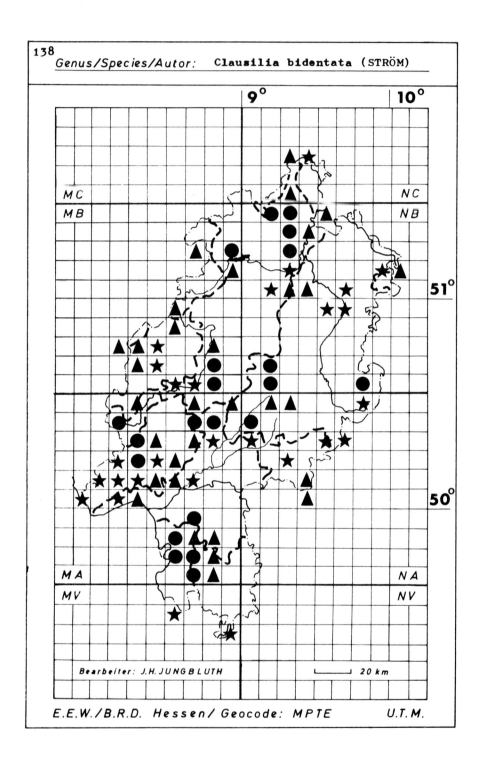

Bearbeiter: J.H. JUNGBLUTH   20 km

E.E.W./B.R.D. Hessen/ Geocode: MPTE   U.T.M.

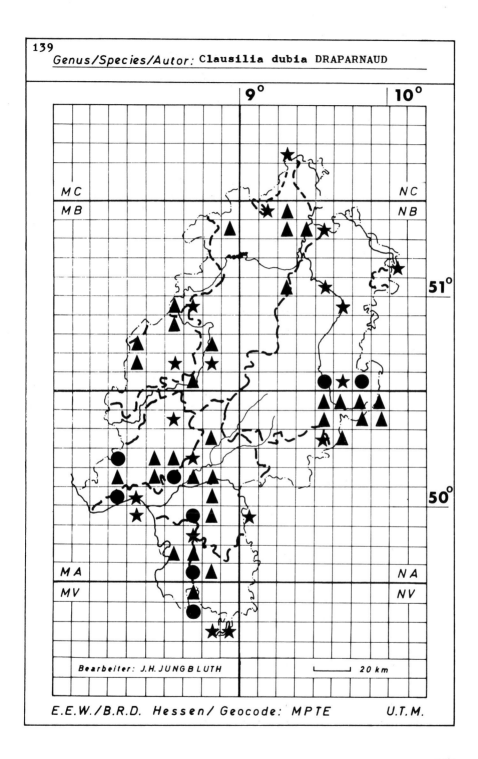

Genus/Species/Autor: **Clausilia dubia** DRAPARNAUD

Bearbeiter: J.H. JUNGBLUTH   20 km

E.E.W./B.R.D. Hessen/ Geocode: MPTE   *U.T.M.*

Genus/Species/Autor: **Clausilia cruciata STUDER**

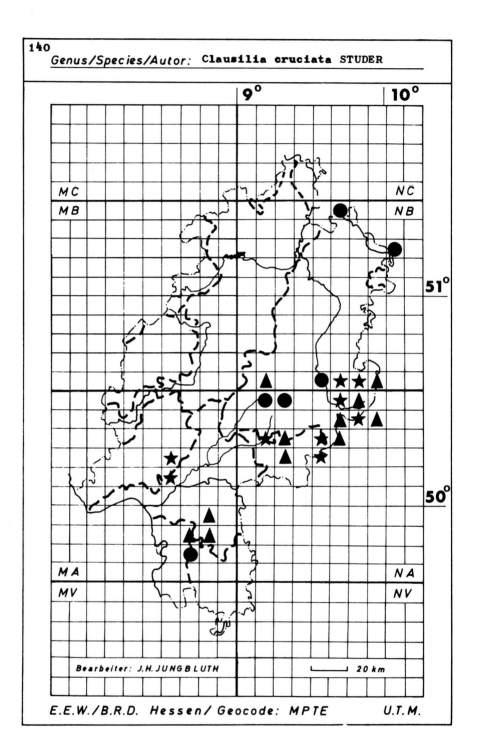

Bearbeiter: J.H. JUNGBLUTH

20 km

E.E.W./B.R.D. Hessen/ Geocode: MPTE   *U.T.M.*

268

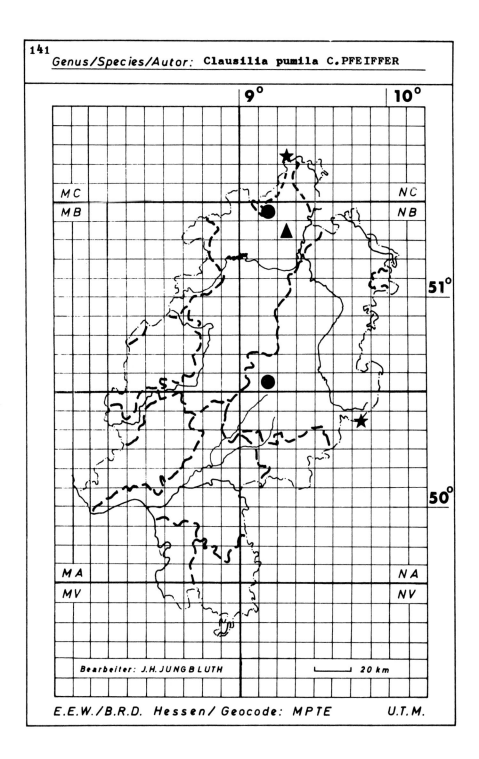

Genus/Species/Autor: **Clausilia pumila C.PFEIFFER**

9°   10°

MC   NC
MB   NB

51°

50°

MA   NA
MV   NV

Bearbeiter: J.H.JUNGBLUTH   20 km

E.E.W./B.R.D. Hessen/ Geocode: MPTE   U.T.M.

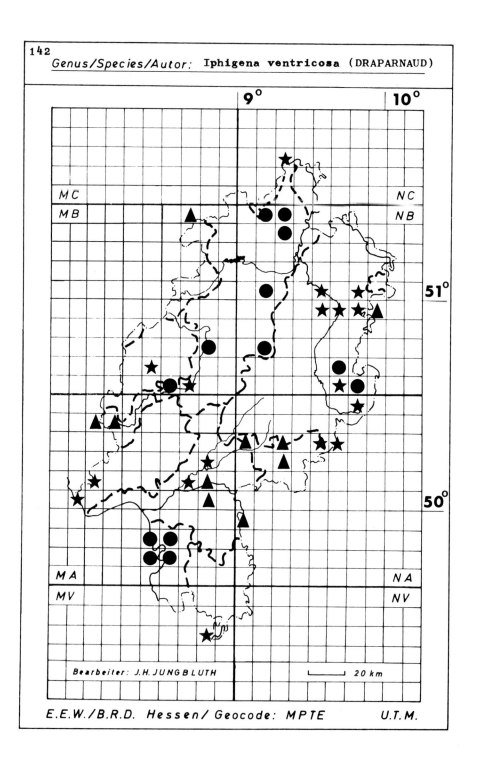

142   Genus/Species/Autor: **Iphigena ventricosa** (DRAPARNAUD)

Bearbeiter: J.H. JUNGBLUTH   20 km

E.E.W./B.R.D. Hessen/ Geocode: MPTE   U.T.M.

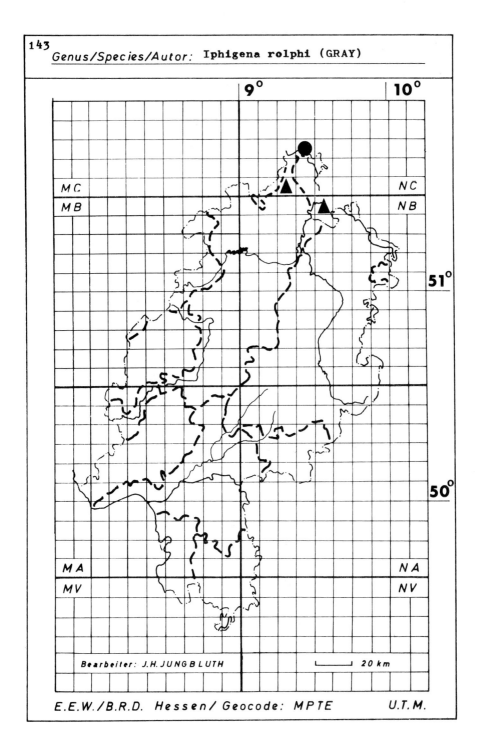

143

Genus/Species/Autor: **Iphigena rolphi** (GRAY)

9°   10°

M C   N C

M B   N B

51°

50°

M A   N A

M V   N V

Bearbeiter: J.H. JUNGBLUTH   20 km

E.E.W./B.R.D. Hessen/ Geocode: MPTE   *U.T.M.*

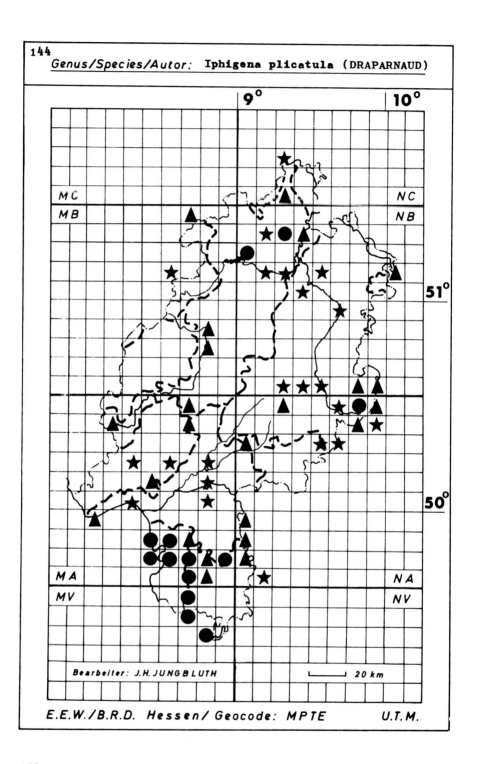

144

Genus/Species/Autor: **Iphigena plicatula** (DRAPARNAUD)

Bearbeiter: J.H. JUNGBLUTH   20 km

E.E.W./B.R.D. Hessen/ Geocode: MPTE   U.T.M.

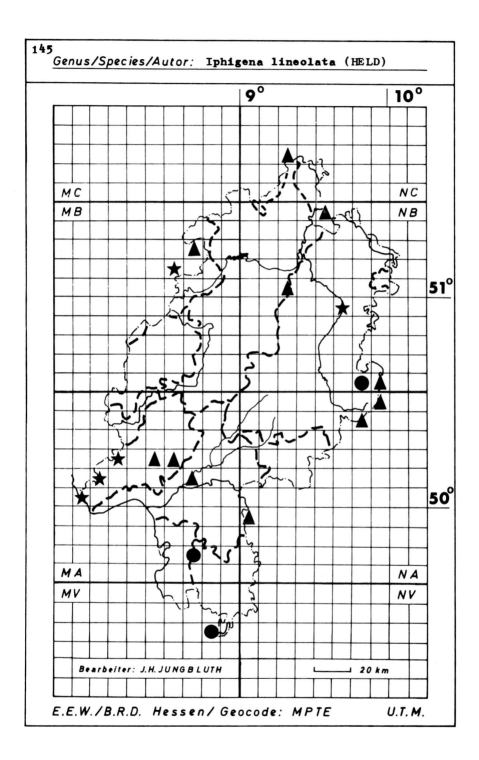

145
Genus/Species/Autor: **Iphigena lineolata** (HELD)

Bearbeiter: J.H.JUNGBLUTH   20 km

E.E.W./B.R.D. Hessen/ Geocode: MPTE   U.T.M.

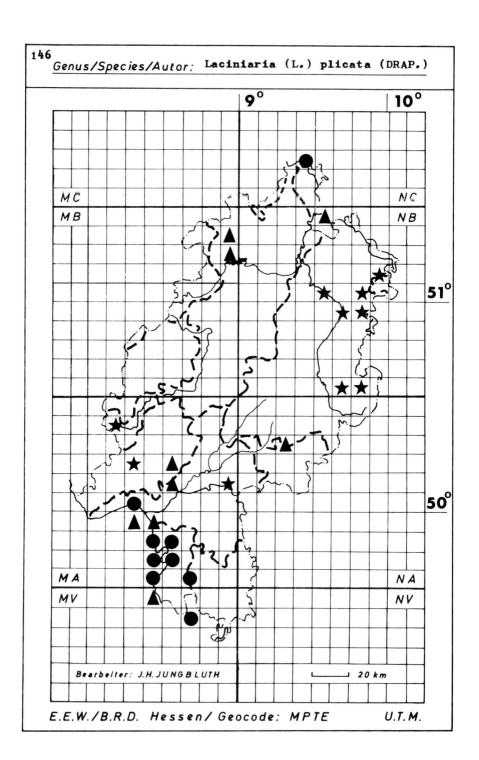

146
Genus/Species/Autor: **Laciniaria (L.) plicata (DRAP.)**

9°   10°

MC   NC
MB   NB

51°

50°

MA   NA
MV   NV

Bearbeiter: J.H. JUNGBLUTH   ⊢────────┘ 20 km

E.E.W./B.R.D. Hessen/ Geocode: MPTE   U.T.M.

Genus/Species/Autor: **Laciniaria (A.) biplicata (MONTAGU)**

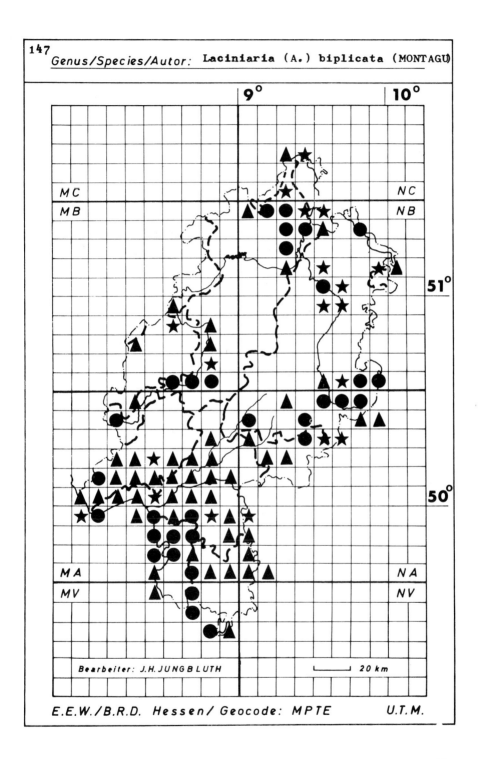

Bearbeiter: J.H. JUNGBLUTH   ⊢———————⊣ *20 km*

E.E.W./B.R.D. Hessen/ Geocode: MPTE   *U.T.M.*

Genus/Species/Autor: **Laciniaria (St.) cana (HELD)**

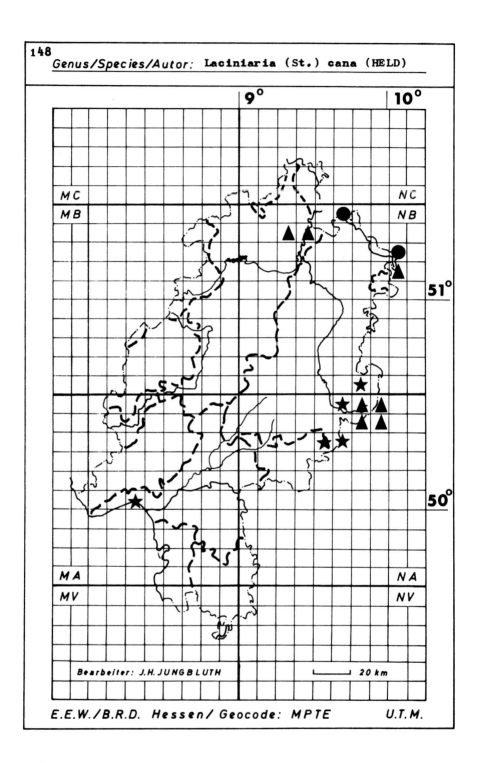

Bearbeiter: J.H. JUNGBLUTH

20 km

E.E.W./B.R.D. Hessen/ Geocode: MPTE *U.T.M.*

276

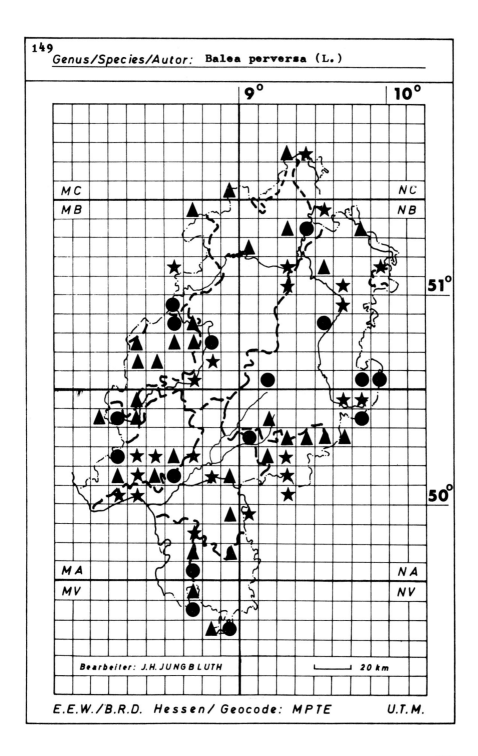

Genus/Species/Autor: **Balea perversa (L.)**

Bearbeiter: J.H. JUNGBLUTH   20 km

E.E.W./B.R.D. Hessen/ Geocode: MPTE   *U.T.M.*

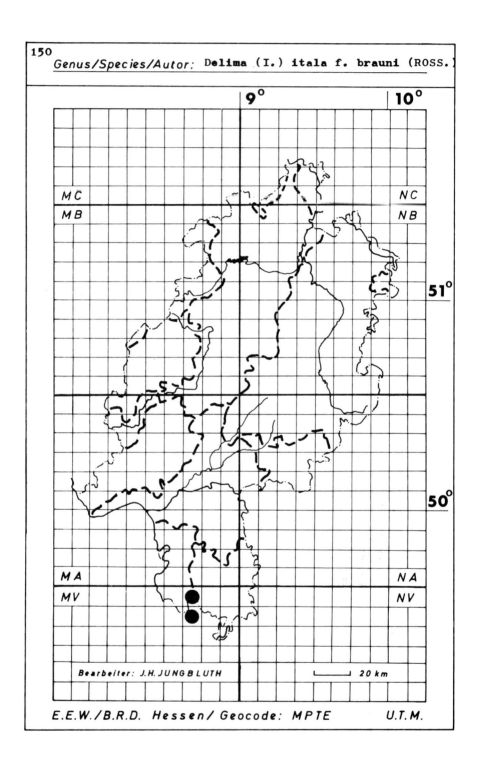

150

Genus/Species/Autor: **Delima (I.) itala f. brauni** (ROSS.)

9° 10°

MC · NC
MB · NB

51°

50°

MA · NA
MV · NV

Bearbeiter: J.H. JUNGBLUTH   20 km

E.E.W./B.R.D. Hessen/ Geocode: MPTE   U.T.M.

Genus/Species/Autor: **Testacella haliotidea** DRAPARNAUD

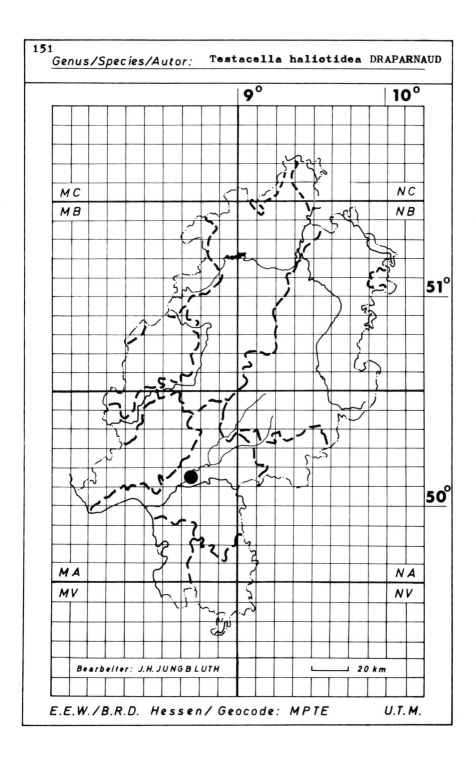

Bearbeiter: J.H. JUNGBLUTH   ⊢————⊣ 20 km

E.E.W./B.R.D. Hessen/ Geocode: MPTE   U.T.M.

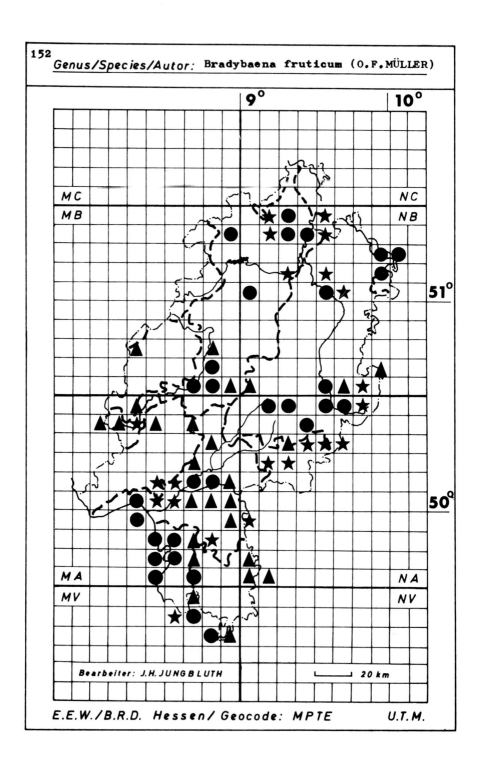

152 Genus/Species/Autor: **Bradybaena fruticum** (O.F.MÜLLER)

Bearbeiter: J.H. JUNGBLUTH   20 km

E.E.W./B.R.D. Hessen/ Geocode: MPTE   U.T.M.

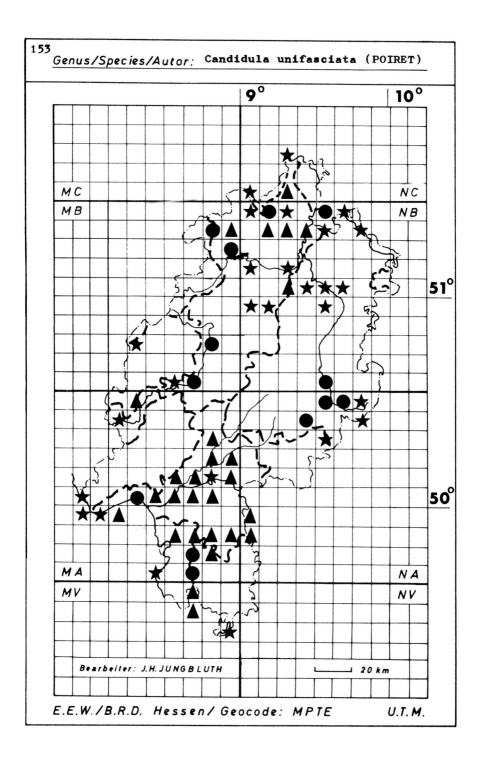

153

Genus/Species/Autor: **Candidula unifasciata** (POIRET)

9° 10°

MC NC
MB NB

51°

50°

MA NA
MV NV

Bearbeiter: J.H. JUNGBLUTH   ⊢———⊣ 20 km

E.E.W./B.R.D. Hessen/ Geocode: MPTE   U.T.M.

Genus/Species/Autor: **Cernuella (X.) neglecta (DRAP.)**

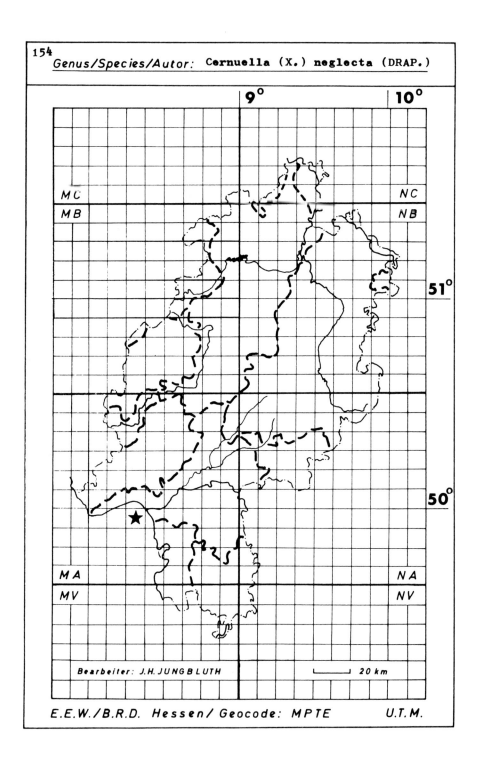

Bearbeiter: J.H. JUNGBLUTH

20 km

E.E.W./B.R.D. Hessen/ Geocode: MPTE *U.T.M.*

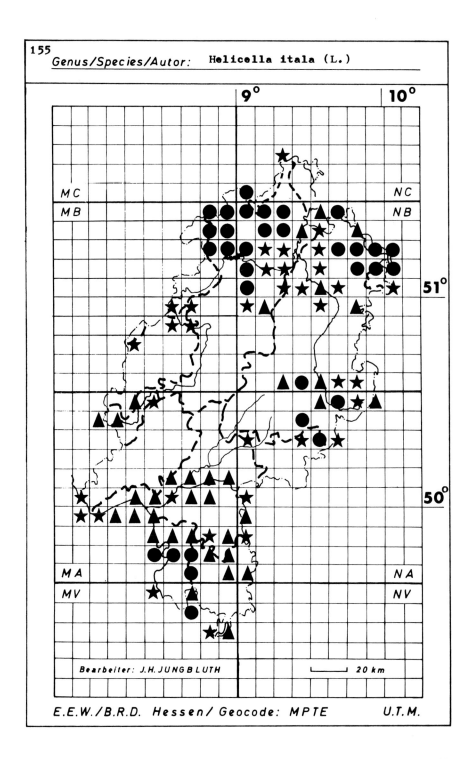

155

Genus/Species/Autor: **Helicella itala (L.)**

Bearbeiter: J.H. JUNGBLUTH

20 km

E.E.W./B.R.D. Hessen/ Geocode: MPTE U.T.M.

Genus/Species/Autor: **Helicella obvia** (HARTMANN)

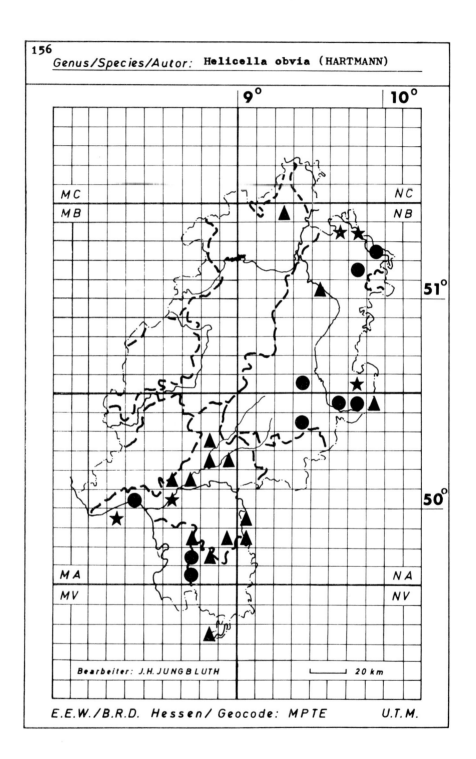

Bearbeiter: J.H. JUNGBLUTH

20 km

E.E.W./B.R.D. Hessen/ Geocode: MPTE   U.T.M.

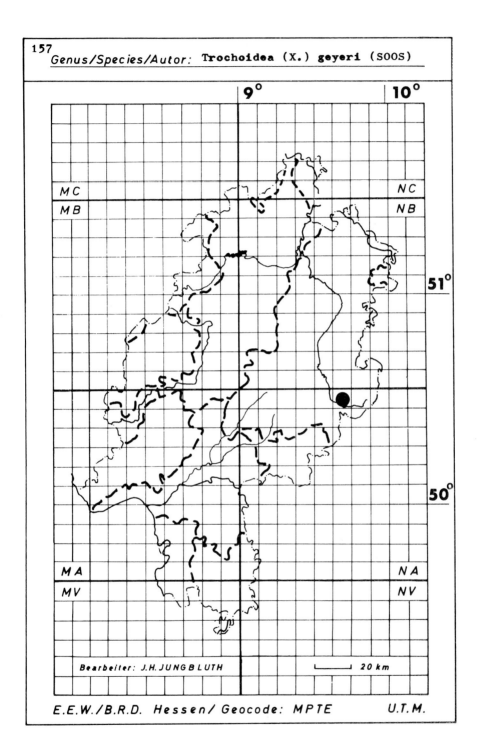

Genus/Species/Autor: **Trochoidea (X.) geyeri** (SOOS)

Bearbeiter: J.H. JUNGBLUTH   20 km

E.E.W./B.R.D. Hessen/ Geocode: MPTE   *U.T.M.*

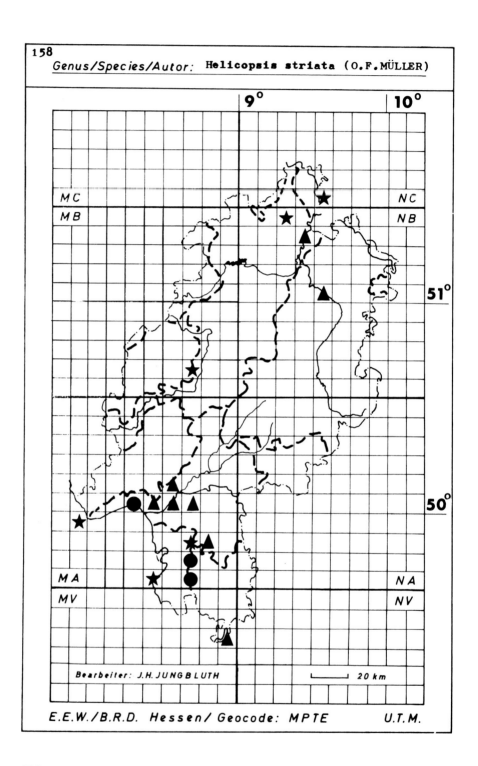

158

Genus/Species/Autor: **Helicopsis striata** (O.F.MÜLLER)

Bearbeiter: J.H. JUNGBLUTH

20 km

E.E.W./B.R.D. Hessen/ Geocode: MPTE   U.T.M.

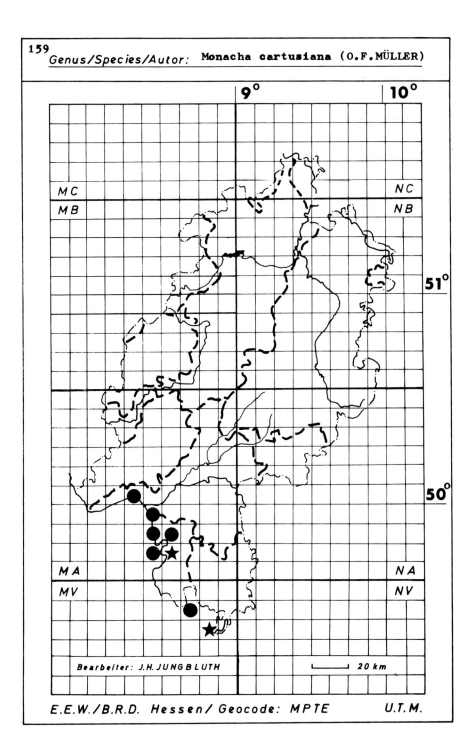

159
Genus/Species/Autor: **Monacha cartusiana** (O.F.MÜLLER)

9° 10°

MC NC
MB NB

51°

50°

MA NA
MV NV

Bearbeiter: J.H.JUNGBLUTH 20 km

E.E.W./B.R.D. Hessen/ Geocode: MPTE *U.T.M.*

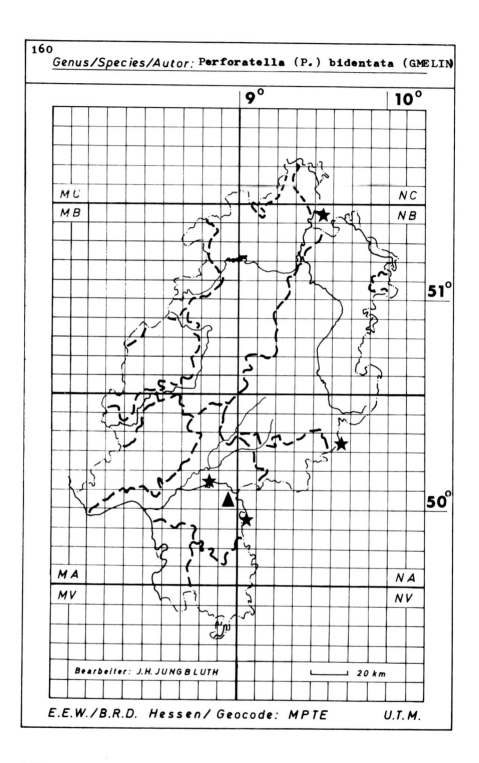

Genus/Species/Autor: **Perforatella (P.) bidentata (GMELIN)**

Bearbeiter: J.H. JUNGBLUTH

20 km

E.E.W./B.R.D. Hessen/ Geocode: MPTE U.T.M.

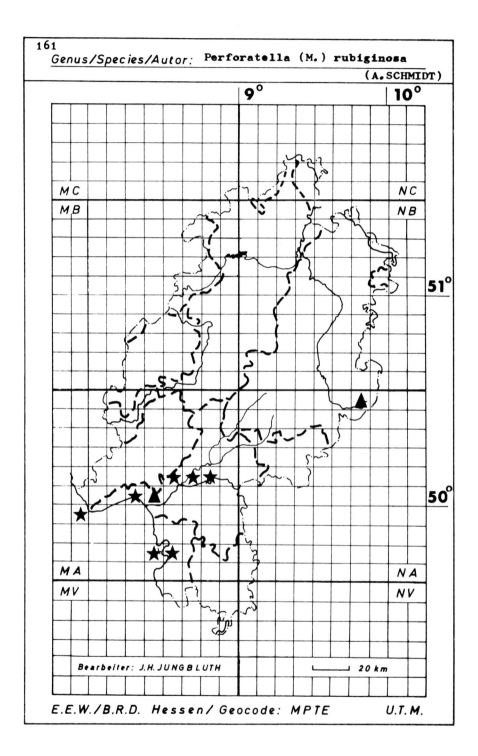

161

Genus/Species/Autor: **Perforatella (M.) rubiginosa**
(A.SCHMIDT)

9° 10°

M C   N C
M B   N B

51°

50°

M A   N A
M V   N V

Bearbeiter: J.H.JUNGBLUTH   20 km

E.E.W./B.R.D. Hessen/ Geocode: MPTE   U.T.M.

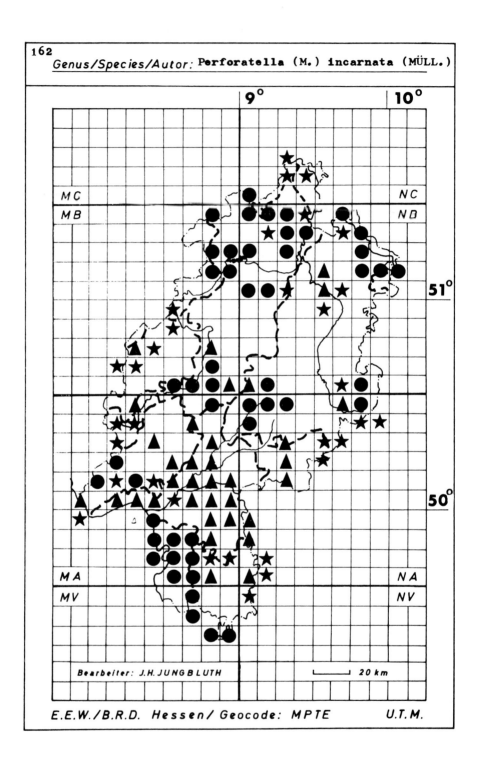

162

Genus/Species/Autor: **Perforatella (M.) incarnata (MÜLL.)**

9° 10°

MC NC
MB NB

51°

50°

MA NA
MV NV

Bearbeiter: J.H.JUNGBLUTH 20 km

E.E.W./B.R.D. Hessen/ Geocode: MPTE *U.T.M.*

Genus/Species/Autor: **Trichia (P.) unidentata (DRAP.)**

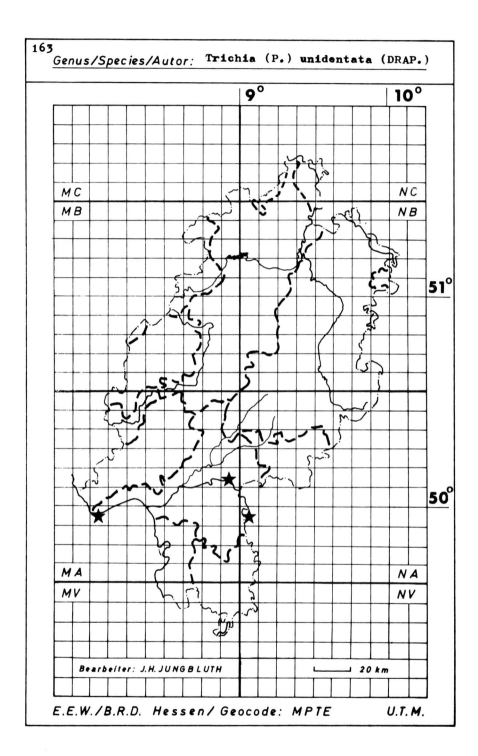

Bearbeiter: J.H. JUNGBLUTH   20 km

E.E.W./B.R.D. Hessen/ Geocode: MPTE   *U.T.M.*

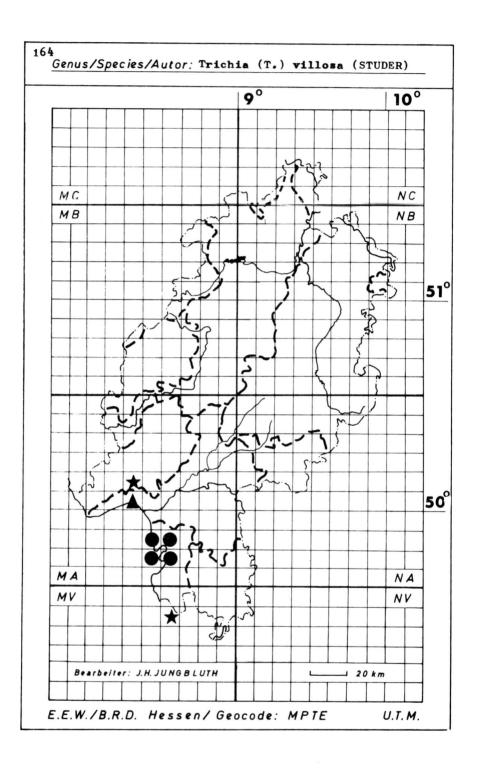

164
Genus/Species/Autor: **Trichia (T.) villosa** (STUDER)

M C   N C
M B   N B

9°   10°

51°

50°

M A   N A
M V   N V

Bearbeiter: J.H. JUNGBLUTH   20 km

E.E.W./B.R.D. Hessen/ Geocode: MPTE   U.T.M.

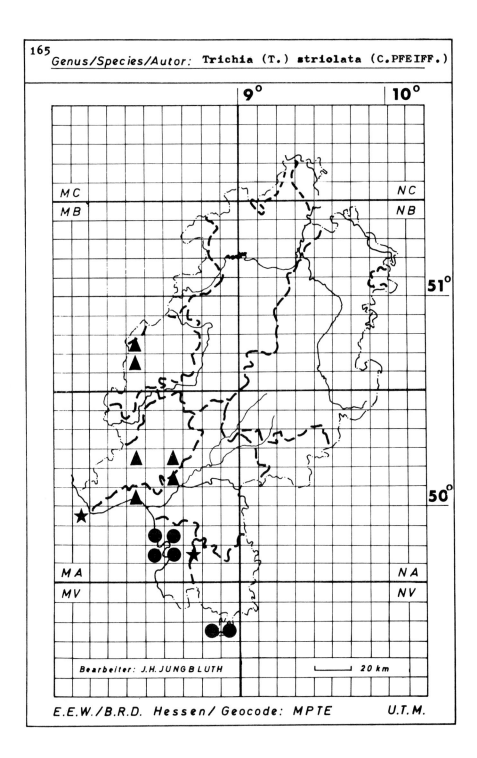

Genus/Species/Autor: **Trichia (T.) striolata (C.PFEIFF.)**

9° 10°

MC NC
MB NB

51°

50°

MA NA
MV NV

Bearbeiter: J.H.JUNGBLUTH   ⊢——————⊣ 20 km

E.E.W./B.R.D. Hessen/ Geocode: MPTE   U.T.M.

Genus/Species/Autor: **Trichia (T.) sericea (DRAPARNAUD)**

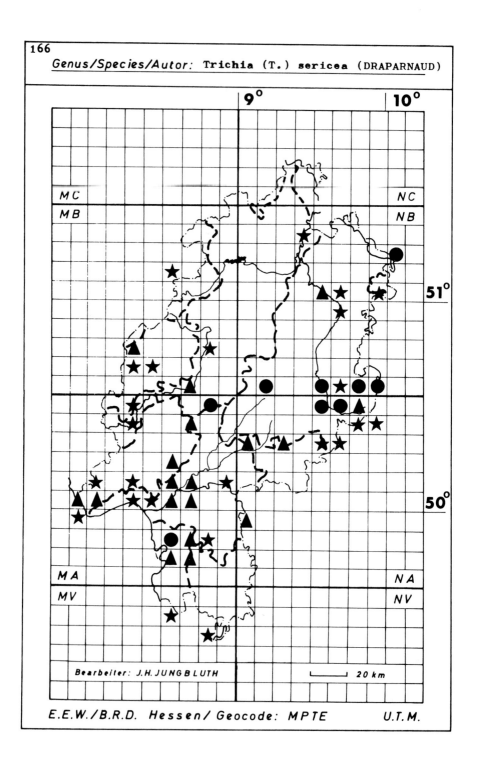

Bearbeiter: J.H. JUNGBLUTH   20 km

E.E.W./B.R.D. Hessen/ Geocode: MPTE   U.T.M.

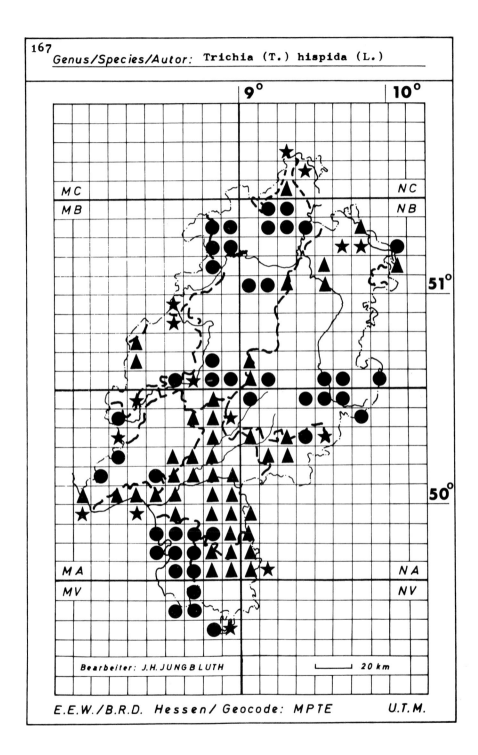

Genus/Species/Autor: Trichia (T.) hispida (L.)

Bearbeiter: J.H.JUNGBLUTH 20 km

E.E.W./B.R.D. Hessen/ Geocode: MPTE U.T.M.

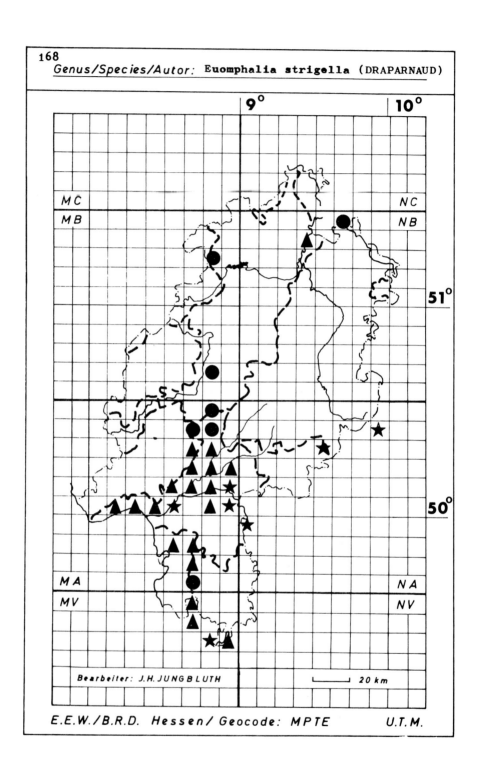

168
Genus/Species/Autor: **Euomphalia strigella** (DRAPARNAUD)

Bearbeiter: J.H.JUNGBLUTH   20 km

E.E.W./B.R.D. Hessen/ Geocode: MPTE   *U.T.M.*

296

Genus/Species/Autor: **Helicodonta obvoluta** (O.F.MÜLLER)

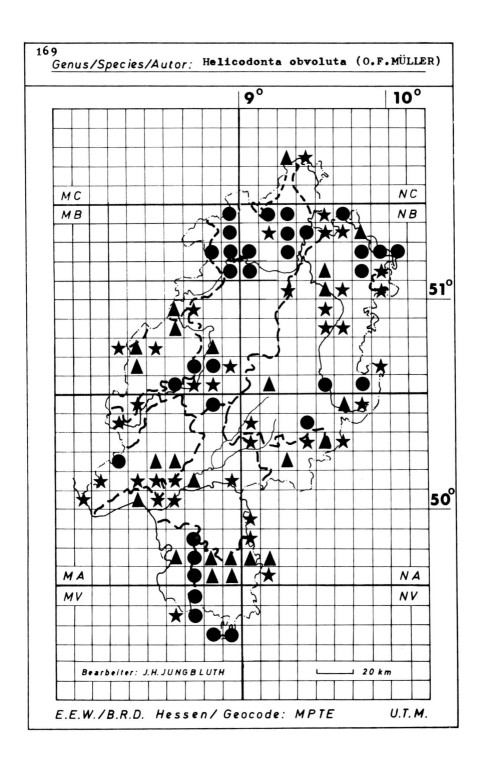

9°   **10°**

M C N C
M B N B

51°

M A N A
M V N V

Bearbeiter: J.H.JUNGBLUTH   ⊢———⊣ 20 km

50°

E.E.W./B.R.D. Hessen/ Geocode: MPTE   *U.T.M.*

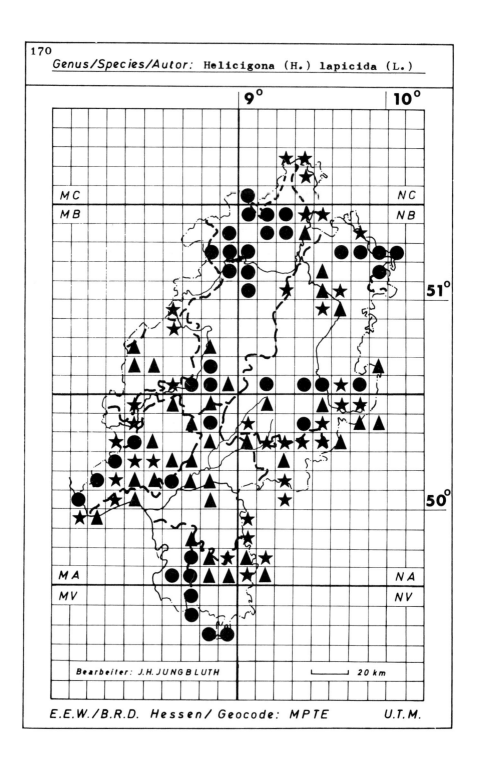

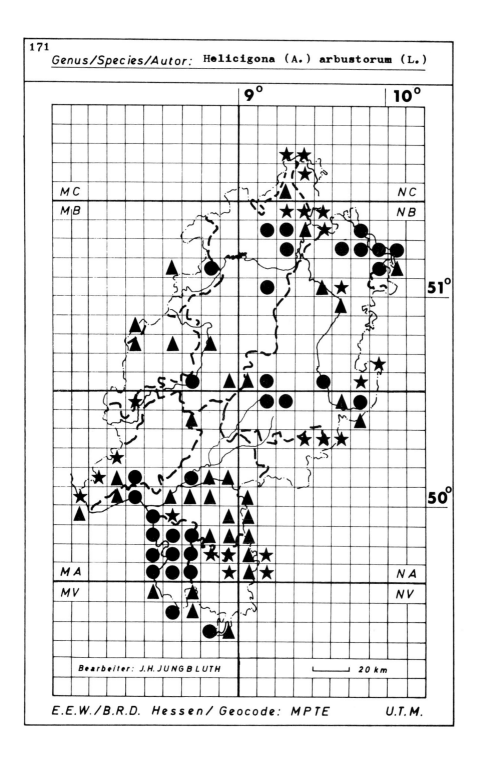

171

Genus/Species/Autor: **Helicigona (A.) arbustorum (L.)**

9°   10°

M C   N C
M B   N B

51°

50°

M A   N A
M V   N V

Bearbeiter: J.H.JUNGBLUTH   20 km

E.E.W./B.R.D. Hessen/ Geocode: MPTE   U.T.M.

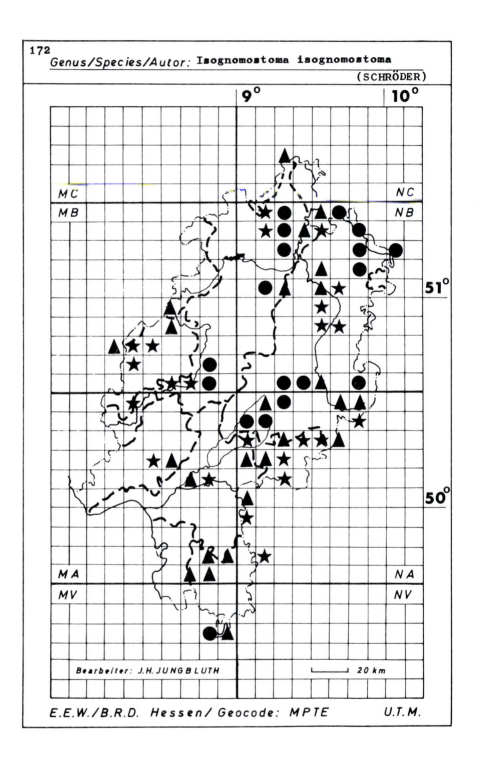

Genus/Species/Autor: **Isognomostoma isognomostoma**

(SCHRÖDER)

Bearbeiter: J.H. JUNGBLUTH   20 km

E.E.W./B.R.D. Hessen/ Geocode: MPTE   U.T.M.

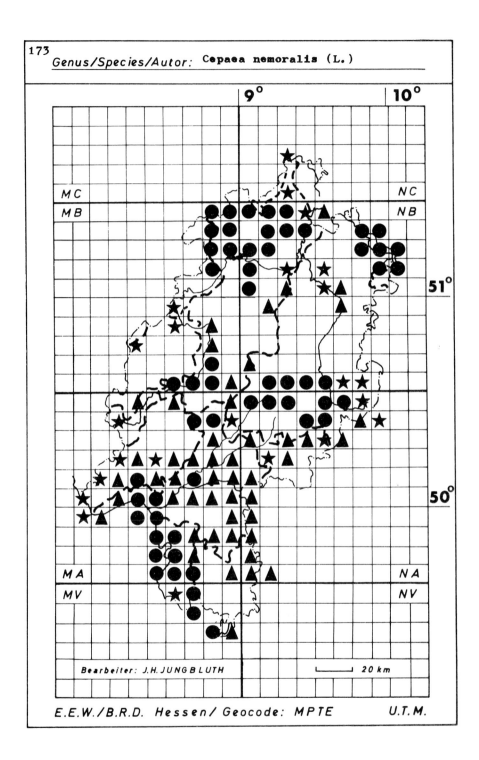

173

Genus/Species/Autor: **Cepaea nemoralis (L.)**

MC   NC
MB   NB

51°

MA   NA
MV   NV

Bearbeiter: J.H. JUNGBLUTH   20 km

E.E.W./B.R.D. Hessen/ Geocode: MPTE   *U.T.M.*

Genus/Species/Autor: **Cepaea hortensis** (O.F.MÜLLER)

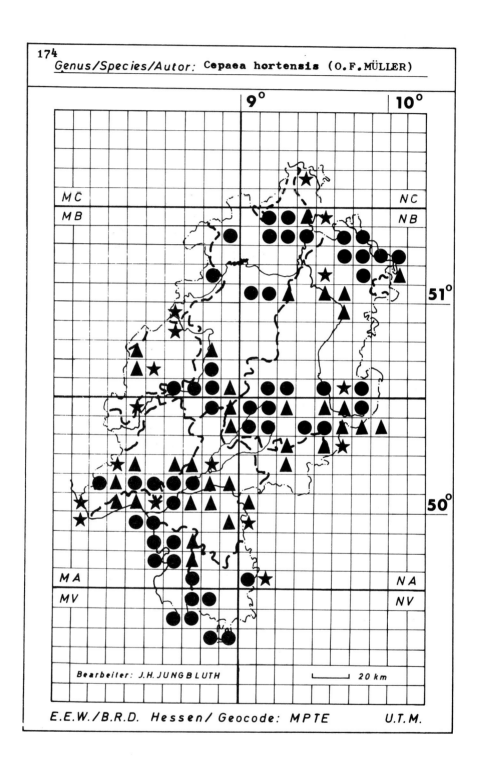

Bearbeiter: J.H.JUNGBLUTH   20 km

E.E.W./B.R.D. Hessen/ Geocode: MPTE   U.T.M.

Genus/Species/Autor: **Helix (H.) pomatia L.**

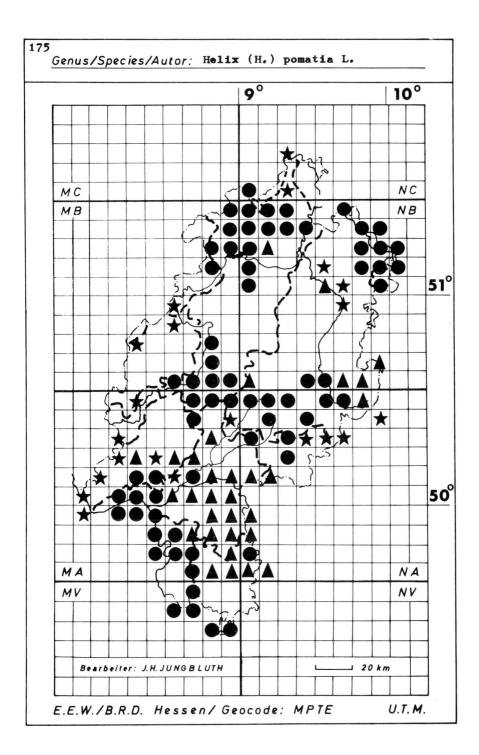

Bearbeiter: J.H. JUNGBLUTH   ⌐────────┐ 20 km

E.E.W./B.R.D. Hessen/ Geocode: MPTE   U.T.M.

303

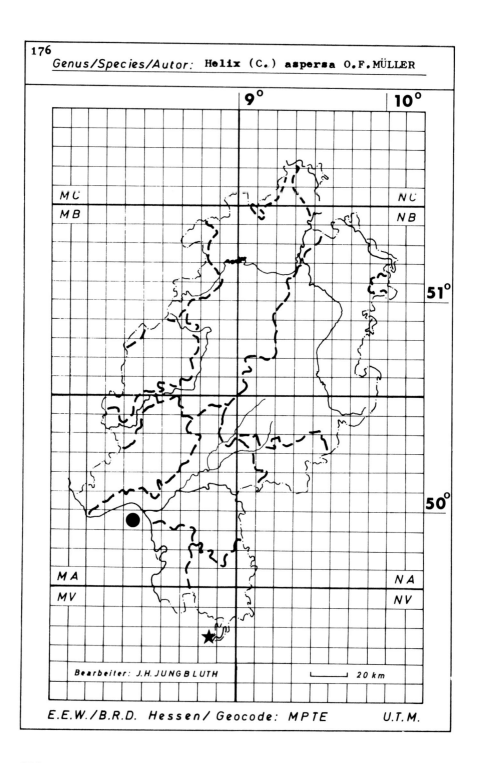

176

Genus/Species/Autor: **Helix (C.) aspersa** O.F.MÜLLER

E.E.W./B.R.D. Hessen/ Geocode: MPTE   U.T.M.

Bearbeiter: J.H. JUNGBLUTH   20 km

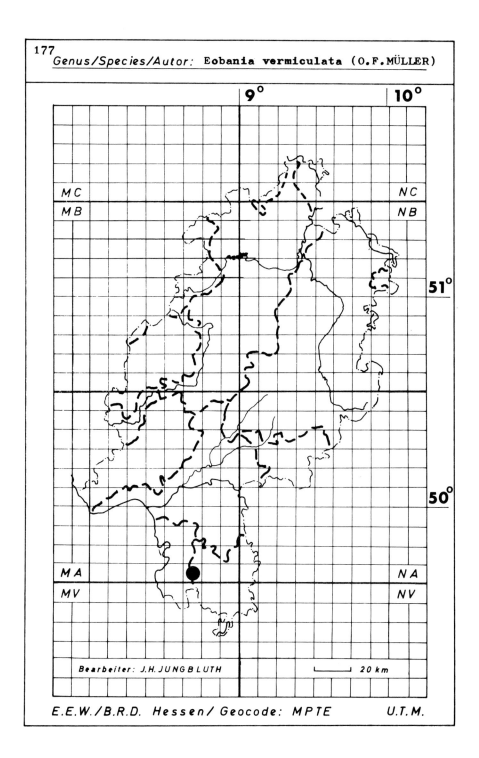

177
Genus/Species/Autor: **Eobania vermiculata** (O.F.MÜLLER)

9°　　10°

MC　　NC
MB　　NB

51°

50°

MA　　NA
MV　　NV

Bearbeiter: J.H. JUNGBLUTH　　20 km

E.E.W./B.R.D. Hessen/ Geocode: MPTE　　U.T.M.

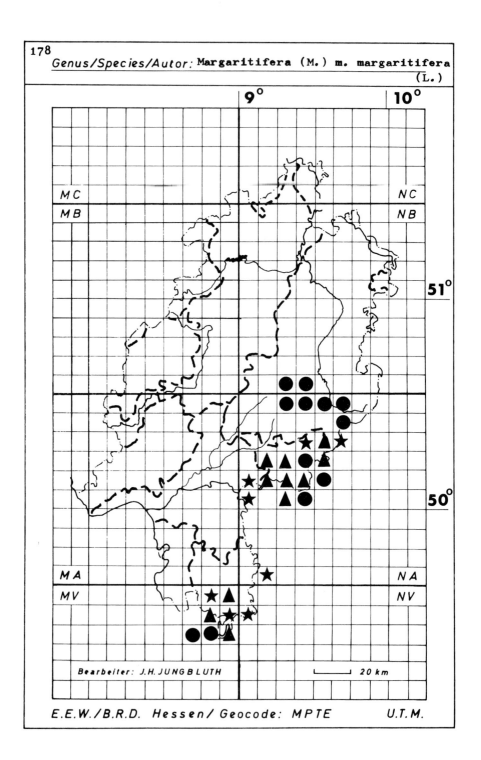

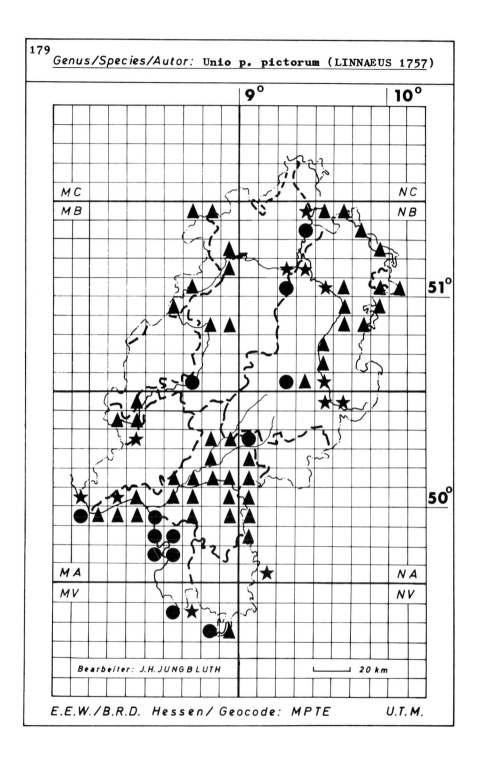

Genus/Species/Autor: **Unio p. pictorum** (LINNAEUS 1757)

Bearbeiter: J.H. JUNGBLUTH   ⊢————⊣ 20 km

E.E.W./B.R.D. Hessen/ Geocode: MPTE   U.T.M.

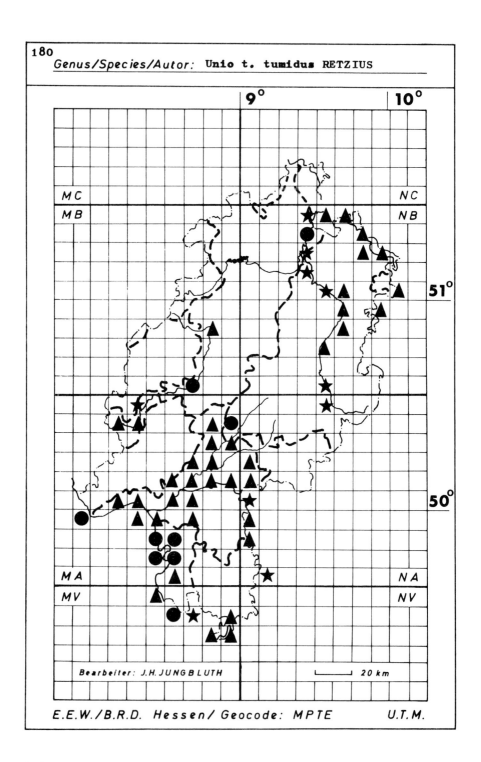

Genus/Species/Autor: **Unio t. tumidus** RETZIUS

9° 10°

MC NC
MB NB

51°

MA NA
MV NV

Bearbeiter: J.H. JUNGBLUTH   20 km

E.E.W./B.R.D. Hessen/ Geocode: MPTE   U.T.M.

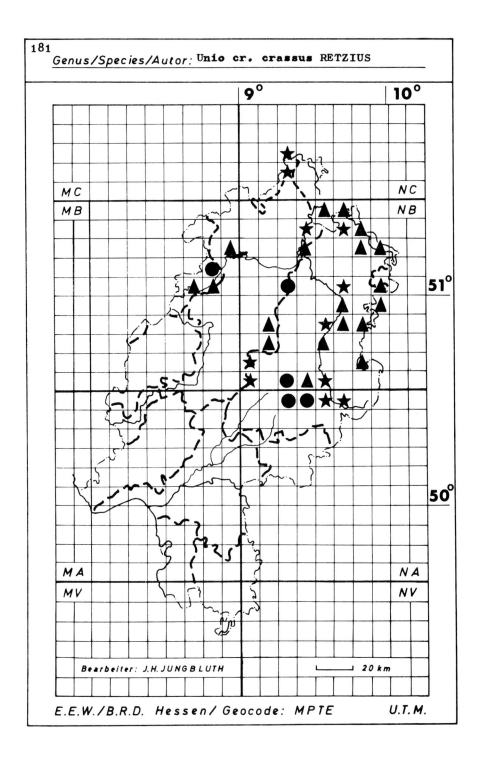

Genus/Species/Autor: **Unio cr. crassus** RETZIUS

Bearbeiter: J.H. JUNGBLUTH   20 km

E.E.W./B.R.D. Hessen/ Geocode: MPTE   U.T.M.

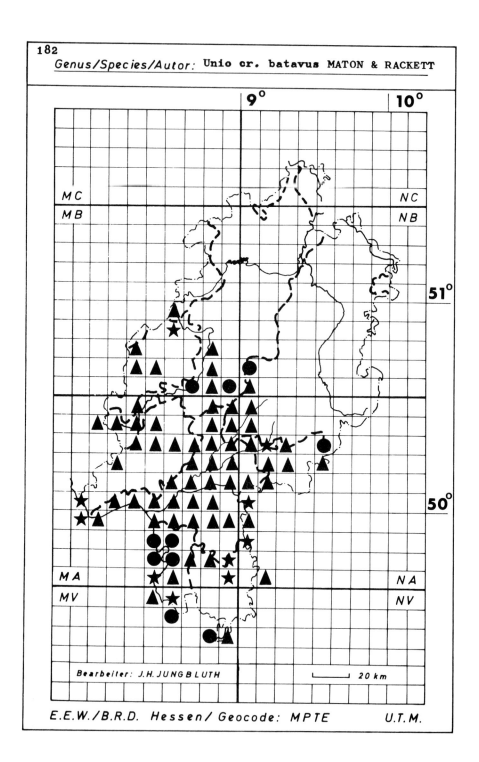

182 Genus/Species/Autor: **Unio cr. batavus** MATON & RACKETT

Bearbeiter: J.H. JUNGBLUTH   20 km

E.E.W./B.R.D. Hessen/ Geocode: MPTE   U.T.M.

310

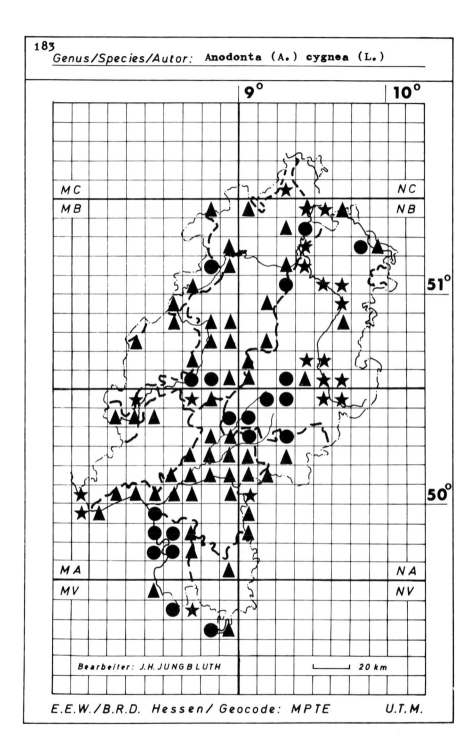

183
Genus/Species/Autor: **Anodonta (A.) cygnea (L.)**

9°   10°

MC   NC
MB   NB

51°

50°

MA   NA
MV   NV

Bearbeiter: J.H. JUNGBLUTH   20 km

E.E.W./B.R.D. Hessen/ Geocode: MPTE   *U.T.M.*

Genus/Species/Autor: **Pseudanodonta elongata** (HOLANDRE)

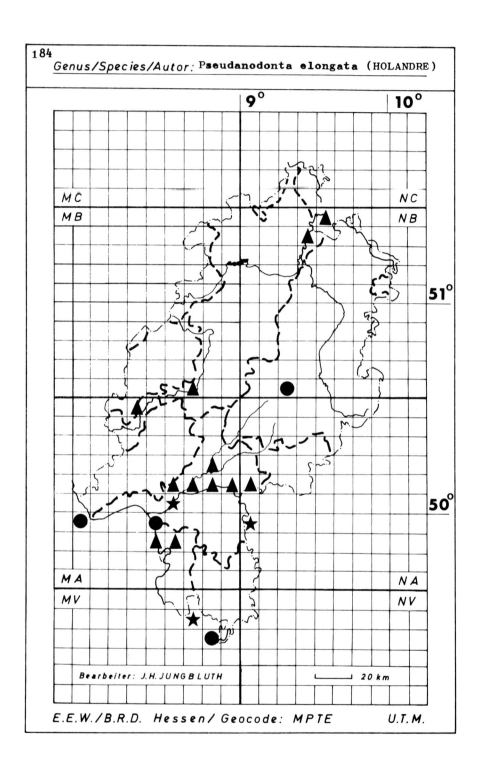

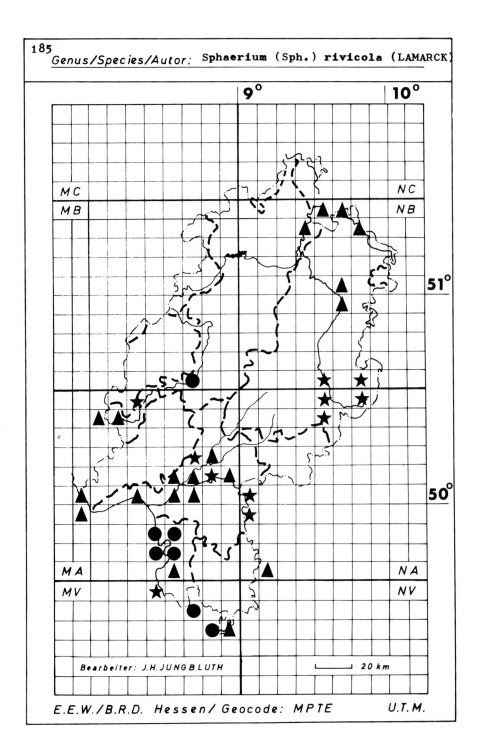

185
Genus/Species/Autor: **Sphaerium (Sph.) rivicola (LAMARCK)**

9°   10°

MC   NC
MB   NB

51°

50°

MA   NA
MV   NV

Bearbeiter: J.H. JUNGBLUTH   20 km

E.E.W./B.R.D. Hessen/ Geocode: MPTE   U.T.M.

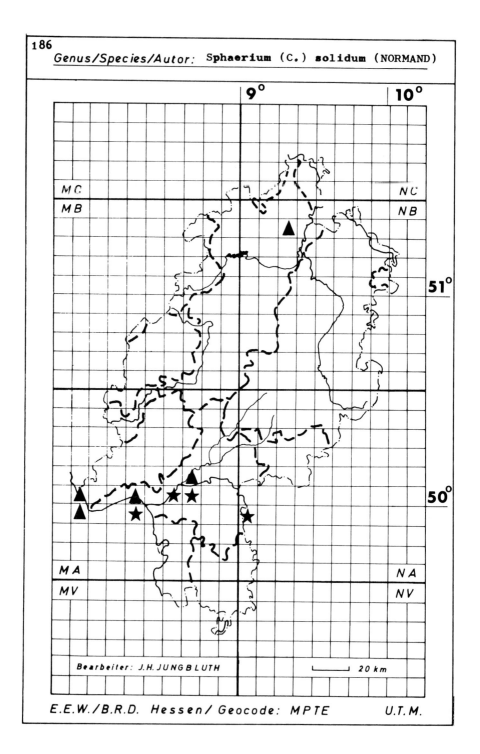

186

Genus/Species/Autor: Sphaerium (C.) solidum (NORMAND)

Bearbeiter: J.H. JUNGBLUTH   20 km

E.E.W./B.R.D. Hessen/ Geocode: MPTE   U.T.M.

314

Genus/Species/Autor: **Sphaerium (Sph.) corneum (L.)**

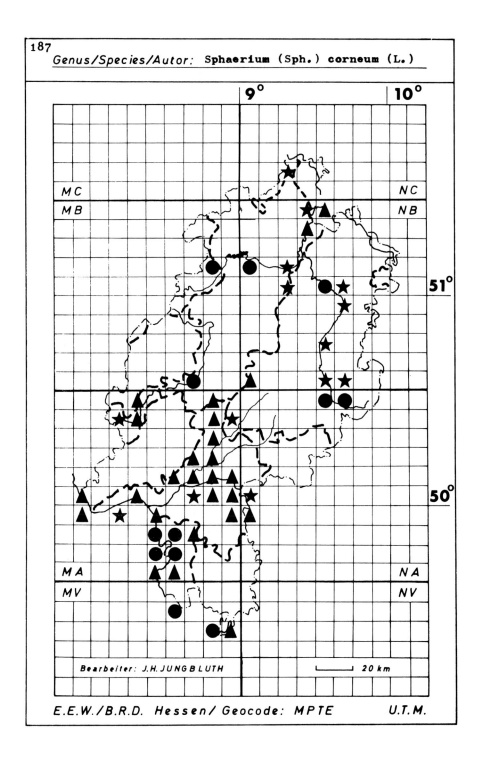

Bearbeiter: J.H. JUNGBLUTH

20 km

E.E.W./B.R.D. Hessen/ Geocode: MPTE   U.T.M.

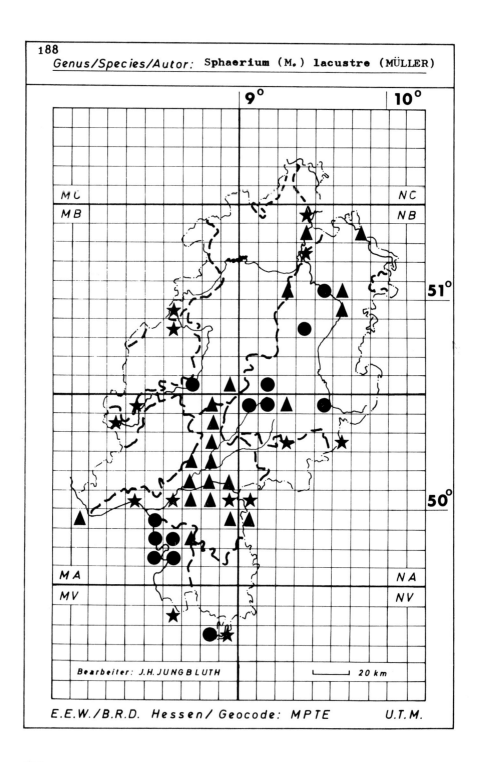

188

Genus/Species/Autor: **Sphaerium (M.) lacustre (MÜLLER)**

E.E.W./B.R.D. Hessen/ Geocode: MPTE   U.T.M.

Bearbeiter: J.H. JUNGBLUTH   20 km

316

Genus/Species/Autor: **Pisidium (P.) amnicum (O.F.MÜLLER)**

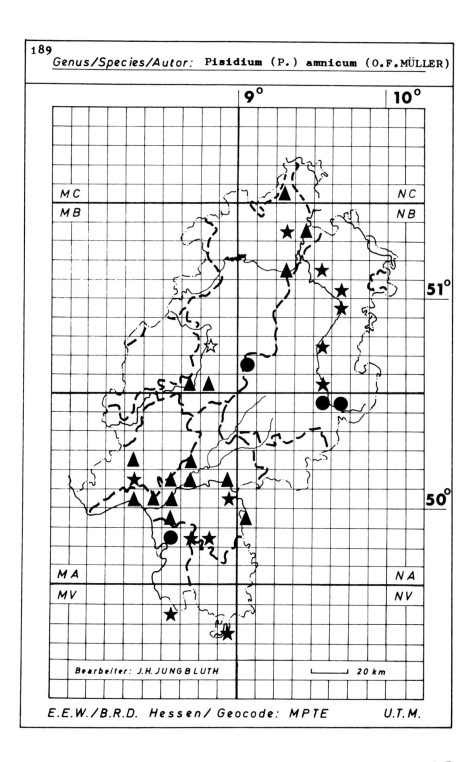

Bearbeiter: J.H.JUNGBLUTH

20 km

E.E.W./B.R.D. Hessen/ Geocode: MPTE   *U.T.M.*

317

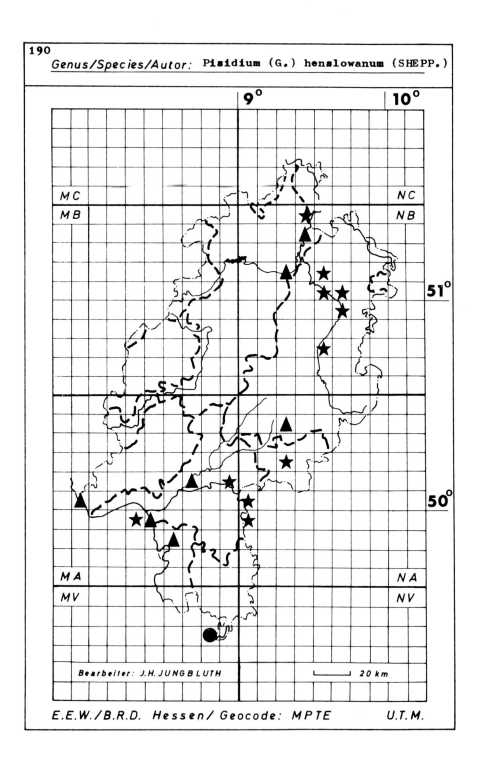

190

Genus/Species/Autor: **Pisidium (G.) henslowanum (SHEPP.)**

E.E.W./B.R.D. Hessen/ Geocode: MPTE   U.T.M.

Bearbeiter: J.H. JUNGBLUTH   20 km

318

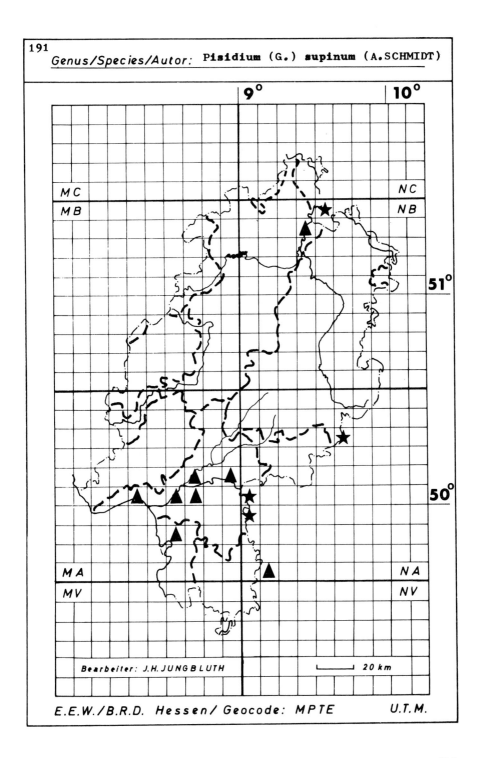

191

Genus/Species/Autor: **Pisidium (G.) supinum** (A.SCHMIDT)

Bearbeiter: J.H.JUNGBLUTH

20 km

E.E.W./B.R.D. Hessen/ Geocode: MPTE   U.T.M.

319

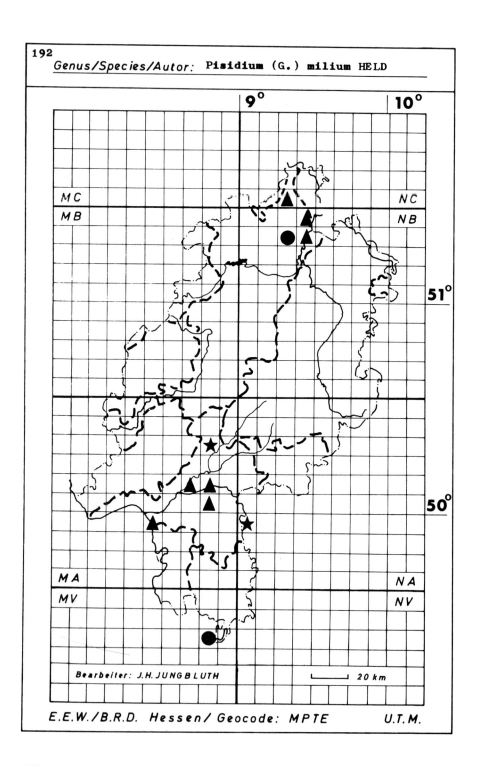

Genus/Species/Autor: **Pisidium (G.) milium** HELD

9° 10°

MC   NC
MB   NB

51°

MA   NA
MV   NV

Bearbeiter: J.H. JUNGBLUTH   20 km

E.E.W./B.R.D. Hessen/ Geocode: MPTE   U.T.M.

Genus/Species/Autor: **Pisidium (G.) subtruncatum MALM**

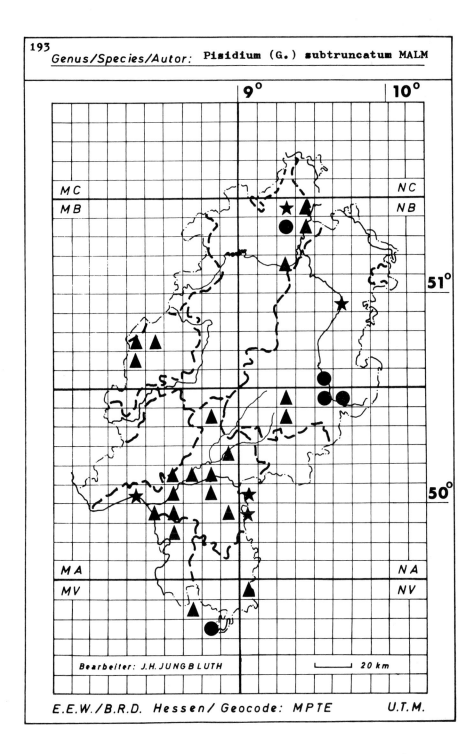

E.E.W./B.R.D. Hessen/ Geocode: MPTE   U.T.M.

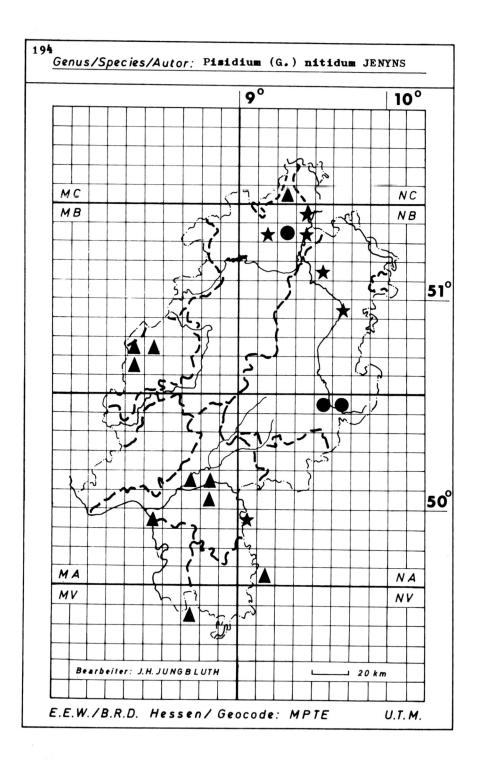

194

Genus/Species/Autor: **Pisidium (G.) nitidum** JENYNS

MC   NC
MB   NB

51°

50°

MA   NA
MV   NV

9° 10°

Bearbeiter: J.H. JUNGBLUTH   20 km

E.E.W./B.R.D. Hessen/ Geocode: MPTE   U.T.M.

Genus/Species/Autor: **Pisidium (G.) pulchellum JENYNS**

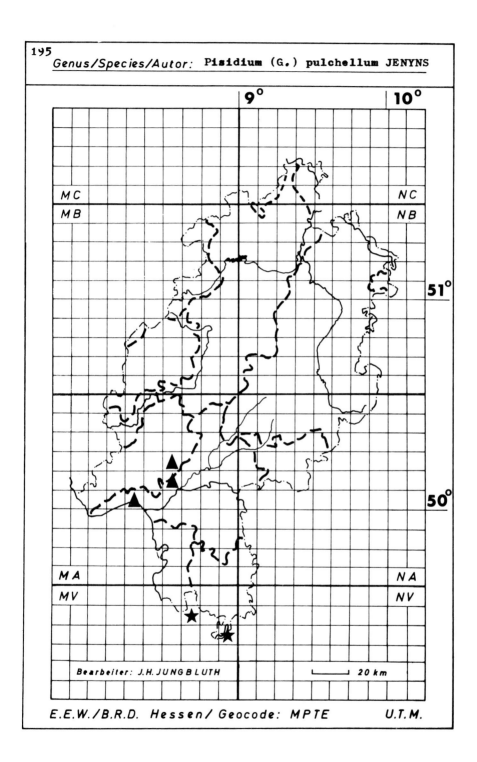

Bearbeiter: J.H.JUNGBLUTH   20 km

E.E.W./B.R.D. Hessen/ Geocode: MPTE   U.T.M.

Genus/Species/Autor: **Pisidium (G.) personatum MALM**

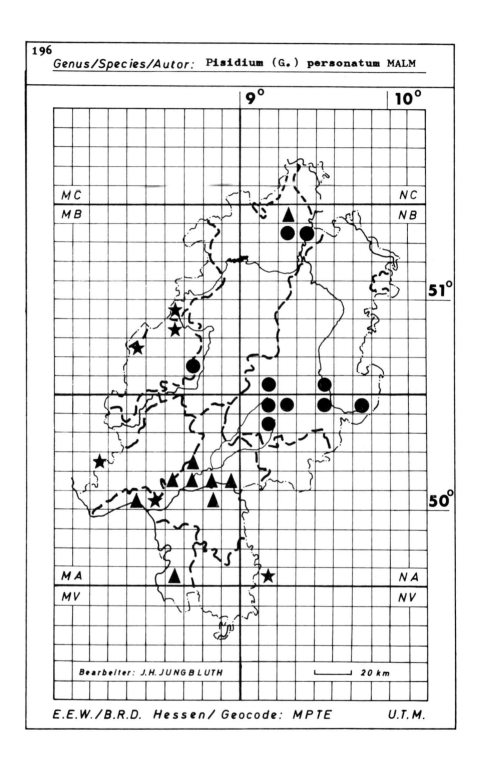

Bearbeiter: J.H.JUNGBLUTH   20 km

E.E.W./B.R.D. Hessen/ Geocode: MPTE   *U.T.M.*

Genus/Species/Autor: **Pisidium (G.) obtusale (LAMARCK)**

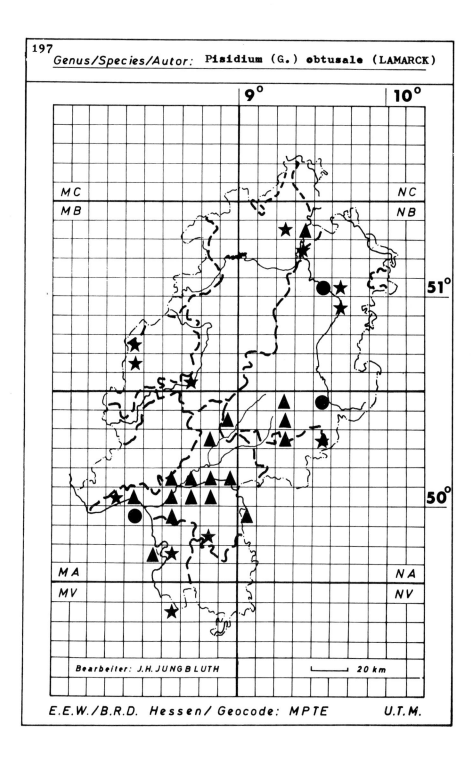

Bearbeiter: J.H. JUNGBLUTH

20 km

E.E.W./B.R.D. Hessen/ Geocode: MPTE U.T.M.

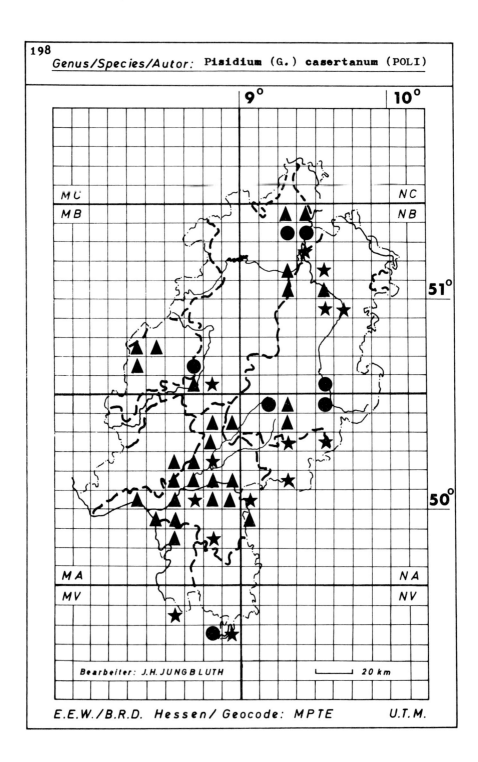

198
Genus/Species/Autor: **Pisidium** (G.) **casertanum** (POLI)

E.E.W./B.R.D. Hessen/ Geocode: MPTE   U.T.M.

326

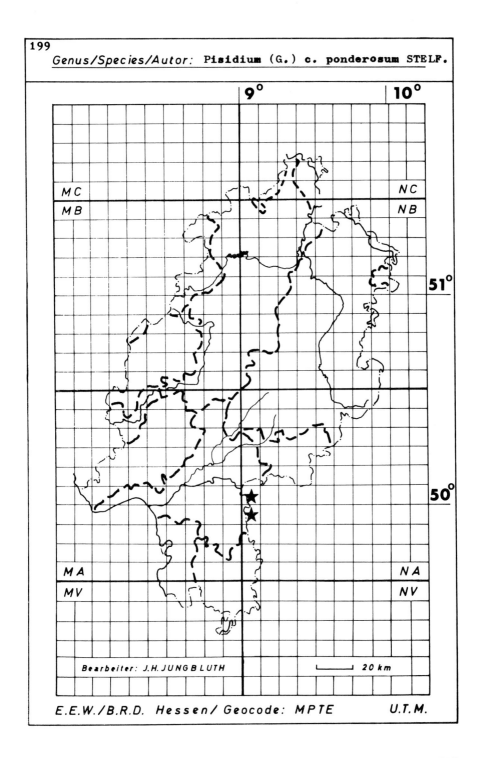

Genus/Species/Autor: Pisidium (G.) c. ponderosum STELF.

9°   10°

MC   NC
MB   NB

51°

50°

MA   NA
MV   NV

Bearbeiter: J.H. JUNGBLUTH   20 km

E.E.W./B.R.D. Hessen/ Geocode: MPTE   U.T.M.

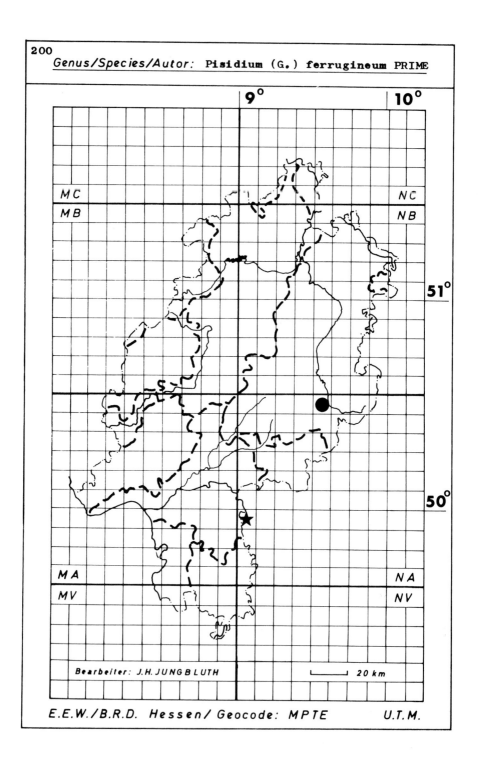

200

Genus/Species/Autor: **Pisidium (G.) ferrugineum** PRIME

Bearbeiter: J.H. JUNGBLUTH 20 km

E.E.W./B.R.D. Hessen/ Geocode: MPTE U.T.M.

Genus/Species/Autor: **Pisidium (N.) moitessierianum PAL.**

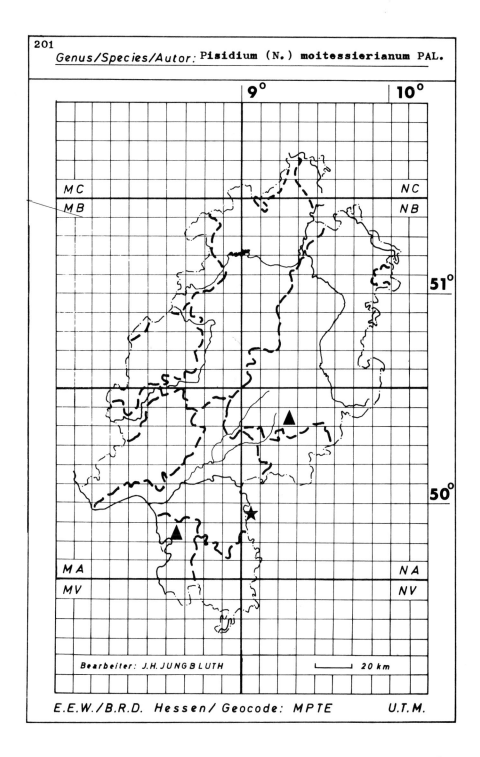

Bearbeiter: J.H. JUNGBLUTH

20 km

E.E.W./B.R.D. Hessen/ Geocode: MPTE   *U.T.M.*

329

Genus/Species/Autor: **Pisidium (N.) punctatum** STERKI

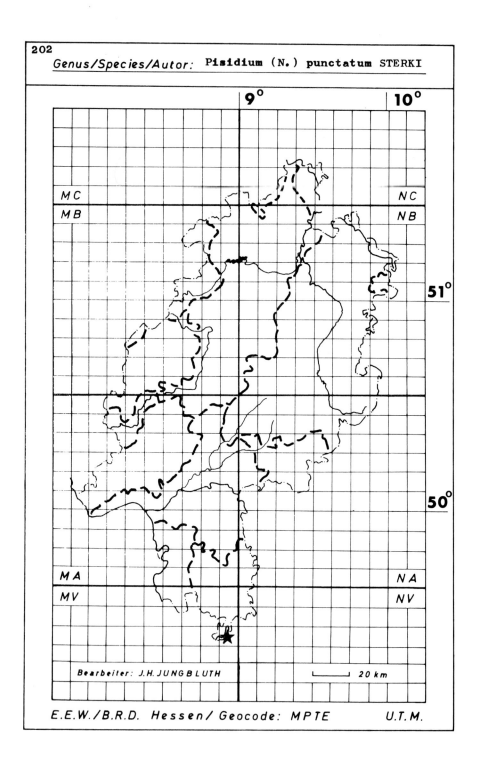

Bearbeiter: J.H.JUNGBLUTH   20 km

E.E.W./B.R.D. Hessen/ Geocode: MPTE   U.T.M.

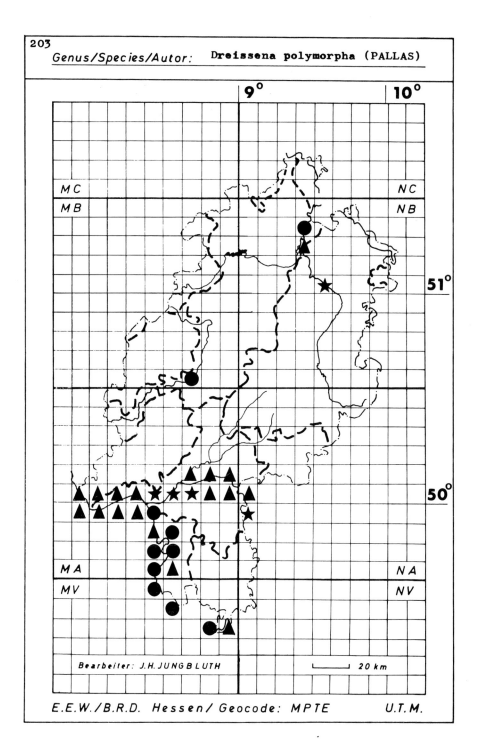

Genus/Species/Autor: **Dreissena polymorpha (PALLAS)**

Bearbeiter: J.H. JUNGBLUTH

20 km

E.E.W./B.R.D. Hessen/ Geocode: MPTE *U.T.M.*

VIII.3. LITERATURNACHWEIS ZU DEN KARTEN
(Stand: April 1977)

ALBRECHT, M.-L. 1954: Die Wirkung der Kaliabwässer auf die Fauna der Werra und Wipper. – *Z. Fischerei* (N.F.) *3*: 401-426.

ANDREAE, A. 1880: Zur Fauna der Bergstrasse. – *Nachr. Bl. dtsch. malak. Ges. 12*: 61-62.

ANONYMUS 1880: Kleine Mittheilungen. – *Nachr. Bl. dtsch. malak. Ges. 12*: 17.

ANONYMUS 1903: Mollusca, Weichtiere. – In: Die Residenzstadt Cassel am Anfang des 20. Jhdts., Festschr. 75. Vers. dt. Naturf. Ärzte. Cassel p 224-229.

ANT, H. 1963: Faunistische, ökologische und tiergeographische Untersuchungen zur Verbreitung der Landschnecken in Nordwestdeutschland. – *Abh. Landesmus. Naturk. Münster 25* (1), 125 S.

ARBEITSGEMEINSCHAFT UMWELT 1972: Bestandsrückgang der Schneckenfauna des Rheins zwischen Straßburg und Koblenz. – *Natur Mus. 102*: 197-206.

ARNDT, R. 1976: Entwicklung und Bearbeitungsobjekte der Malakozoologie des deutschsprachigen Raumes. I. Die Zeit von 1844-1891 – eine statistisch-bibliographische Analyse. – Staatsexamensarbeit Heidelberg, 184 S.

BARTHELMES, I. 1972: Die Schnecken und Muscheln der Umgebung von Altmorschen. – Schülerjahresarbeit Altmorschen.

BLUME, W. 1941: *Laciniaria plicata* DRAP. im Taunus. – *Arch. Moll. 73*: 125-126.

BOECKEL, W. 1937: Die Schneckenfauna eines alluvialen Kalktufflagers bei Dermbach (Rhön). – *Arch. Moll. 69*: 169-173.

BOETTGER, C.R. 1907a: Zur Fauna von Frankfurt a.M. – *Nachr. Bl. dtsch. malak. Ges. 39*: 9-14.

BOETTGER, C.R. 1907b: Zur Conchylienfauna des Kühkopfs. – *Nachr. Bl. dtsch. malak. Ges. 39*: 17-19.

BOETTGER, C.R. 1908: Die Molluskenfauna des Mains bei Frankfurt, einst und jetzt. – *Nachr. Bl. dtsch. malak. Ges. 40*: 17-24.

BOETTGER, C.R. 1911a: Die Clausilien einiger Taunus-Ruinen. – *Nachr. Bl. dtsch. malak. Ges. 43*: 25-27.

BOETTGER, C.R. 1911b: Über zwei Eindringlinge in Deutschlands Fauna. – *Nachr. Bl. dtsch. malak. Ges. 43*: 28-30.

BOETTGER, C.R. 1912a: Die Mollusken der preussischen Rheinprovinz. – Diss. Bonn, 80 S.

BOETTGER, C.R. 1912b: Die Molluskenfauna der preussischen Rheinprovinz. – *Arch. Naturgesch. 78* (A): 191-310.

BOETTGER, C.R. 1933: Die Farbvarianten der Posthornschnecke *Planorbarius corneus* L. und ihre Bedeutung. – *Z. indukt. Abstamm. u. VererbLehre 63*: 112-153.

BOETTGER, C.R. 1936: Das Vorkommen der Landschnecke *Vertigo (Vertigo) moulinsiana* DUP. in Deutschland und ihre zoogeographische Bedeutung. – *Sber. Ges. naturf. Freunde Berl. 1936*: 101-113.

BOETTGER, C.R. 1953: Riesenwuchs der Landschnecke *Zebrina (Zebrina) detrita* (MÜLLER) als Folge parasitärer Kastration. – *Arch. Moll. 82*: 151-152.

BOETTGER, C.R. 1955a: Die Weichtierfauna des Enkheimer Riedes im Osten von Frankfurt am Main und seiner Umgebung. – *Luscinia 28*: 51-63.

BOETTGER, C.R. 1955b: Zoogeographische Betrachtungen über die europäischen Süßwasserschnecken der Gattung *Viviparus* MONTFORT. – *Arch. Moll. 84*: 87-95.

BOETTGER, O. 1878a: Zur Molluskenfauna des Gebietes der fränkischen Saale (Unterfranken). – *Nachr. Bl. dtsch. malak. Ges. 10*: 106-108.

BOETTGER, O. 1878b: Zur Molluskenfauna des Vogelsbergs. – *Nachr. Bl. dtsch. malak. Ges. 10*: 108.

BOETTGER, O. 1878c: Neue und neu bestätigte Fundorte von Clausilien im westlichen Deutschland, vornehmlich in Nassau und den beiden Hessen. – *Nachr. Bl. dtsch. malak. Ges. 10*: 131-137.

BOETTGER, O. 1879a: Clausilien aus dem Rhöngebirge. – *Nachr. Bl. dtsch. malak. Ges. 11*: 51-52.

BOETTGER, O. 1879b: Zur Fauna des Odenwaldes. – *Nachr. Bl. dtsch. malak. Ges. 11*: 81-83.

BOETTGER, O. 1879c: Zur Fauna von Homberg (Reg.-Bez. Cassel). – *Nachr. Bl. dtsch. malak. Ges. 11*: 83-86.

BOETTGER, O. 1882: Liste der bis jetzt bekannten Deviationen und albinen und flavinen Mutationen des Gehäuses bei der Gattung *Clausilia* DRAP. – *Nachr. Bl. dtsch. malak. Ges. 14*: 36-43.

BOETTGER, O. 1885: Zur Süßwasserfauna der Umgebung von Darmstadt. – *Nachr. Bl. dtsch. malak. Ges. 17*: 187.

BOETTGER, O. 1887: Die altalluviale Molluskenfauna des Grossen Bruchs bei Traisa, Provinz Starkenburg. – *Notizbl. Ver. Erdk. Darmstadt IV. Folge 7*: 1-9.

BOETTGER, O. 1889a: Eine Fauna im alten Alluvium der Stadt Frankfurt a.M. – *Nachr. Bl. dtsch. malak. Ges. 21*: 187-195.

BOETTGER, O. 1889b: Die Entwicklung der *Pupa*-Arten des Mittelrheingebietes in Zeit und Raum. – Jb. nassau. Ver. Naturk. *42*: 225-327.

BOLLING, W. 1938a: Die von FLACH beschriebenen Lartetien. – *Arch. Moll. 70*: 37-41.

BOLLING, W. 1938b: Eine neue *Lartetia* aus dem Buntsandstein-Gebiet des Spessart. – *Arch. Moll. 70*: 240.

BRAUN, A. 1843: Vergleichende Zusammenstellung der lebenden und diluvialen Molluskenfauna des Rheinthals mit der tertiären des Mainzer Beckens. – Amtl. Ber. 20. Vers. dt. Naturf. Ärzte Mainz 1842. Mainz, p 142-150.

BRAUN, R. 1962: Zur Kenntnis der Kleintierwelt des Gonsenheimer Waldes und Sandes. – *Z. rhein. naturf. Ges. 2*: 22-25.

BROCKMEIER, H. 1887: Biologische Mittheilungen über *Ancylus fluviatilis* MÜLL. und *Ancylus (Acroloxus) lacustris* L. – *Nachr. Bl. dtsch. malak. Ges. 19*: 45-49.

BROCKMEIER, H. 1888: Zur Fortpflanzung von *Helix nemoralis* und *Helix hortensis* nach Beobachtungen in der Gefangenschaft. – *Nachr. Bl. dtsch. malak. Ges. 20*: 113-116.

BRÖMME, CHR. 1890: *Lithoglyphus naticoides* im Rhein. – *Nachr. Bl. dtsch. malak. Ges. 22*: 142.

BÜTTNER, K. 1922: Die jetztige Verbreitung von *Physa acuta* DRAP. – *Arch. Moll. 54*: 40-42.

CARL, S. 1910: Die Flußperlmuschel (*Margaritana margaritifera* L.) und ihre Perlen. – *Verh. naturw. Ver. Karlsruhe 22*: 123-222.

CLESSIN, S. 1876-77: Deutsche Exkursions-Mollusken-Fauna. – Nürnberg, 581 S.

CLESSIN, S. 1878a: Eine mitteldeutsche Daudebardie. – *Malak. Bl. 25*: 96-99.

CLESSIN, S. 1878b: Beiträge zur Molluskenfauna Deutschlands. I. Die Schnecken des Garenberges. – *Malak. Bl. 25*: 143-149.

CLESSIN, S. 1884: Mollusken aus der Rhön. – *Nachr. Bl. dtsch. malak. Ges. 16*: 186-188.

CLESSIN, S. 1884-85: Deutsche Excursions-Mollusken-Fauna. – 2. Aufl., Nürnberg, 663 S.

CLESSIN, S. 1885: Bemerkungen über *Buliminus montanus* DRAP. – *Nachr. Bl. dtsch. malak. Ges. 17*: 174-177.

CONRATH, W. et al., 1976: Charakterisierung eines neuen Vorkommens von *Potamopyrgus jenkinsi* E.A. SMITH, 1899 (Gastropoda: Hydrobiidae) im Gonsbachtal bei Mainz. – *Mz. naturw. Arch. 14*: 229-240.

DIEMAR, F.H. 1878: Die Mollusken-Fauna. – In: Führer durch Cassel und seine nächste Umgebung, Festschr. 51. Vers. dt. Naturf. Ärzte. Cassel p 94-97.

DIEMAR, F.H. 1880a: Ein Fundort für *Daudebardia & Acme*. – *Nachr. Bl. dtsch. malak. Ges. 12*: 109-110.

DIEMAR, F.H. 1880b: Die Mollusken-Fauna von Cassel. – *Ber. Ver. Naturk. Kassel 26/27*: 91-122.

DIEMAR, F.H. 1880c: Mittheilung über *Daudebardia rufa* und *Acme polita* bei Hofgeismar und ihre Begleitfauna. – *Ber. Ver. Naturk. Kassel 28*: 21-22.

DIEMAR, F.H. 1881: Spangenberg. Zur Molluskenfauna von Cassel. – *Nachr. Bl. dtsch. malak. Ges. 13*: 51-53.

DIEMAR, F.H. 1882a: Zur Molluskenfauna von Cassel. Zierenberg. – *Nachr. Bl. dtsch. malak. Ges. 14*: 11-18.

DIEMAR, F.H. 1882b: Einiges über die Daudebardien der Molluskenfauna von Cassel. – *Nachr. Bl. dtsch. malak. Ges. 14*: 44-47.

DIEMAR, F.H. 1882c: Einiges über die Daudebardien der Molluskenfauna von Cassel (Fortsetzung). – *Nachr. Bl. dtsch. malak. Ges. 14*: 81-91.

DIEMAR, F.H. 1883a: Zur Molluskenfauna von Cassel. Das Ahnathal. – *Nachr. Bl. dtsch. malak. Ges. 15*: 74-79.

DIEMAR, F.H. 1883b: Konchyliologische Funde im Sommer 1881 in der Zierenberger Gegend. – *Ber. Ver. Naturk. Kassel 29/30*: 42-43.

DIEMAR, F.H. 1884: Zur Molluskenfauna von Cassel. Ahnathal. – *Ber. Ver. Naturk. Kassel 31*: 19-20.

DIEMAR, F.H. 1886: Die Mollusken-Fauna von Niederhessen (Regierungsbezirk Cassel). – Festschr. Ver. Naturk. Kassel 50-jähr. Bestehens. Kassel p 184-194.

DUNKER, W. 1845: Beschreibung einer neuen *Cyclas*-Art. – *Z. Malakozool. 2*: 20.

EBERLE, G. 1962: Freßspuren von Schnecken auf algenbewachsenen Flächen. – Jb. nassau. Ver. Naturk. *96*: 46-50.

ECKSTEIN, K. 1883: Die Mollusken aus der Umgegend von Giessen. – *Ber. oberhess. Ges. Nat.- u. Heilk. Giessen 22*: 187-193.

ECKSTEIN, K. 1886: Die Mollusken der Umgegend von Giessen. II. Nacktschnecken. – *Ber. oberhess. Ges. Nat.- u. Heilk. Giessen 24*: 131-132.

EHRMANN, P. 1933: Mollusca. Die Tierwelt Mitteleuropas II (1), 264 S., Leipzig (Nachdruck 1956).

EISENACH, H. 1885: Verzeichniss der Fauna und Flora des Kreises Rotenburg a.d.F. Neunte Klasse: Mollusca. Weichthiere. – *Ber. wetterau. Ges. ges. Naturk. 1883/85*: 40-48.

FISCHER, B. 1972: Die Gastropodengesellschaft eines xerothermen Kalkhanges im südlichen Vogelsberg. – Staatsexamensarbeit Gießen, 119 S.

FITTKAU, E.J. 1949: Mitteilung über die in der Fulda und ihren Zuflüssen aufgefundenen Weichtiere. – Jber. limnol. Flußstation Freudenthal, Göttingen *1*: 17-19.

FLACH, K. 1886: Die Molluskenfauna Aschaffenburgs nebst Beiträgen zur Fauna des Spessarts. – *Verh. phys.-med. Ges. Würzb.* (N.F.) *19*: 253-276.

FORCART, L. 1959: Taxionomische Revision paläarktischer Zonitinae, II. Anatomisch untersuchte Arten des Genus *Aegopinella* LINDHOLM. – *Arch. Moll. 88*: 7-34.

FRANZ, V. 1932: *Viviparus*. Morphometrie, Phylogenie und Geographie der europäischen fossilen und rezenten Paludinen. – *Denkschr. med.-naturw. Ges. Jena 18* (2), 160 S.

FRAUENFELD, G.v. 1856: Über die Paludinen aus der Gruppe der *Paludina viridis* POIR. – *Sber. Akad. Wiss. Wien 22*: 569-578.

GÄRTNER, G. 1812: Versuch einer systematischen Beschreibung der in der Wetterau bisher entdeckten Konchylien. – *Ann. wetterau. Ges. ges. Naturk. 3*: 281-320.

GASCHOTT, O. 1927: Molluskenfauna der Rheinpfalz. I. Rheinebene und Pfälzerwald. – *Mitt. Pollichia* (N.F.) *2*: 33-112.

GASCHOTT, O. 1930: Nachtrag zu Rheinebene und Pfälzerwald 1926-1929. – *Mitt. Pollichia* (*N.F.*) *3*: 261-265.

GERGENS, 1862: Die Ansiedlung und Verbreitung der Miesmuschel im Rhein. – *Natur 11*: 87-88.

GEYER, D. 1911: Die Molluskenfauna des Neckars. – *Jh. Ver. vaterl. Naturk. Württ. 67*: 354-371.

GEYER, D. 1927: Unsere Land- und Süsswasser-Mollusken. Einführung in die Molluskenfauna Deutschlands. – 3. Aufl., Stuttgart, 224 S.

GIERSBERG, H. & R. LANGER 1952: Vom Tierleben des Kühkopfs und der Knoblochsaue. – In: PFEIFFER, S. (Hrsg.), Das Naturschutzgebiet Kühkopf-Knoblochsaue. 2. Aufl., Frankfurt, p 20-36.

GOETHE, J.W. 1814: Rheingauer Herbsttage. – In: Cotta'sche Gesamtausgabe *26*: 240.

GOLDFUSS, O. 1882: Beitrag zur Mollusken-Fauna der Umgegend von Frankfurt a.M. – *Nachr. Bl. dtsch. malak. Ges. 14*: 81-86.

GREIM, G. 1864: *Dreissena polymorpha* im Main. – *Zool. Gart. Frankf. 5*: 124.

GREIM, G. & A. KÖHLER 1883: Beitrag zur Kenntnis der Land- und Süsswasserconchylien in der Umgegend von Darmstadt. – *Notizbl. Ver. Erdk. Darmstadt IV. Folge 4*: 1-4.

GULAT, M.v. 1907: Die Perlenfischerei in Baden. – *Neues Arch. Gesch. Stadt Heidelberg 7*: 134-140.

GYSSER, A. 1863: Die Mollusken-Fauna Baden's. Mit besonderer Berücksichtigung des oberen Rheinthales zwischen Basel und Mannheim. – Heidelberg, 32 S.

GYSSER, A. 1865: Vergleichende Zusammenstellung der Molluskenfaunen der beiden äussersten nordöstlichen und südwestlichen Grenzländer des politischen Deutschlands. – *Malak. Bl. 12*: 78-91.

HAAS, F. 1908a: Neue und wenig bekannte Lokalformen unserer Najadeen. – *Nachr. Bl. dtsch. malak. Ges. 40*: 174-176.

HAAS, F. 1908b: Die Verbreitung der Flussperlmuschel im Odenwald. – Beitr. Kennt. mitteleur. *Najadeen 1*: 8-16 (Beil. Nachr. Bl. dtsch. malak. Ges.).

HAAS, F. 1908c: Neue und wenig bekannte Lokalformen unserer Najadeen. (Fortsetzung). – Beitr. Kennt. mitteleur. *Najadeen 2*: 26-32.

HAAS, F. 1910: Die Najadenfauna des Oberrheins vom Diluvium bis zur Jetztzeit. – *Abh. senckenberg. naturforsch. Ges. 32*: 145-177.

HAAS, F. 1911: Die geographische Verbreitung der westdeutschen Najaden. – *Verh. naturh. Ver. preuss. Rheinl. 68*: 505-528.

HAAS, F. 1913: Neue und wenig bekannte Lokalformen unserer Najaden. – *Nachr. Bl. dtsch. malak. Ges. 45*: 105-112.

HAAS, F. 1914: *Bythinella compressa montis-avium*, eine neue Quellschnecke aus dem Vogelsberg. – *Nachr. Bl. dtsch. malak. Ges. 46*: 38-39.

HAAS, F. 1922a: Hochwasser und Flußmuscheln. – *Arch. Moll. 54*: 155-157.

HAAS, F. 1922b: Der Kühkopf, ein Zeuge aus der Vergangenheit des Oberrheins. – *Ber. senckenberg. naturf. Ges. 52*: 29-47.

HAAS, F. 1929-30: Zur Kenntnis der Binnenmollusken des Oberrheingebietes (Hessen, Baden, Elsaß) und des Gebietes der mittleren Mosel (Lothringen, Luxemburg). – *Beitr. naturw. Erforsch. Badens 4*: 62-72 und *5/6*: 73-97.

HAAS, F. 1969: Superfamilia Unionacea. – *Das Tierreich 88*, 663 S., Leipzig.

HAAS, F. & W. WENZ 1923a: Tertiäre Vorfahren unserer Najaden. – *Arch. Moll. 55*: 116-117.

HAAS, F. & W. WENZ 1923b: *Unio batavus taunicus* KOBELT aus unterpliozänen Tonen von Salzhausen. – Notizbl. Ver. Erdk. Darmstadt V. Folge *5*: 204.

HÄSSLEIN, L. & W. NOLL 1953: Die Weichtierfauna des Aschaffenburger Mains. – *Nachr. naturw. Mus. Aschaffenb. 39*: 1-46.

HECKER, U. 1965: Zur Kenntnis der mitteleuropäischen Bernsteinschnecken (Succineidae). I. – *Arch. Moll. 94*: 1-45.

HECKER, U. 1970: Zur Kenntnis der mitteleuropäischen Bernsteinschnecken (Succineidae). II. – *Arch. Moll. 100*: 207-234.

335

HEMMEN, J. 1973: Die Mollusken-Fauna der Rheininsel Kühkopf. – Jb. nassau. Ver. Naturk. *102*: 175-207.

HERBST, R. 1919: Beiträge zur Conchylienfauna von Südhannover. – Jber. niedersächs. zool. Ver. *5-10* (1913-18): 1-21.

HEROLD, H. 1958: Über die Verbreitung der rezenten *Viviparus*-Arten, besonders im südwestdeutschen Raum. *Viviparus ater* (CRISTOFORI & JAN) neu für den Bodensee. – *Jh. Ver. vaterländ. Naturk. 113*: 143-146.

HESSE, P. 1878: Beitrag zur Molluskenfauna Westfalens. – *Verh. naturh. Ver. preuss. Rheinl. 35*: 83-103.

HEUSLER, E. 1882: *Helix personata* LK. im Taunus. – *Nachr. Bl. dtsch. malak. Ges. 14*: 101-102.

HEUSS, K. 1962a: Ein neues Perlmuschel-Vorkommen in der Rhon. – *Mitt. dtsch. malak. Ges. 1*: 22.

HEUSS, K. 1962b: Die Flußperlmuschel. – *Natur Mus. 92*: 372-376.

HEUSS, K. 1966: Beitrag zur Fauna der Werra, einem salinaren Binnengewässer. – *Gewäss. Abwäss. 43*: 48-64.

HEYNEMANN, D.F. 1850: Neue Fundorte mehrerer Land- und Süsswasserconchylien. – *Jber. wetterau. Ges. ges. Naturk. 1847-50*: 77-78.

HEYNEMANN, D.F. 1861: *Limax variegatus* DRAP. Ein Beitrag zur deutschen Mollusken-Fauna. – *Malak. Bl. 7*: 165-170.

HEYNEMANN, D.F. 1862a: Die nackten Schnecken des Frankfurter Gebiets, vornehmlich aus der Gattung *Limax*. – *Malak. Bl. 8*: 85-105.

HEYNEMANN, D.F. 1862b: Eine Exkursion in den Taunus im Monat Juni 1861 mit besonderer Berücksichtigung der Gattung *Limax*. – *Malak. Bl. 8*: 139-145.

HEYNEMANN, D.F. 1862c: Zur Anatomie der Gattung *Vertigo*. – *Malak. Bl. 9*: 11-13.

HEYNEMANN, D.F. 1862d: Die Nacktschnecken in Deutschland seit 1800 und ein neuer *Limax*. – *Malak. Bl. 9*: 33-57.

HEYNEMANN, D.F. 1868: Die Mollusken-Fauna Frankfurt's. – *Ber. offenbach. Ver. Naturk. 9*: 39-60.

HEYNEMANN, D.F. 1869: Nachtrag zur Literatur der Fauna im Rheingebiet. – *Nachr. Bl. dtsch. malak. Ges. 1*: 198-203.

HEYNEMANN, D.F. 1870: Die Schnecken in den Anschwemmungen des Mains. – *Nachr. Bl. dtsch. malak. Ges. 2*: 147-148.

HEYNEMANN, D.F. 1881: *Helix fruticum* im Taunus. – *Nachr. Bl. dtsch. malak. Ges. 13*: 62-63.

ICKRATH, H. 1870: Zur Fauna von Darmstadt. – *Nachr. Bl. dtsch. malak. Ges. 2*: 38-41.

JAECKEL, S.G.A. 1934: Ein Beitrag zur Kenntnis der Molluskenfauna des Weserberglandes. – *Arch. Moll. 66*: 340-353.

JAECKEL, S.G.A. 1958: Molluskenfunde aus einigen Landesteilen Südwestdeutschlands. – *Beitr. naturk. Forsch. SüdwDtl. 17*: 35-45.

JAECKEL, S.G.A. 1962: Ergänzungen und Berichtigungen zum rezenten und quartären Vorkommen der mitteleuropäischen Mollusken. In: P. EHRMANN'S Bearbeitung. Die Tierwelt Mitteleuropas, *2* (1), Ergänzungen: 25-294. Leipzig.

JAECKEL, S.H. 1942: Zur Kenntnis der Molluskenfauna von Brückenau (Rhön). – *Arch. Moll. 74*: 119-123.

JAHN, B. 1970: Untersuchung über die Endoparasiten der Nacktschnecken aus dem Naturschutzpark „Hoher Vogelsberg". – Staatsexamensarbeit Gießen, 105 S.

JOST, O. et al. 1971: Die Vorkommen der Flußperlmuschel (*Margaritifera margaritifera* L.) in der Rhön und im östlichen Spessart (Fluß-Systeme des Döllbach und der Sinn). – *Beitr. Naturk. Osthessen 4*: 3-18.

JUNGBLUTH, J.H. 1968: *Lehmannia rupicola*, eine für Deutschland neue Nachtschnecke aus dem Vogelsberg (Gastropoda, Limacidae). – *Arch. Moll. 98*: 115-116.

JUNGBLUTH, J.H. 1970a: Weitere *Boettgerilla*-Fundorte aus Hessen. – *Mitt. dtsch. malak. Ges. 2*: 151-152.

JUNGBLUTH, J.H. 1970b: Zur Kenntnis der Gastropoden des Naturschutzparkes „Hoher Vogelsberg". I. Die Nacktschnecken. – *Ber. oberhess. Ges. Nat.- u. Heilk. Giessen (N.F.) 37*: 69-79.

JUNGBLUTH, J.H. 1970c: Aussetzungsversuche mit der Flußperlmuschel *Margaritifera margaritifera* (L.) im Schlitzerland mit Anmerkungen zum rezenten Vorkommen in Osthessen. – *Philippia 1*: 9-23.

JUNGBLUTH, J.H. 1971a: Die systematische Stellung von *Bythinella compressa montisavium* HAAS und *Bythinella compressa* (FRAUENFELD) (Mollusca: Prosobranchia: Hydrobiidae). – *Arch. Moll. 101*: 215-235.

JUNGBLUTH, J.H. 1971b: Die rezenten Standorte von *Margaritifera margaritifera* in Vogelsberg und Rhön. – *Mitt. dtsch. malak. Ges. 2*: 299-302.

JUNGBLUTH, J.H. 1971c: Zur Kenntnis der Gastropoden des Naturschutzparkes „Hoher Vogelsberg". II. Die Gehäuseschnecken. – *Oberhess. naturw. Z. 38*: 29-50. (vorher: Ber. oberhess. Ges. Nat.- u. Heilk. Giessen N.F.).

JUNGBLUTH, J.H. 1971d: Die Flußperlmuschelbestände im Vogelsberg und in der westlichen Rhön – Möglichkeiten zu ihrer Erhaltung. – *Beitr. Naturk. Osthessen 4*: 19-26.

JUNGBLUTH, J.H. 1972a: Die Verbreitung und Ökologie des Rassenkreises *Bythinella dunkeri* (FRAUENFELD, 1856). (Mollusca: Prosobranchia). – *Arch. Hydrobiol. 70*: 230-273.

JUNGBLUTH, J.H. 1972b: Beiträge zur Erforschung der Fauna des Naturparkes Hoher Vogelsberg. – *Natur Landsch. 47*: 331-336.

JUNGBLUTH, J.H. 1973a: Revision, Faunistik und Zoogeographie der Mollusken von Gießen und dessen Umgebung. – Jb. nassau. Ver. Naturk. *102*: 73-126.

JUNGBLUTH, J.H. 1973b: Zur Kenntnis der Gastropoden des Naturparkes Hoher Vogelsberg. III. Nachtrag. – *Oberhess. naturw. Z. 39/40*: 77-82.

JUNGBLUTH, J.H. 1975a: Die zoogeographische Einordnung des Vogelsberges anhand seiner Molluskenfauna. – *Verh. dt. zool. Ges. 67*: 389-393.

JUNGBLUTH, J.H. 1975b: Die Molluskenfauna des Vogelsberges unter besonderer Berücksichtigung biogeographischer Aspekte. – Biogeographica 5: VIII, 1-138.

JUNGBLUTH, J.H. 1975c: Über die Kartierung der Mollusken von Hessen. – *Mitt. dtsch. malak. Ges. 3* (28/29): 232-240.

JUNGBLUTH, J.H. 1976a: Der zoologische Partialkomplex in der ökologischen Landschaftsforschung: malakozoologische Beiträge zur Naturräumlichen Gliederung. – Dissertation Saarbrücken, 134 S.

JUNGBLUTH, J.H. 1976b: Hessische Beiträge zum EDV-unterstützten Programm der „Erfassung der Europäischen Wirbellosen" (E.E.W.). – Jhber. wetterau. Ges. ges. Naturkunde *125-128*: 27-40.

JUNGBLUTH, J.H. 1976c: Das Flußperlmuschelprojekt im Vogelsberg – ein Beitrag zur Arterhaltung. – Naturschutz u. Landschaftspflege in Hessen (Hrsg. Hess. Minister Landwirtschaft u. Umwelt) *1975/1976*: 10-11 (Wiesbaden).

JUNGBLUTH, J.H. 1977: Bemerkungen zum Vorkommen der Nacktschnecken aus der Familie Arionidae GRAY, 1840 in Osthessen (Gastropoda: Stylommatophora). – *Beitr. Naturk. Osthessen 11/12*: 54-59.

JUNGBLUTH, J.H. & H.-E. SCHMIDT 1972: Die Najaden des Vogelsberges. – *Philippia 1*: 149-165.

JUNGBLUTH, J.H., E. BAUMANN, U. DRECHSEL, P. PLOCH & R. RUPP 1973: Faunistik im Naturpark „Hoher Vogelsberg" – ein Beitrag zur Erfassung der europäischen Wirbellosen (E.E.W.). – *Natur Mus. 103*: 166-171.

JUNGBLUTH, J.H. & J. PORSTENDÖRFER 1975: Rasterelektronenmikroskopische Untersuchungen zur Morphologie der Radula mitteleuropäischer *Bythinella*-Arten. (Mollusca: Prosobranchia). – *Z. Morph. Tiere 80*: 247-259.

JUNGBLUTH, J.H. & G. LEHMANN 1976: Untersuchungen zur Verbreitung, Morphologie

und Biologie der *Margaritifera*-Populationen an den atypischen Standorten des jungter-
tiären Basaltes im Vogelsberg/Oberhessen (Mollusca: Bivalvia). – *Arch. Hydrobiol. 78*:
165-212.

JUNGBLUTH, J.H. & H.D. BOETERS 1977: Zur Artabgrenzung bei *Bythinella dunkeri* und
bavarica (Prosobranchia). – *Malacologia* (Proc. 5th Europ. Malac. Congr.) *16*: 143-147.

KILIAN, E.F. 1951: Untersuchungen zur Biologie von *Pomatias elegans* (MÜLLER) und ihrer
„Konkrementdrüse". – *Arch. Moll. 80*: 1-16.

KINKELIN, F. 1880a: Beitrag zur Molluskenfauna des Vogelsbergs. – *Nachr. Bl. dtsch.
malak. Ges. 12*: 44-48.

KINKELIN, F. 1880b: Gehäuseschnecken auf dem Rossert und Hainkopf im Taunus. –
Nachr. Bl. dtsch. malak. Ges. 12: 58-60.

KINKELIN, F. 1882: Gehäuseschnecken auf den grünen Schietern des Taunus – *Nachr. Bl.
dtsch. malak. Ges. 14*: 7-11.

KINZELBACH, R. 1972: Einschleppung und Einwanderung von Wirbellosen in Ober- und
Mittelrhein. – *Mz. naturw. Arch. 11*: 109-150.

KIRCHESCH, M. 1976: Die Molluskenfauna von Heidelberg – ein Beitrag zur Kartierung der
westpalaearktischen Evertebraten. – Staatsexamensarbeit Heidelberg, 135 S.

KLEMM, W. 1972: Eine neue Rasse von *Clausilia cruciata* STUDER und Bemerkungen zur
Rassen- und Formenbildung dieser Art. – *Arch. Moll. 102*: 57-69.

KLUMPP, G. 1975: Gastropodengesellschaften des Darmstädter Flugsandgebietes. – Staatsexamensarbeit Heidelberg, 77 S.

KNIPPRATH, D. 1909: *Helix personata* LAM. und *Helix obvia* HART. im Taunus. – *Nachr.
Bl. dtsch. malak. Ges. 41*: 43-44.

KOBELT, W. 1869a: *Amalia marginata* DRP. in Norddeutschland gefunden. – *Nachr. Bl.
dtsch. malak Ges. 1*: 51.

KOBELT, W. 1869b: Eine Missbildung bei *Planorbis corneus*. – *Nachr. Bl. dtsch. malak. Ges.
1*: 203-204.

KOBELT, W. 1870a: Das Vorkommen von *Succinea oblonga*. – *Nachr. Bl. dtsch. malak. Ges.
2*: 182-183.

KOBELT, W. 1870b: Zur Kenntnis unserer Limnaeen aus der Gruppe *Gulnaria* LEACH
(*Radix* MONTF.). – *Malak. Bl. 17*: 145-165.

KOBELT, W. 1870c: Ein Nachtrag zu der Literatur der Molluskenfauna des Rheingebiets. –
Nachr. Bl. dtsch. malak. Ges. 2: 54-55.

KOBELT, W. 1871a: Veränderungen in Conchylienfaunen. – *Nachr. Bl. dtsch. malak. Ges. 3*:
9-14.

KOBELT, W. 1871b: Zur Kenntnis der europäischen Limnaeen. – *Malak. Bl. 18*: 108-119.

KOBELT, W. 1871c: Allgemeines über die Molluskenfauna von Nassau. – *Malak. Bl. 18*:
200-212.

KOBELT, W. 1871d: Fauna der Nassauischen Mollusken. – Jb. nassau. Ver. Naturk. *25*:
1-286.

KOBELT, W. 1886: Erster Nachtrag zur Fauna der Nassauischen Mollusken. – Jb. nassau.
Ver. Naturk. *39*: 70-103.

KOBELT, W. 1894: Zweiter Nachtrag zur Fauna der Nassauischen Mollusken. – Jb. nassau.
Ver. Naturk. *47*: 83-89.

KOBELT, W. 1907: Beiträge zur Kenntnis unserer Molluskenfauna. – Jb. nassau. Ver. Naturk.
60: 310-325.

KOBELT, W. 1908a: Zur Erforschung der Najadeenfauna des Rheingebietes. – *Nachr. Bl.
dtsch. malak. Ges. 40*: 49-59.

KOBELT, W. 1908b: Zwei „neue" Anodonten. – Beitr. Kennt. mitteleur. *Najadeen 1*: 4-7.

KOBELT, W. 1909: Keine Muscheln im Mooser-Teich (Vogelsberg). – Beitr. Kennt. mitteleur.
Najadeen 2: 32.

KOBELT, W. 1912a: Servain, die Najaden von Frankfurt (Main). – *Ber. offenbach. Ver.
Naturk. 51-53*: 75-115.

338

KOBELT, W. 1912b: Der Schwanheimer Wald. II. Die Tierwelt. – *Ber. senckenberg. naturf. Ges. 43*: 156-188 (Molluskenleben p 181-184).

KÖHLER, A. 1882: Beitrag zur Kenntnis der Land- und Süsswasserconchylien in der Umgebung von Darmstadt. – *Notizbl. Ver. Erdk. Darmstadt IV. Folge 3*: 1-6.

KRAUSE, H. 1949: Untersuchungen zur Anatomie und Ökologie von *Lithoglyphus naticoides* (C. PFEIFFER). – *Arch. Moll. 78*: 103-148.

KREGLINGER, C. 1863: Verzeichnis der lebenden Land- und Süsswasser-Conchylien des Großherzogthums Baden. – Verh. naturw. Ver. Karlsruhe *1*: 37-46.

KREGLINGER, C. 1870: Systematisches Verzeichnis der in Deutschland lebenden Binnen-Mollusken. – Wiesbaden, 402 S.

KRIMMEL, O. 1885: Über die in Württemberg lebenden Clausilien. – Beilage Programm Realanstalt Reutlingen *1884-85*, 20 S.

KRÜPE, M. & H. PIEPER 1966: Hämagglutinine von Anti-A- und Anti-B-Charakter bei einigen Landlungenschnecken. – *Z. Immun. Forsch. 130*: 296-300.

KRÜPE, M. & H. PIEPER 1977: Über Hämagglutinine bei verschiedenen Arten von Lungenschnecken (Stylommatophora) aus der Rhön. – *Beitr. Naturk. Osthessen 11/12*: 74-76.

KÜHNEL, U. 1977: Untersuchungen zur Entwicklung des Wassergütezustandes der Steinach nach Verringerung der Abwasserbelastung im Jahre 1976. – Diplomarbeit Heidelberg, 86 S.

LÄUTER, R. 1966: Mollusca. – In: Zool. Exk. Eschwege Inst. angew. Zool. FU Berlin *1966*: 4.

LAIS, R. 1931: Beiträge zur Kenntnis der badischen Molluskenfauna. III. – *Beitr. naturw. Erforsch. Badens 7*: 105-111.

LAUTERBORN, R. 1904: II. Faunistische und biologische Notizen. – *Mitt. Pollichia 60*: 63-130.

LAUTERBORN, R. 1906: Demonstrationen an der Fauna des Oberrheins und seiner Umgebung. – *Verh. dt. zool. Ges. 16*: 265-268.

LAUTERBORN, R. 1928: Faunistische Beobachtungen aus dem Gebiete des Oberrheins und des Bodensees. 7. Reihe. – *Beitr. naturw. Erforsch. Badens 1*: 9-24.

LAUTERBORN, R. 1938: Der Rhein. Naturgeschichte eines deutschen Stromes. I. Die erd- und naturkundliche Erforschung des Rheins und der Rheinlande vom Altertum bis zur Gegenwart. 2., Abt. II. Ludwigshafen p 328-333 (Molluskenfauna).

LEHMANN, F.X. 1884: Einführung in die Mollusken-Fauna des Großherzogthums Baden. – Karlsruhe, 143 S.

LEHMANN, G. 1974: Zur Biologie und Ökologie der Flußperlmuschel im Vogelsberg. – Staatsexamensarbeit Gießen, 88 S.

LEYDIG, F. 1876: Die Hautdecke und Schale der Gastropoden, nebst einer Übersicht der einheimischen Limacinen. – *Arch. Naturgesch. 42*: 209-292.

LEYDIG, F. 1881: Ueber die Verbreitung der Thiere im Rhöngebirge und Mainthal mit Hinblick auf Eifel und Rheinthal. – *Verh. naturh. Ver. preuss. Rheinl. 38*: 43-183.

LEYDIG, F. 1902: Horae Zoologicae. Zur vaterländischen Naturkunde ergänzende sachliche und geschichtliche Bemerkungen. – Jena, 280 S.

LINDHOLM, W.A. 1910: Beiträge zur Kenntnis der Nassauischen Molluskenfauna. – Jb. nassau. Ver. Naturk. *63*: 66-113.

LOENS, H. 1891: Beiträge zur Molluskenfauna Westfalens. – *Nachr. Bl. dtsch. malak. Ges. 23*: 133-139.

LOENS, H. 1894: Die Mollusken Westfalens. – Jber. westf. ProvVer. Wiss. Kunst *22*: 81-98.

LUDWIG, R. 1850: Verzeichnis verschiedener, seit einigen Jahren in der Umgegend von Schwarzenfels aufgefundener Conchylien von denen die Fundorte der selteneren Arten näher bezeichnet sind. – Jber. wetterau. Ges. ges. Naturk. *1847-50*: 74-77.

MÄDER, E. 1940: Zur Verbreitung und Biologie von *Zebrina detrita*, *Helicella ericetorum* und *Helicella candidula*, den drei wichtigsten Überträgerschnecken des Lanzettegels (*Dicrocoelium lanceatum*). – *Zool. Jb. Syst. 73*: 129-200.

MANDEL, G. 1864: *Dreissena polymorpha* im Main. – *Zool. Gart. Frankf. 5*: 89.

MARCUS, B. 1972: Die terrestrischen Gastropoden eines Bruchwaldes in der montanen Region des Naturschutzparkes „Hoher Vogelsberg". – Staatsexamensarbeit Gießen, 118 S.

MARTENS, E.v. 1870: Aufsammlungen anfangs September 1869 bei Münden und auf dem Frauenberg bei Fulda. – *Nachr. Bl. dtsch. malak. Ges. 2*: 19.

MARTENS, E.v. 1874: Ueber *Clausilia Braunii*. – *Nachr. Bl. dtsch. malak. Ges. 6*: 17-19.

MARTENS, E.v. 1878: Ueber *Pupa Hassiaca* PFR. – *Nachr. Bl. dtsch. malak. Ges. 10*: 89-90.

MENZEL, H. 1907: Über das Vorkommen von *Cyclostoma elegans* MÜLLER in Deutschland seit der Diluvialzeit. – Jb. preuss. geol. Landesanst. Berg Akad. 24 (1903): 381-390.

MIEGEL, H. 1964: Untersuchungen zur Molluskenfauna linksrheinischer Gewässer im Niederrheinischen Tiefland und des Rheingebietes. – *Gewäss. Abwäss. 33*: 1-75.

MODELL, H. 1922: Beiträge zur Najadenforschung I-III. – *Arch. Naturgesch. 88* (A): 156-183.

MODELL, H. 1966: Die Najaden des Main-Gebietes. – 19. Ber. naturf. Ges. Augsburg *109*, 51 S.

MODELL, H. 1974: Die Najaden des Neckar-Gebietes. – *Veröff. zool. StSamml. München 17*: 109-138.

NOLL, F.C. 1864: Eine wandernde Muschel. – *Zool. Gart. Frankf. 5*: 29-30.

NOLL, F.C. 1866: Der Main in seinem unteren Laufe. Physikalische und naturhistorische Verhältnisse dieses Flusses. – Diss. Frankfurt am Main, 58 S.

PAULSTICH, D. 1908: Verzeichnis der im Kreise Hanau vorkommenden Schnecken und Muscheln. – Festschr. wetterau. Ges. ges. Naturk. 100-jähr. Jubiläum *1908*: 78-83.

PETRY, L. 1925: Beitrag zur Nassauischen Land- und Süsswasserschneckenfauna. – Jb. nassau. Ver. Naturk. *77*: 27-34.

PFEFFER, J. 1927: Die albinotische Form des *Planorbis corneus* L. – *Arch. Moll. 59*: 341-349.

PFEIFFER, C. 1821: Systematische Anordnung und Beschreibung deutscher Land- und Wasser-Schnecken mit besonderer Rücksicht auf die bisher in Hessen gefundenen Arten. Abth. I, Cassel 135 S.

PFEIFFER, L. 1841a: Symbolae ad historiam Heliceorum. – Cassellis, 88 S.

PFEIFFER, L. 1841b: Beiträge zur Molluskenfauna Deutschlands, insbesondere der österreichischen Staaten. – *Arch. Naturgesch. 1*: 215-230.

PFEIFFER, L. 1849: Nachträge zu L. PFEIFFER Monographia Heliceorum (Fortsetzung). – *Z. Malakozool. 6*: 106-112.

PIEPER, H. 1969: Über einige bemerkenswerte Landschnecken aus der Umgebung von Fulda. – *Beitr. Naturk. Osthessen 1*: 77-83.

PIEPER, H. & M. KRÜPE 1971: Vorkommen und Häufigkeitsverteilung von ABH-Blutgruppen-Hämagglutininen bei 13 Schneckenarten aus der Familie Clausiliidae. – *Z. Immun.-Forsch. 142*: 141-147.

PLATE, L. 1890: *Daudebardia rufa*. – *Nachr. Bl. dtsch. malak. Ges. 22*: 61.

PLATE, L. 1891: Vorläufige Mittheilung über den Bau der *Daudebardia rufa* FÉR. – Sber. Ges. Beförd. ges. Naturwiss. Marburg *1890*: 1-5.

PÜSCHEL, H.-J. 1965: Die Mollusken der Umgebung Heidelbergs. – Staatsexamensarbeit Heidelberg, 92 S.

RADEMACHER, I. 1972: Über zwei weitere eingewanderte Tierarten im Untermain. – Natur Mus. *102*: 221-228.

REINHARDT, O. 1869: Eine neue deutsche *Hyalina* aus der Verwandtschaft der *H. crystallina*, die *H. subterranea* BOURGUIGNAT. – *Sber. Ges. naturf. Freunde Berl. 1868*: 31-32.

RENTNER, J. 1961: Molluskenkundlicher Bericht. – Dtsch. Jugendbund Naturbeob. (Naturkundl. Ber. Vorl. Kongr. Fulda 16.03.-03.04.1961), p. 14-18.

RITTER, H. 1974: Die Mollusken des Odenwaldes unter besonderer Berücksichtigung ihrer Zoogeographie. – Staatsexamensarbeit Heidelberg, 99S.

RITTERUS, J.J. 1754: Tentamen naturalis ditionis Riedeselio-Avimontanae in quatuor

Partes, nempe Floram, Mineralogiam, Faunam et Commentationculam. – *Acta Physico-Medica 10*: 125-141 (Pars Tertia: Fauna), Nürnberg.

RÖMER-BÜCHNER, B.J. 1827: Verzeichnis der Steine und Thiere welche in dem Gebiete der freien Stadt Frankfurt und deren nächsten Umgebung gefunden werden. – Frankfurt am Main, 88 S.

ROHRBACH, F. 1936: Eine interessante Molluskenfauna aus der Umgebung von Frankfurt am Main. – *Arch. Moll. 68*: 205-21.

SANDBERGER, F. 1852: Conchyliologische Nachträge (1851-52). – Jb. nassau. Ver. Naturk. *8*: 163-166.

SANDBERGER, F. 1869: Zur Conchylien-Fauna der Gegend von Würzburg. – *Verh. phys.-med. Ges. Würzb. (N.F.) 1*: 38-48.

SANDBERGER, F. 1870: *Bulimus detritus* MÜLL. bei Weilburg (Nassau) am Aussterben. – *Nachr. Bl. dtsch. malak. Ges. 2*: 183-184.

SANDBERGER, F. 1871a: Zur nassauischen Conchylien-Fauna. – *Nachr. Bl. dtsch. malak. Ges. 3*: 200.

SANDBERGER, F. 1871b: Bemerkungen über Mollusken der Gegend von Brückenau. – *Nachr. Bl. dtsch. malak. Ges. 3*: 200-201.

SANDBERGER, F. 1873: Malakologische Notizen aus 1873, 3. Salzhausen, Vogelsberg. – *Nachr. Bl. dtsch. malak. Ges. 5*: 84.

SANDBERGER, F. 1876: Malakologische Notizen aus dem Jahre 1876. – *Nachr. Bl. dtsch. malak. Ges. 8*: 150-151.

SANDBERGER, F. 1886a: Die Mollusken von Unterfranken diesseits des Spessarts. – *Verh. phys.-med. Ges. Würzb. (N.F.) 19*: 277-297.

SANDBERGER, F. 1886b: Die Verbreitung der Mollusken in den einzelnen natürlichen Bezirken Unterfrankens und ihre Beziehungen zu der pleistocänen Fauna. – *Verh. phys.-med. Ges. Würzb. (N.F.) 19*: 299-322.

SANDBERGER, F. & K. KOCH 1851: Beiträge zur Kenntnis der Mollusken des oberen Lahn-und des Dillgebietes. – Jb. nassau. Ver. Naturk. *7*: 276-285.

SAUERMILCH, C. 1935: Beitrag zur Molluskenfauna des Oberwesergebiets. – *Abh. westf. ProvMus. Naturk. 6* (3), 18 S.

SCHLERETH, A.v. 1870: Fauna conchyliogica Fuldensis. – In: BARTH, A.J., Das Rhöngebirge. Fulda p 184-186.

SCHLESCH, H. 1929: Kleine Mitteilungen III. Über die Verbreitung der *Trichia striolata* C. PFEIFFER. – *Arch. Moll. 61*: 31-36.

SCHMID, G. 1919: Zur Variabilität der *Clausilia (Alinda) biplicata* MONT. – *Nachr. Bl. dtsch. malak. Ges. 51*: 24-46.

SCHMID, G. 1921: Malakozoologisches aus Mitteldeutschland. – *Arch. Moll. 53*: 200-207.

SCHMID, G. 1963: Zur Verbreitung und Anatomie der Gattung *Boettgerilla*. – *Arch. Moll. 92*: 215-225.

SCHMID, G. 1966: Weitere Funde von *Boettgerilla vermiformis*. – *Mitt. dtsch. malak. Ges. 1*: 131-136.

SCHMID, G. 1968: Die Heideschnecke *Cernuella neglecta* bei Mainz. – Jb. nassau. Ver. Naturk. *99*: 127-132.

SCHMID, G. 1969: Neue und bemerkenswerte Schnecken aus Baden-Württemberg. – Mitt. dtsch. malak. Ges. *2*: 5-19.

SCHMID, G. 1974: Zum angeblichen Vorkommen von *Candidula caperata* und anderer Raritäten an der hessischen Bergstrasse. – *Mitt. dtsch. malak. Ges. 3*: 172-173.

SCHMIDT, A. 1853: 14. Conchyliologische Kleinigkeiten. – *Z. Malakozool. 10*: 47-51.

SCHMIDT, A. 1856: Verzeichniss der Binnenmollusken Norddeutschlands mit kritischen Bemerkungen. – *Z. ges. Naturw. 8*: 120-169.

SCHREIBER, C. 1849: Physisch-medicinische Topographie des Physikatsbezirks Eschwege. – *Schr. Ges. Beförd. ges. Naturw. Marburg 7*: 1-291 (III. Weichthiere p 117).

341

SCHRÖTER, J.S. 1779: Die Geschichte der Flußconchylien mit vorzüglicher Rücksicht auf diejenigen welche in den thüringischen Wassern leben. – Halle 434 S.

SCHUHMACHER, H. & F. SCHREMMER 1970: Die Trichopteren des Odenwaldbaches „Steinach" und ihr ökologischer Zeigerwert. – *Int. Rev. ges. Hydrobiol. 55*: 335-358.

SCHWAAB, W. 1851: Geographische Naturkunde von Kurhessen. – *Einladungsschr. Gymnasium Cassel 1851*: 122-124 (Mollusca), Cassel.

SEIBERT, H. 1869: Massenhaftes Vorkommen der *Tichogonia Chemnitzii* ROSSM. (*Dreissena polymorpha* VAN. BEN.) im Neckar bei Eberbach. – *Nachr. Bl. dtsch. malak. Ges. 1*: 100-102.

SEIBERT, H. 1872: Zur Kenntnis unserer Nacktschnecken. I. *Arion melanocephalus* FAUREBIGUET ein junger *Arion empiricorum* FÉR. – *Nachr. Bl. dtsch. malak. Ges. 4*: 83-87.

SEIBERT, H. 1873a: Zur Kenntnis von *Vitrina brevis* FÉR. – *Nachr. Bl. dtsch. malak. Ges. 5*: 37-39.

SEIBERT, H. 1873b: Die Mollusken-Fauna von Eberbach am Neckar. – *Nachr. Bl. dtsch. malak. Ges. 5*: 45-49.

SEIBERT, H. 1873c: Zur Kenntniss unserer Nacktschnecken. 1. *Arion rufus* L. var. *fasciatus*. – *Malak. Bl. 21*: 190-203.

SEIDLER, A. 1920: Über seither unbekannte Standorte der Flußperlmuschel im Spessart. – *Arch. Moll. 52*: 142-143.

SEIDLER, A. 1922: Die Verbreitung der echten Flußperlenmuschel (*Margaritana margaritifera* LINNÉ) im fränkischen und hessischen Buntsandsteingebiete. – *Ber. wetterau. Ges. ges. Naturk. 1909-21*: 83-125.

SEIDLER, A. 1934: Beitrag zur Fauna der Umgebung von Hanau. – Festschr. wetterau. Ges. ges. Naturk. 125-jähr. Jubiläum *1921-33*: 94-96.

SEIDLER, A 1936: Ein neuer Standort von *Vertigo moulinsiana* DUPUY im Untermaingebiet. – *Arch. Moll. 68*: 13-15.

SPEYER, O. 1870: Systematisches Verzeichnis der in der nächsten Umgebung Fulda's vorkommenden Land- und Süsswasser-Conchylien. – *Ber. Ver. Naturk. Fulda 1*: 1-30.

SPEYER, O.W.C. 1850: Systematisches Verzeichniss der in der Provinz Hanau und nächsten Umgebung vorkommenden Land- und Süsswasser-Conchylien. – Jber. wetterau. Ges. ges. Naturk. *1847-50*: 41-73.

STADLER, H. 1924: Vorarbeiten zu einer Limnologie Unterfrankens. – *Verh. int. Verein. Limnol. 2*: 136-176.

THIENEL, W. 1965: Bemerkungen zur Molluskenfauna der Vorder- und Nordpfalz. – *Mitt. Pollichia III., 12*: 62-68.

THOMÄ, C. 1849: Verzeichniß der im Herzogthum Nassau, insbesondere in der Umgegend von Wiesbaden lebenden Weichthiere. – Jb. nassau. Ver. Naturk. *4*: 206-225.

TOBIAS, W. 1973: Zur Verbreitung und Ökologie der Wirbellosen-Fauna im Untermain. – Cour. ForschungsInst. Senckenberg *4*, 53 S.

TOBIAS, W. 1974: Kriterien für die ökologische Beurteilung des unteren Mains. – Cour. ForschungsInst. Senckenberg *11*, 136 S.

ULRICH, H. 1966: Eine erste Bestandsaufnahme der Gehäuseschnecken-Fauna an der nördlichen Bergstraße. – *SchrReihe Inst. Naturschutz Darmstadt 8* (3): 51-76.

ULRICH, H. & D. NEUMANN 1956: Zur Biologie einer Salzwasserpopulation der Flußdeckelschnecke (*Theodoxus fluviatilis* L.). – *Natur Jagd Niedersachsen 1956*: 219-222.

VOGEL, C.D. 1843: Beschreibung des Herzogthums Nassau. – Wiesbaden, 890 S. (5. Weichthiere p 113-114).

VOGEL, R. 1928: Zur Kenntnis der Nacktschnecken, insbesondere ihrer Verbreitung in Württemberg. – Jh. Ver. vaterl. Naturk. Württ. *94*: 169-179.

WACHMANN, E. 1967: Mollusca. – In: Zool. Exk. Eschwege Inst. angew. Zool. FU Berlin *1967*: 4.

WENZ, W. 1911: Die Conchylienfauna des alluvialen Moores von Seckbach bei Frankfurt a.M. – *Nachr. Bl. dtsch. malak. Ges. 43*: 135-141.

342

WENZ, W. 1935: Die Fauna des Kalktuffs von Rendel (Oberhessen). – *Arch. Moll. 67:* 100-102.

WESTERMEYER, 1868: Schneckenlese in Westphalen. – *Natur Offenbarung 14:* 385-391, 443-458 und 529-541.

WITTICH, E. 1902a: Diluviale und recente Conchylienfaunen der Darmstädter Gegend. – *Nachr. Bl. dtsch. malak. Ges. 34:* 113-122.

WITTICH, E. 1902b: Diluviale Conchylienfaunen aus Rheinhessen. – *Nachr. Bl. dtsch. malak. Ges. 34:* 122-130.

WÜST, E. 1903: Zur Ausbreitung der *Helix (Helix) obvia* HARTM. in Deutschland. – *Nachr. Bl. dtsch. malak. Ges. 35:* 185-186.

ZILCH, A. 1937: Ein bemerkenswerter Fundort von *Daudebardia rufa* (DRAP.). – *Arch. Moll. 69:* 123-124.

ZILCH, A. 1939: *Balea perversa* (L.) im Spessart. – *Arch. Moll. 71:* 160.

VIII.4. AUTORENINDEX ZU VIII.3.

344

Anschrift des Verfassers:
Dr. Dr. JÜRGEN H. JUNGBLUTH, Zoologisches Institut I der Universität, Im Neuenheimer
Feld 230, 6900 Heidelberg, BRD